人工智能通识数智融合精品教材

人工智能基础通识教程

桂小林　主编

電子工業出版社·

Publishing House of Electronics Industry

北京·**BEIJING**

内 容 简 介

本书依据《高等学校人工智能创新行动计划》（2018），遵循教育部"打造体系化人工智能通识课程体系（2024）"要求，从人工智能导论、人工智能的编程基础、人工智能的计算平台、人工智能的网络环境、人工智能的基本技术、大模型及其应用技术、机器学习及其应用等七个维度布局内容。本书的主要特色有：一是与时俱进，从人工智能原理和应用视角，构建教材内容；二是守正创新，在强化学生计算思维能力培养的同时，提高学生利用人工智能技术解决实际问题的能力；三是强化实践，将 Python 相关知识贯穿教材始终，通过大量编程实例增强学生对人工智能的理解能力；四是加强价值引领，聚焦创新素养、工匠精神与家国情怀的养成。

本书既适合作为高等学校新开设的"人工智能基础"通识课程的教材、高职高专院校的"人工智能应用技术"类课程的教材，也可替换现有高等学校的"大学计算机基础"课程、高职高专院校的"信息技术"类课程的教材，还可作为广大人工智能爱好者的入门教材。

图书在版编目（CIP）数据

人工智能基础通识教程 / 桂小林主编. -- 北京 ：
电子工业出版社，2025. 6（2025. 9重印）. -- ISBN 978-7-121-50569-0

Ⅰ. TP18

中国国家版本馆 CIP 数据核字第 2025V55V97 号

责任编辑：孟　宇
印　　刷：三河市良远印务有限公司
装　　订：三河市良远印务有限公司
出版发行：电子工业出版社
　　　　　北京市海淀区万寿路 173 信箱　　邮编：100036
开　　本：787×1092　1/16　　印张：16.5　　字数：396 千字
版　　次：2025 年 6 月第 1 版
印　　次：2025 年 6 月第 1 次印刷
　　　　　2025 年 9 月第 2 次印刷
定　　价：59.80 元

凡所购买电子工业出版社图书有缺损问题，请向购买书店调换。若书店售缺，请与本社发行部联系，联系及邮购电话：（010）88254888，88258888。

质量投诉请发邮件至 zlts@phei.com.cn，盗版侵权举报请发邮件至 dbqq@phei.com.cn。

本书咨询联系方式：mengyu@phei.com.cn。

前　　言

在 21 世纪的科技浪潮中，人工智能无疑是最为耀眼的明珠，它不仅深刻地改变了我们的生活方式，还重新定义了工业、医疗、教育、娱乐等众多领域的未来图景。近年来，各行各业都在积极拥抱人工智能技术，以期在激烈的市场竞争中占据先机。然而，人工智能领域的快速发展也带来了人才短缺的问题，尤其是具备跨学科知识和实践能力的人工智能通识人才。加强人工智能通识教育，不仅是为了满足当前市场对人工智能专业人才的需求，更是为了激发各类专业学生的创新思维，培养能够引领未来科技发展的新生力量。

本书旨在为读者提供一条系统学习人工智能知识的路径，内容覆盖从基础理论到前沿应用的全方位知识体系，具体包括以下 7 个部分。

- 人工智能导论：介绍人工智能的基本概念、发展历程、主要学派以及人工智能对社会经济的影响，帮助读者建立对人工智能的整体认知。
- 人工智能的编程基础：讲解 Python 等编程语言在人工智能领域的应用，包括基础语法、数据结构、函数等，为后续的算法实现打下基础。
- 人工智能的计算平台：介绍人工智能计算的基础设施，如高性能计算集群、云计算平台、GPU 加速技术平台等，让读者了解人工智能模型训练和部署的实际环境。
- 人工智能的网络环境：探讨人工智能与互联网的结合，包括网络通信、网络协议、网络设备、物联网等，强调在物联网时代下，网络连接对于人工智能发展的重要性。
- 人工智能的基本技术：深入解析专家系统、神经网络、深度神经网络等人工智能核心技术，讲解这些技术如何在实际问题中发挥作用。
- 大模型及其应用技术：介绍近年来兴起的深度学习大模型，如 DeepSeek、Transformer、BERT、GPT 等，以及它们在自然语言处理、图像识别等领域的应用案例。
- 机器学习及其应用：详细讲解有监督学习、无监督学习、强化学习等机器学习方法，通过实际案例展示机器学习在推荐系统、预测分析、自动化决策等方面的应用。

本书既适合作为高等学校新开设的"人工智能基础"通识课程的教材、高职高专院校的"人工智能应用技术"类课程的教材；也可替换现有高等学校的"大学计算机基础"课程、高职高专院校的"信息技术"类课程的教材，还可作为广大人工智能爱好者的入门教材。

本书的主要特色有：一是与时俱进，从人工智能原理和应用视角，构建教材内容；二是守正创新，在强化学生计算思维能力培养的同时，提高学生利用人工智能技术解决实际问题的能力；三是强化实践，将 Python 相关知识贯穿教材始终，通过大量编程实例增强学生对人工智能的理解能力；四是加强价值引领，聚焦创新素养、工匠精神与家国情怀的养成。

本书在编写过程中，参考了许多文献资料，引用了部分网络资源，在此深表谢意。由于编者的技术、文字表达水平有限，书中难免存在疏漏或不妥之处，敬请读者指出，并期望读者提出宝贵意见。为方便教学，本书还配有课程大纲、电子教案、微课视频、习题解答、实验指导等教学资源，读者可以在编者个人网站或华信教育资源网（www.hxedu.com.cn）下载。

编　者

2025 年 2 月 10 日于西安交通大学

人工智能基础通识教程的知识图谱

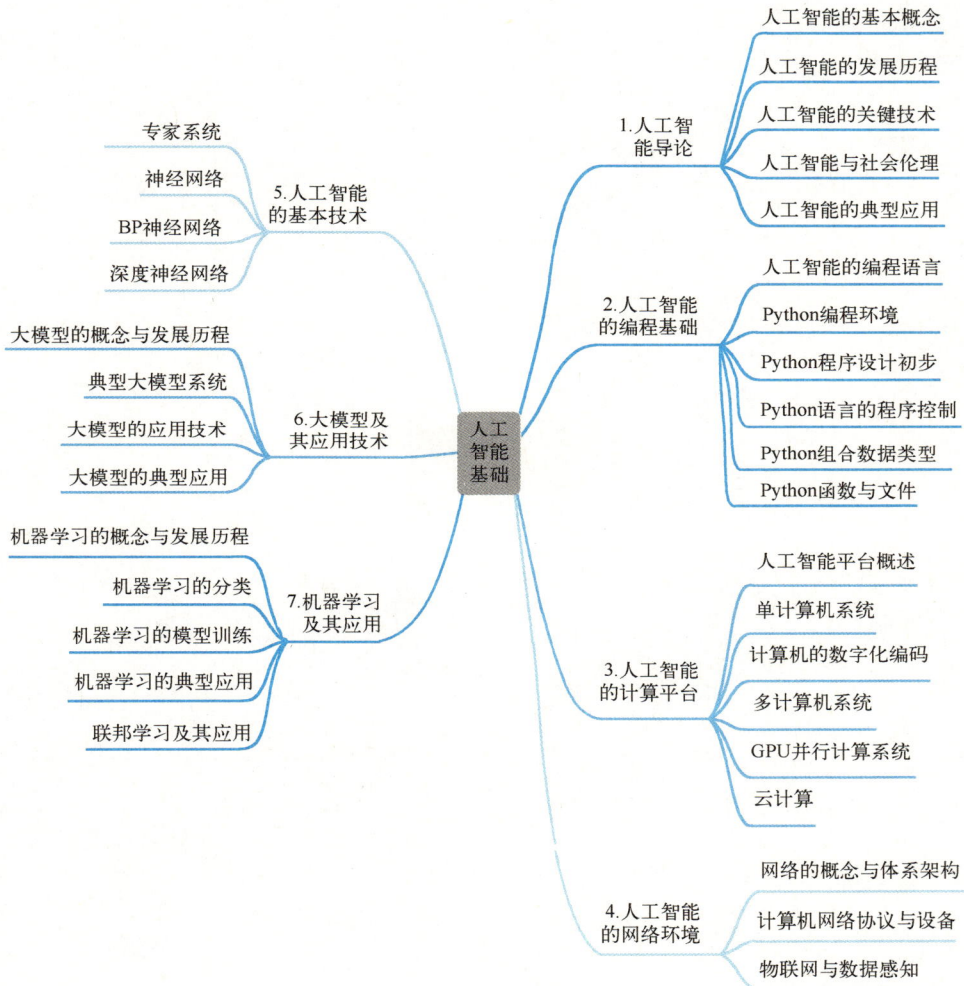

人工智能基础

1.人工智能导论
- 人工智能的基本概念
- 人工智能的发展历程
- 人工智能的关键技术
- 人工智能与社会伦理
- 人工智能的典型应用

2.人工智能的编程基础
- 人工智能的编程语言
- Python编程环境
- Python程序设计初步
- Python语言的程序控制
- Python组合数据类型
- Python函数与文件

3.人工智能的计算平台
- 人工智能平台概述
- 单计算机系统
- 计算机的数字化编码
- 多计算机系统
- GPU并行计算系统
- 云计算

4.人工智能的网络环境
- 网络的概念与体系架构
- 计算机网络协议与设备
- 物联网与数据感知

5.人工智能的基本技术
- 专家系统
- 神经网络
- BP神经网络
- 深度神经网络

6.大模型及其应用技术
- 大模型的概念与发展历程
- 典型大模型系统
- 大模型的应用技术
- 大模型的典型应用

7.机器学习及其应用
- 机器学习的概念与发展历程
- 机器学习的分类
- 机器学习的模型训练
- 机器学习的典型应用
- 联邦学习及其应用

目　　录

第 1 章　人工智能导论

人工智能（Artificial Intelligence，AI）是多学科交叉的新一代信息技术，致力于让机器模拟人类思维，执行学习和推理等工作。本节主要介绍人工智能的定义、特征、发展历程、关键技术和社会伦理等内容。

1.1　人工智能的基本概念

人工智能是研究、开发用于模拟、延伸和扩展人的智能的理论、方法、技术及应用系统的一门新的技术科学。它旨在了解智能的实质，并生产出一种新的能以与人类智能相似的方式做出反应的智能机器。

1.1.1　人工智能的定义

人工智能的定义可以从不同角度进行解读。从技术角度，人工智能是通过计算机程序或机器来模拟、实现人类智能的技术和方法，使计算机具有感知、理解、判断、推理、学习、识别、生成、交互等类人智能的能力，从而能够执行各种任务，甚至在某些方面超越人类的智能表现。核心算法如机器学习和深度学习通过大量数据的训练，使计算机可以自动发现数据中的规律，进行模式识别、分类、预测等操作。对人工智能的理解因人而异，一些人认为人工智能是通过非生物系统实现的任何智能形式的同义词；他们坚持认为，智能行为的实现方式与人类智能实现的机制是否相同是无关紧要的。而另一些人则认为，人工智能系统必须能够模仿人类智能。即便是以模仿人类智能为目标的人工智能，其定义也千差万别。

人工智能的主要定义如下。

（1）人工智能是研究理解和模拟人类智能、智能行为及其规律的一门学科，其主要任务是建立智能信息处理理论，进而设计可以展现某些近似于人类智能行为的计算系统。

（2）人工智能是研究使计算机来模拟人的某些思维过程和智能行为（如学习、推理、思考、规划等）的学科，其内容主要包括计算机实现智能的原理、制造类似于人脑智能的计算机，使计算机能实现更高层次的应用。

（3）人工智能是关于知识的一门学科，即怎样表示知识以及怎样获得知识并使用知识的科学。

（4）人工智能就是研究如何使计算机去做过去只有人才能做的智能工作，而且效率比人类更高的学科。

这些说法反映了人工智能学科的基本思想和基本内容，即人工智能是研究人类智能活动的规律，构造具有一定智能的人工系统，研究如何让计算机去完成以往需要人的智力才能胜任的工作，也就是研究如何应用计算机的软/硬件来模拟人类某些智能行为的基本理论、方法和技术。

目前，关于是否需要研究人工智能或实现人工智能系统，虽然存在争论，但争论主要还是围绕人工智能的社会伦理方面，对人工智能的智能技术实现社会普遍认可。

人工智能按照其智能程度可以分为弱人工智能、强人工智能和超人工智能三个层次。

（1）弱人工智能，是指擅长解决特定领域问题的人工智能。例如，能战胜象棋世界冠军的人工智能 AlphaGo，它只会下象棋，如果问它怎样更好地在硬盘上储存数据，它就无法回答。

（2）强人工智能，是指在任何领域都能够胜任人类所有工作的人工智能。它能够进行思考、计划、解决问题、理解复杂理念、快速学习和从经验中学习等，并且和人类一样得心应手。图 1-1 是机器人参与踢足球的一个示例图。

图 1-1　机器人参与踢足球

（3）超人工智能，是一种超越人的智能，牛津大学哲学家、知名人工智能思想家 Nick Bostrom 把超人工智能定义为"在几乎所有领域都比最聪明的人类大脑聪明很多的人工智能，包括科学创新、通识和社交技能"。

人工智能涉及计算机科学、心理学、哲学和语言学等多个学科，其范围已远远超出了计算机科学的范畴。人工智能与思维科学的关系是实践和理论的关系，人工智能是思维科学的技术应用，是它的一个应用分支。

从思维观点看，人工智能不限于逻辑思维，还要考虑形象思维、灵感思维，这样才能促进人工智能的突破性发展，数学常被认为是多种学科的基础，人工智能学科也必须借用数学工具。

1.1.2　人工智能的特征

人工智能的主要特征包括可学习性、自主性、可感知性、高效性、自适应性、纠错性和协同性。

可学习性：人工智能的核心特征之一是可学习性。这意味着人工智能不仅可以从数据中自主地创建算法或模型，还能预测或识别未来的数据。这种学习能力使机器能够从多方面充分地学习，而无须人类直接告诉它如何操作。例如，有监督学习技术可以训练机器学习模型，并应用于新的数据集，从而提高预测精度和准确性。此外，基于学习能力的人工智能技术还可以实现人类的自主学习和进化，进一步提高人工智能的可靠性和实用性。

自主性：人工智能的自主性体现在其能够独立地进行学习、推理和决策，而无须人类的干预或指示。这种自主性是通过机器认知、分析和选择最佳决策方案来实现的，跨越了从人类思维到机器思维的界限。为了实现这一功能，机器必须首先具备感知、推理和学习能力，以便在执行决策过程中进行复杂的数据分析和治理。例如，人工智能系统可以利用监督学习方法预测股票或房价，并在遇到新信息或数据时自主调整算法或模型，以更好地适应其数据和环境。

可感知性：人工智能的可感知性是其核心特征之一。人工智能系统通过传感器等设备对外界环境（包括人类）进行感知。与人类相似，人工智能可以通过听觉、视觉、嗅觉和触觉接收环境中的信息。这些感知到的信息可以转化为文字、语音、表情和动作，从而与人类进行交互。这种交互方式提升了机器的环境认知能力，与人类形成优势互补的合作关系。

高效性：人工智能能在短时间内完成大量工作，例如在金融领域，人工智能能迅速分析市场数据，为投资者提供明智的决策建议。此外，人工智能还能自动化执行复杂和烦琐的任务，如制造业中的装配和检测，从而大大提高工作效率。在医疗领域，人工智能能迅速、准确地诊断疾病，极大地提高医生的工作效率。

自适应性：人工智能系统能够根据不同的环境和任务进行调整，以适应各种情况。这种自适应性不仅表现在人工智能系统对环境的感知上，还体现在人工智能系统能够自我调整行为以更好地完成任务。例如，在智能家居中，人工智能可以根据家庭成员的需求自动调整室内温度和光线，为家庭创造一个更舒适的环境。这种自适应性是基于对环境的深入理解和自我调整的能力实现的。

纠错性：人工智能模型基于先前收集的信息，通过特定的算法进行决策，从而大大降低了误差。相比之下，人类在执行任务时，会因为各种原因（如注意力不集中）而发生错误。因此，人工智能不仅可以减少人为失误，还能提高工作效率和准确性。

协同性：人工智能的协同性体现为人机协同和各子系统间的协作。人机协同意味着机器和人分别从事自己更擅长的领域，如智能机器擅长枯燥、重复的工作，而人类则擅长创新性工作及人文关怀性工作。这种协同方式确保了工作效率和效果的最优化。同时，多领域专家系统可以协作解决单领域或单个专家系统无法解决的问题，从而提高求解能力和扩大应用领域。这种跨领域的协同工作方式为解决复杂问题提供了新的途径。

1.2　人工智能的发展历程

人工智能的发展历程可以划分为形成期和发展期等多个重要阶段，从起源、理论提出到实际应用，反映了技术进步和社会需求的变化。

人工智能的发展可以追溯到 20 世纪 50 年代。1950 年，计算机科学和密码学的先驱艾伦·麦席森·图灵发表了论文《计算机器与智能》，提出了图灵测试（The Turing Test）。该测试的流程是：一名测试者先写下自己的问题，随后将问题以纯文本的形式（如计算机屏幕和键盘）发送给另一个房间中的一个人与一台机器；测试者根据他们的回答来判断哪一个是真人，哪一个是机器。所有参与测试的人和机器都会被分开。这个测试旨在探究机器能否模拟出与人相似或无法区分的智能。

图灵提出的"图灵测试"是最初衡量机器是否具备智能的标准。现在的图灵测试测试时长通常为 5 分钟，如果计算机能回答由人类测试者提出的一系列问题，且其回答超过 30%让测试者误认为是人类所答，则计算机通过测试。2014 年 6 月 7 日是图灵逝世 60 周年纪念日。这一天，在英国皇家学会举行的"图灵测试"大会上，聊天程序"尤金·古斯特曼"（Eugene Goostman）首次"通过"了图灵测试。

1.2.1　人工智能的三大热潮

下面简单介绍人工智能发展的历程。人工智能发展的主要历程如图 1-2 所示。

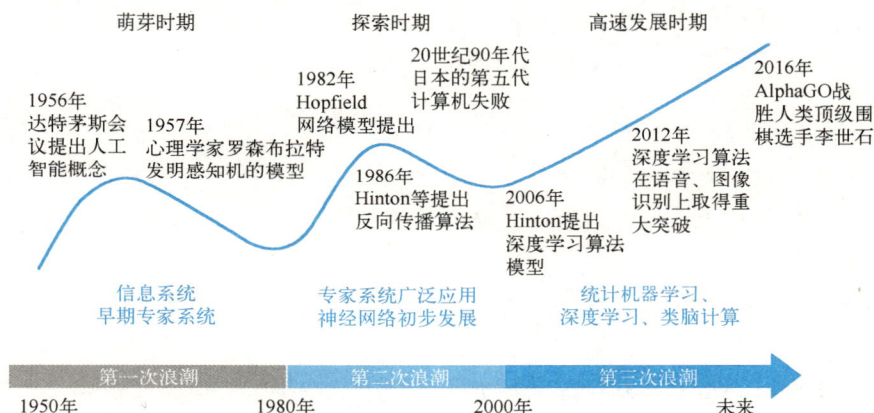

图 1-2　人工智能发展的主要历程

在过去的六十多年里，人工智能发展的经历了三次大的浪潮：

1. 第一次浪潮（20 世纪 50—80 年代）：萌芽时期

属于人工智能的起步阶段。期间提出了人工智能的概念，取得了一些突破性的研究成果，如机器定理证明、跳棋程序、LISP 编程语言、首个聊天机器人等，但基于当时的算法理论、计算机的性能等因素，无法支持人工智能应用的推广。

1956 年 8 月，在美国汉诺斯小镇宁静的达特茅斯学院中，约翰·麦卡锡（John McCarthy）、马文·明斯基（Marvin Minsky，人工智能与认知学专家）、克劳德·香农（Claude Shannon，信息论的创始人）、艾伦·纽厄尔（Allen Newell，计算机科学家）、赫伯特·西蒙（Herbert Simon，诺贝尔经济学奖得主）等科学家聚在一起，讨论着一个有趣的主题：用机器来模仿人类学习以及其他方面的智能。

虽然会议上大家没有达成普遍的共识，但是为会议讨论的内容起了一个名字：人工智能。因此，1956 年也就成为了人工智能元年。

此后，人工智能概念正式出现，各种设想不断涌现。1957 年，弗兰克·罗森布莱特（Frank

Rosenblatt）提出感知器（ Perceptron）概念，并建造了感知器的机电模型"Mark I"。感知器通过有监督学习算法，迭代地解决线性的二分类问题，极大地拓展了机器可求解问题的种类。感知器的出现激起一股人工智能热潮。学术界和大众都对其寄予厚望。

1958 年，西蒙预测十年之内，数字计算机将成为国际象棋世界冠军，发现并证明一个重要的数学定理。但直到 39 年后的 1997 年，IBM 深蓝才战胜国际象棋世界冠军卡斯帕罗夫。18 年后的 1976 年，计算机证明了四色定理。

人工智能从 20 世纪 50 年代初创到 70 年代开始走向实践，出现了第一代人工智能系统。这一时期的人工智能主要通过硬编码规则来模拟智能行为。然而，由于技术和计算机性能的限制，以及人们对人工智能的期望过高，人工智能在 20 世纪 70 年代遭遇了所谓的"人工智能寒冬"。

1969 年，马文·明斯基和西蒙·派珀特（Seymour Papert）出版《感知器》，对罗森布莱特的感知器提出了质疑。书中指出：单层感知器本质上是一个线性分类器，无法求解非线性分类问题，甚至连简单的异或（XOR）问题都无法求解。

2．第二次浪潮（20 世纪 80—90 年代）：探索时期

在人工智能的第一次寒冬后，研究者们将研究热点转向了专家系统。专家系统是模仿人类专家决策能力的计算机系统，依据一组从专门知识中推演出的逻辑规则来回答特定领域中的问题。专家系统包含若干子系统：知识库、推理引擎、用户界面。因此，知识库系统和知识工程成为 20 世纪 80 年代人工智能研究的主要方向，出现了许多有名的专家系统，专家系统开始流行并商用。

这一时期主要以专家系统和日本的第五代计算机为代表。专家系统促使人工智能从理论研究走向实际应用，并在医疗、气象、地质等领域取得成功。但随着人工智能应用范围的扩大，专家系统的缺点也逐渐显现：应用领域狭窄、推理方法单一、缺乏常识性知识等，人工智能的发展又进入了停滞状态。在这一时期也出现了神经网络算法，但是由于当时计算机的性能限制，最终也没有较好的落地效果。

与此同时，在这一时期，科学家提出了一些人工智能的新思想。

（1）霍普菲尔德网络：1982 年由约翰·霍普菲尔德（John Hopfield）提出。霍普菲尔德网络是一个单层网络，各节点对称地连接，但没有自反馈，在权重确定后，网络具有状态记忆功能。

（2）受限玻尔兹曼机：1985 年由杰弗里·辛顿 （Geoffrey Hinton）提出。受限玻尔兹曼机是一种二分图结构，包含可见单元和隐藏单元。其训练算法是基于梯度的对比分歧算法，可以用于降维、分类、回归和特征学习等任务。

（3）多层感知器：1986 年由鲁姆尔哈特（Rumelhart）提出。这是一种前向结构的人工神经网络，它包含三层：输入层、隐藏层和输出层，模型训练的算法是反向传播算法。

在专家系统快速发展的过程中，其劣势也逐渐显露出来。专家系统的知识采集和获取的难度很大，系统建立和维护费用高；专家系统仅限应用于某些特定情景，不具备通用性；使用者需要花很长时间来熟悉系统的使用。

专家系统的这些劣势使得商业化面临重重困境,从而直接引发了人工智能的第二次寒冬。在人工智能的第二次寒冬期,对神经网络的研究开始出现了一系列的突破性进展,深度学习开始萌芽。

3. 第三次浪潮（2000 年至今）：高速发展时期

信息技术的蓬勃发展,为人工智能的发展提供了基础条件。随着物联网的不断发展,产生了大量可供分析的数据源,通过对这些数据的标注,产生了许多高质量数据集。一方面,由于数据的爆发式增长,高性能计算能力的出现,基于神经网络的学习成为可能;另一方面,深度学习理论取得突破,特别是卷积神经网络（CNN）、循环神经网络（RNN）、长短期记忆网络（LSTM）等复杂模型的提出,使得深度学习进入实用阶段。

这一时期人工智能的理论算法也在不断地沉淀,以统计机器学习为代表的算法在互联网、工业等诸多领域取得了较好的应用效果。2006 年,多伦多大学辛顿教授提出了深度学习的概念,对多层神经网络模型的一些问题给出了解决方案。标志性事件发生在 2012 年,辛顿课题组参加 ImageNet 图像识别大赛,以大幅领先对手的成绩取得了冠军,深度学习在学术界和工业界引起了轰动。

深度学习模型对训练数据的质量和数量的需求越来越迫切,导致对算力的需求不断增加,由此出现了 GPU 集群、专用人工智能芯片,进一步推动了算力革命,为人工智能算法创新提供了巨大动力。算法、数据和算力,三者相辅相成,推动着人工智能的发展进入了快车道。

总之,六十多年来,人工智能取得了长足的发展,成为一门应用广泛的交叉和前沿科学。人工智能的目的就是让计算机这台机器能够像人一样思考。

如果我们希望做出一台能够思考的机器,就必须知道什么是思考,更进一步讲就是什么是智慧。什么样的机器才具有智慧呢?科学家已经制造出了汽车、火车、飞机、收音机等,它们能模仿我们身体器官的功能,但是它们能不能模仿大脑的功能呢?

到目前为止,我们也仅知道大脑是由数十亿个神经细胞组成的,我们对其知之甚少,模仿它或许是天下最困难的事情了。

当计算机出现后,人类开始真正有了可以模拟人类思维的工具,无数科学家都在为实现人工智能这个目标而不断努力。如今,人工智能已经不再是几个科学家的专利了,全世界几乎所有大学都有人在研究这门学科。很多人都在享受人工智能带来的诸多好处,如网络上的人机对战游戏、汽车导航的路径规划、百度双语翻译、刷脸支付和指纹解锁等。

如今,各类计算机系统在物联网感知、大数据分析和智能控制联合作用下,已经变得越来越聪明。大家或许还会注意到,在一些地方,计算机开始帮助人类进行其他原来只属于人类的工作（如用机器视觉代替站岗、巡视、值勤等）,计算机正在以它的高速和准确性发挥积极作用。

1.2.2　人工智能三大学派

在人工智能的发展过程中,涌现了从不同的学科背景出发的三大学派,即符号主义学派、连接主义学派和行为主义学派。

（1）符号主义学派。

符号主义学派又称为符号学派、逻辑学派、心理学派或计算机学派。该学派认为人类认知和思维的基本单元是符号，认知过程就是在符号表示上的运算。符号主义学派的核心在于用计算机的符号操作来模拟人类的认知过程，从而实现人工智能。符号主义学派在模糊推理、专家系统、知识图谱构建等领域有广泛应用。符号主义学派在人工智能的早期发展中占据主导地位。

该学派的代表人物有西蒙、纽厄尔、马文•明斯基等。该学派认为人工智能源于数学逻辑，其实质是模拟人的抽象逻辑思维，用符号描述人类的认知过程，包括知识表示、决策树算法等。20 世纪 70 年代出现了具备专业知识和逻辑推断能力的专家系统，推动了人工智能的工程应用。但是，高性能个人计算机的普及应用以及专家系统成本的居高不下，使符号主义学派在人工智能领域的主导地位逐渐被连接主义学派所取代。

（2）连接主义学派。

连接主义学派又称为仿生学派、生理学派、连接学派，其提出的技术包含感知器、人工神经网络、深度学习等，当前占据主导地位。连接主义学派认为，人类思维的本质在于神经元之间的连接和交互，因此他们试图建立基于神经元模型的学习算法来模拟人类的学习过程。连接主义学派的代表性算法是深度学习算法，广泛应用于图像识别、语音识别和自然语言处理等领域。

该学派的代表人物有罗森布莱特（Frank Rosenblatt）等，他认为人工智能源于仿生学，应以工程技术手段模拟人脑神经系统的结构和功能。早在 1943 年，美国心理学家麦卡洛克和数学家皮特斯就提出了利用神经元网络对信息进行处理的数学模型——MP 模型，自此人类开启了对神经元网络的研究。1982 年霍普菲尔德神经网络模型和 1986 年 BP 神经网络模型的提出，使神经网络的理论研究取得重大突破。2006 年，连接主义学派的领军学者辛顿教授提出深度学习算法，大大提高了神经网络的学习训练能力。

（3）行为主义学派。

行为主义学派又称为进化主义学派或控制论学派，其提出的技术包含控制论、马尔可夫决策过程、强化学习等。行为主义学派认为智能取决于感知与行为，以及对外界环境的自适应能力。行为主义学派的代表性应用包括遗传算法、增强学习等，用于教人工智能打游戏、捉迷藏等。

近年来，随着 AlphaGo 取得的重大突破，该学派被广泛关注。该学派认为人工智能源于控制论，智能行为产生的基础是"从感知到行动"的反应机制，智能是在与外界环境交互作用中表现出来的。行为主义学派的代表人物有布鲁克斯（Rodeny Brooks）和萨顿（Richard Sutton）等，其代表观点是智能体通过与环境进行交互获得智能，如感知器等。

在人工智能发展历程中，符号主义学派、连接主义学派和行为主义学派不仅先后在各自领域取得了成果，也逐步走向了相互借鉴和融合发展的道路。最近 5 年，连接主义学派得到了快速发展。表 1-1 总结了三大学派的研究方向、主要技术关注点及代表人物等。

表 1-1　三大学派

	符号主义学派	连接主义学派	行为主义学派
其他名称	符号学派、逻辑学派、心理学派、计算机学派	仿生学派、生理学派、连接学派	进化主义学派、控制论学派
研究方向	抽象思维：用公理和逻辑体系构建人工智能体系	形象思维：利用神经网络的连接机制实施学习	感知思维：模拟人的行为实施智能控制
主要技术	专家系统、知识图谱、模糊推理	机器学习、深度学习、人工智能大模型	遗传算法、机器人技术、增强学习
代表人物	西蒙、纽厄尔、明斯基	霍普菲尔德、辛顿	萨顿

1.3　人工智能的关键技术

人工智能的研究范畴广泛且深入，主要包括传统人工智能技术和现代人工智能技术，这些技术各具特点，共同推动着人工智能领域的不断发展。

1.3.1　传统人工智能技术

传统人工智能技术主要包括知识表示、专家系统、数据挖掘、模式识别、基于规则的系统、启发式搜索、决策树、模糊逻辑、进化计算、机器翻译、自然语言理解和机器人技术等。

知识表示：知识表示是研究如何把人类知识表示成计算机能够接受的符号结构的方法和技术。传统的知识表示方法包括一阶谓词逻辑、产生式系统、语义网络等。

专家系统：专家系统是一种模拟人类专家决策过程的计算机系统。它内部含有大量的某个领域专家水平的知识与经验，能够利用人类专家的知识和解决问题的方法来处理该领域问题。专家系统通常由知识库、推理机、用户界面和解释系统四个主要部分组成。

数据挖掘：数据挖掘是从大型数据库中提取隐含的、先前未知的、对决策有潜在价值的知识的过程。虽然现代数据挖掘技术已经涵盖了机器学习、统计学等多个领域的方法，但传统的数据挖掘方法，如关联规则挖掘、分类与预测等，仍然是其基础。

模式识别：模式识别是指对表征事物或现象的各种形式的（数值的、文字的和逻辑关系的）信息进行处理和分析，以对事物或现象进行描述、辨认、分类和解释的过程。传统的模式识别方法包括模板匹配、统计分类等。

基于规则的系统：基于规则的系统使用"如果-那么"规则来表示知识和进行推理。这些规则通常是由领域专家手动编写的，系统根据这些规则来模拟人类的决策过程。除了专家系统，一些早期的自然语言理解和问题求解系统也采用了基于规则的方法。

启发式搜索：启发式搜索是一种在问题空间中寻找解决方案的方法，它利用启发式信息（即关于问题求解过程的有用信息）来指导搜索过程。传统的启发式搜索算法包括 A*算法、Dijkstra 算法等，它们在路径规划、问题求解等领域有着广泛的应用。

决策树：决策树是一种用于分类和回归的树形结构模型。它通过一系列的问题（决策节点）将数据分成不同的类别或预测连续值。决策树方法简单易懂，并且在一些领域（如医疗诊断、信用评分等）中得到了广泛应用。

模糊逻辑：模糊逻辑是一种处理不确定性和模糊性的数学方法。它允许变量取介于 0 和 1 之间的模糊值，而不是传统的二进制数（0 或 1）。模糊逻辑在控制系统、模式识别等领域有着广泛的应用，特别是在那些需要处理不确定性和模糊性的场景中。

进化计算：进化计算是一种模拟自然选择和遗传机制的优化算法。它包括遗传算法、进化策略、进化规划等。这些算法通过模拟生物进化过程中的选择、交叉和变异等操作来寻找问题的最优解。进化计算在优化问题、机器学习等领域有着广泛的应用。

机器翻译：机器翻译是利用计算机把一种自然语言转变成另一种自然语言的过程，其翻译质量取决于所用的方法、策略以及语料库的丰富程度等。虽然现代机器翻译技术已经取得了显著进步，但传统机器翻译方法，如基于规则的方法，仍在其发展历史中占据重要地位。

自然语言理解：自然语言理解是人工智能领域中的一个重要方向，它研究能实现人与计算机之间用自然语言进行有效通信的各种理论和方法。传统的自然语言理解方法包括基于语法分析、语义分析等方法。

机器人技术：虽然现代机器人技术已经高度发达，但传统的人工智能在机器人领域的应用也非常重要。这些技术主要包括基于规则的决策制定、简单的感知与行动能力等。

需要注意的是，虽然这些技术被称为"传统"人工智能技术，但它们在人工智能领域仍然具有重要地位，并且在许多实际应用中仍然发挥着重要作用。同时，随着技术的不断发展，这些传统技术也在不断地与新技术相结合，以应对更加复杂和多样化的应用场景。

1.3.2   现代人工智能技术

现代人工智能技术主要包括机器学习、深度学习、自然语言处理、计算机视觉、智能机器人技术、多模态人工智能技术、大模型技术等。

当前的人工智能技术涵盖了多个方面，这些技术不断推动人工智能领域的进步和应用拓展。以下是对当前主要人工智能技术的归纳。

1. 机器学习

机器学习是人工智能技术的核心，它使计算机能够从数据中自动学习并改进其性能。机器学习算法可以根据学习方式的不同分为有监督学习、无监督学习、半监督学习和强化学习等。

有监督学习通过已知的输入、输出来训练模型；无监督学习在没有标签的情况下发现数据中的隐藏结构；半监督学习结合了前两者的特点；强化学习则通过与环境交互来学习最优行为策略。

2. 深度学习

深度学习是机器学习的一个子集，它利用深度神经网络来模拟人脑的学习过程。深度学习算法如卷积神经网络、循环神经网络和生成对抗网络等，在图像识别、语音识别、自然语言处理等领域取得了突破性进展。

3. 自然语言处理

自然语言处理旨在让计算机理解和处理人类自然语言，包括语法语义分析、信息抽取、文本挖掘、信息检索、机器翻译、问答系统和对话系统等。自然语言处理技术在智能客服、智能助手、智能翻译等领域有着广泛的应用，使得计算机与人类之间的交互更加自然和便捷。

4. 计算机视觉

计算机视觉技术使计算机能够"看见"并理解图像和视频中的内容。它在自动驾驶、安防监控、医疗诊断等领域有着广泛的应用，如识别道路、车辆和行人，实时监测异常行为，辅助医生进行病变检测和分析等。

5. 智能机器人技术

智能机器人技术是人工智能与机械工程相结合的产物。智能机器人既能够执行预设任务，还能根据环境变化进行自主决策和交互。这些机器人在工业生产、餐饮服务、医疗护理等方面有着广泛的应用，如自动完成装配、焊接等任务，执行清洁、送餐等任务，辅助医生进行手术、照顾病人等。

6. 多模态人工智能技术

多模态人工智能技术是指能够处理和分析来自多种不同模态（如文字、图片、视频、音频等）的数据的人工智能技术。它将广泛应用于医疗、零售、金融、制造等领域，通过分析多种模态的数据来提供更全面、准确的见解和决策支持。

7. 大模型技术

大模型技术是指使用大规模数据和强大的计算能力训练出来的"大参数"模型技术。这些模型通常具有高度的通用性和泛化能力，可以应用于自然语言处理、图像识别、语音识别等多个领域。大模型能够利用高性能的计算算力和丰富的数据资源，从海量信息中提取语义和知识，具有广泛适应性。在预训练阶段，大模型能够从非标注数据中学习通用知识；在微调阶段，大模型能够通过少量标注数据快速适配特定任务，降低数据依赖。

大模型适用于多任务处理，涵盖文本生成、图像识别、跨领域数据处理等，在自然语言处理、个性化推荐、人脸识别、自动驾驶、医学影像分析、金融风险评估等方面有着广泛应用。

由此可见，现在人工智能的研究范畴广泛且深入，涵盖了机器学习、深度学习、自然语言处理、计算机视觉、机器人技术等多个领域。这些技术各具特点，共同推动着人工智能技术的不断发展和创新。随着技术的不断进步和应用领域的不断拓展，人工智能将在未来社会中发挥更加重要的作用。

1.3.3　人工智能的数据获取方法

人工智能的数据获取方式多种多样，这些方式根据数据的来源、类型以及采集的难易程度而有所不同。以下是人工智能的一些主要数据获取方式。

1．网络爬虫抓取

网络爬虫是一种自动化工具，用于从互联网上抓取网页内容并提取所需数据。这种方式可以快速获取大量数据，覆盖范围广，适用于新闻资讯、社交媒体、电商平台等多种数据源。使用 Python 等编程语言编写爬虫程序，可以设定特定的规则和目标网站，从网站上抓取文本、图片、视频等多种类型的数据。然而，需要注意的是，在使用爬虫抓取数据时，必须遵守网站的 robots.txt 协议和相关法律法规，以避免侵犯他人权益和引发法律纠纷。

2．传感器采集

传感器是一种能够检测物理量并将其转换为可测量信号的装置。在人工智能领域，通过各类物联网传感设备（如摄像头、麦克风、温度传感器等）可以实时采集物理世界的数据。这种方式获取的数据实时性强，能够反映物理世界的真实情况。例如，智能家居设备可以通过传感器采集温度、湿度、空气质量等数据；在工业自动化领域，可以使用传感器监测生产线状态。传感器的广泛应用为人工智能提供了丰富的数据源。

3．人工标注

人工标注是指通过人工对原始数据进行分类、标注和整理，以满足人工智能模型训练的需求。这种方式获取的数据准确度高，但成本较高且耗时较长。在构建语音识别、图像识别等模型时，需要对大量的录音数据和图像数据进行标注，以便机器学习算法能够学习如何识别声音和图像。

4．数据集的构建与购买

一些数据集供应商可以提供特定领域的数据集，如医疗、金融或社交媒体数据等。通过这种方式获取的数据质量有保障，并且可以节省采集和标注成本。然而，需要注意的是，在购买数据集时，必须确保数据的合法性和隐私性，避免使用非法或侵犯他人隐私的数据。

5．众包平台

众包平台是一种利用互联网将工作分配出去、发现创意或解决技术问题的平台。在人工智能领域，可以利用众包平台雇佣大量人群执行特定任务，如标注图像、翻译文本或对数据进行分类等。这种方式能够快速获取大量标注数据，降低人工成本。同时，众包平台还可以为数据提供者提供收益，激发更多人的参与热情。

除了以上几种主要方式，还有一些其他的数据获取方式，如通过 API 接口获取数据、利用开源数据集等。这些方式各有优缺点，需要根据具体的应用场景和需求进行选择。

在采集人工智能数据时，需要确保数据的质量和准确性。数据必须准确反映实际情况，并遵守隐私和安全法规。此外，还需要考虑数据的多样性和数量，以确保训练出的人工智能模型具有广泛的适用性和高质量的预测结果。随着人工智能技术的不断发展，数据采集的方法和技术也将不断创新和完善。

1.4　人工智能与社会伦理

在科技日新月异的今天，人工智能正以前所未有的速度渗透到我们生活的方方面面。从智能家居到自动驾驶，从医疗诊断到金融风控，人工智能的应用无处不在，极大地提高了社会生产力和生活质量。然而，随着人工智能技术的飞速发展，一系列伦理挑战也随之浮现，特别是机器决策的道德责任、人工智能的权利与义务等问题，引发了广泛的社会讨论和深刻反思。

1.4.1　机器决策的道德责任

1．数据隐私与安全

人工智能系统的运行离不开大量数据的支持，这些数据中往往包含个人隐私信息，如姓名、地址、消费习惯等。一旦这些数据被泄露或滥用，个人隐私安全将受到严重威胁。例如，一些不法分子可能利用人工智能技术收集并分析用户数据，进行精准诈骗或骚扰。因此，确保数据保密性和合规性至关重要。

根据欧洲《通用数据保护条例》（GDPR），企业需对个人数据进行透明处理，并赋予用户对其数据的控制权。在中国，2021 年实施的《中华人民共和国数据安全法》和《中华人民共和国个人信息保护法》也为数据安全和隐私保护提供了坚实的法律保障。这些法律法规的出台，体现了全球范围内对数据隐私保护的重视。

2．偏见与歧视

人工智能系统可能从训练数据中学习到隐含的偏见和歧视，从而导致不公平的决策。例如，基于历史数据的招聘，人工智能可能会因为某些群体在历史上的就业比例较低而不公平地拒绝他们。这种偏见不仅损害了相关群体的利益，也违背了社会公正原则。

为减少或消除人工智能系统中的偏见和歧视，需要从多个方面入手。首先，确保训练数据的多样性和代表性，避免单一或偏颇的数据源。其次，开发和应用工具检测数据和模型中的偏见，并进行修正。此外，设计和采用能够减少偏见和提高公平性的算法，也是解决这一问题的重要途径。

3．责任归属的复杂性

当人工智能系统出现错误或导致损害时，确定责任归属变得异常复杂。以自动驾驶汽车为例，如果车辆在自动驾驶模式下发生事故，责任应由谁承担？是设计该系统的工程师、生产制造商，还是坐在驾驶位上的乘客？

为解决这一问题，需要制定相关法规明确责任归属。例如，欧盟正在推进的《人工智能法案》，旨在对人工智能的开发、投放市场、提供服务和使用制定统一的法律框架，以便在促进人工智能应用的同时保护相关主体的基本权利。在中国，虽然目前还没有专门的"人工智能法"，但《中华人民共和国数据安全法》和《中华人民共和国个人信息保护法》等法律法规也为人工智能领域的责任追究提供了一定的法律依据。

1.4.2　人工智能的权利与义务

1. 机器的权利问题

随着人工智能技术的不断发展，一个令人深思的问题是：机器是否应该享有权利？如果无人驾驶汽车发生事故造成人员伤亡，机器是否应该为此承担责任？这些问题触及了法律与伦理的边界。

从法律角度来看，目前大多数国家并未赋予机器法律人格，因此机器无法直接承担法律责任。然而，这并不意味着我们可以忽视机器决策可能带来的后果。相反，我们应该通过制定更加完善的法律法规来明确责任归属，确保受害者能够得到合理的赔偿。

从伦理角度来看，机器是否应该享有权利是一个更为复杂的问题。一些人认为，随着人工智能技术的不断进步，机器可能在一定程度上具备自主意识和情感，因此，机器应该享有某种形式的权利，但同时必须承担与权利相关的法律和伦理责任。然而，这一观点也引发了诸多争议。毕竟，机器与生物体在本质上存在巨大差异，将人类的权利观念直接套用于机器可能并不合适。

2. 机器的义务与责任

与权利问题相对应的是机器的义务与责任。虽然机器无法像人类一样主动承担责任和义务，但我们可以通过编程和设计来确保机器在特定情境下做出符合伦理规范的决策。

例如，在自动驾驶汽车的设计中，可以融入伦理决策规则，确保车辆在紧急情况下能够做出最优的避险动作。同时，制造商和开发者也应该对人工智能系统的安全性和可靠性负责，确保其在各类环境下都能稳定运行并避免造成损害。

此外，随着人工智能技术的普及和应用范围的扩大，企业和政府也应该承担起相应的社会责任。企业应该在开发人工智能技术的同时注重伦理道德和社会影响评估；政府则应该加强监管和引导，确保人工智能技术健康发展并符合社会价值观。

1.4.3　人工智能对就业的冲击

1. 传统职业岗位的替代

随着人工智能技术的不断发展和普及，许多传统职业岗位正面临着被替代的风险。这些岗位通常涉及重复性、低技能的工作内容，如制造业的装配工人、服务业的收银员、司机（尤其是出租车和货车司机，随着自动驾驶技术的成熟而面临失业风险）、翻译和客服（随着人工智能语音识别技术的不断发展，这些职业也可能被替代）等。这种替代不仅会导致大量失业，还可能加剧社会经济不平等，因为高技能劳动者更容易适应智能化时代，获得更高的收入和更好的职业发展机会，而低技能劳动者则可能面临长期失业和贫困的风险。

2. 就业结构的变化

人工智能的发展还导致就业结构发生了显著变化。一方面，传统行业的就业机会减少；另一方面，新兴行业（如人工智能系统开发与维护、数据科学分析等）的就业机会不断增加。然而，这种变化也带来了新的问题，即能够驾驭智能机器的人才严重不足，人才短缺问题凸显。这就要求劳动者不断学习和提升自身技能，以适应新的就业环境。

3. 劳动者权益的保障问题

人工智能的应用还引发了劳动者权益的保障问题。在工作场所，一些企业利用人工智能技术对员工进行监控，如通过摄像头、传感器等设备收集员工的工作数据和行为信息，以便对员工的绩效进行评估和管理。这种监控行为可能侵犯员工的隐私权，并引发人们对员工权利的担忧。此外，随着零工经济的兴起，平台劳动者的权益保障体系尚未完全形成，导致这些劳动者处于相对弱势的地位。他们不仅面临缺乏社会保障的问题，还可能遭遇工伤认定、加班费核算等权益保障方面的困难。

由此可见，人工智能的发展为人类社会带来了前所未有的机遇和挑战。人类在享受人工智能技术带来的便利的同时，也必须正视其带来的伦理挑战，如机器决策的道德责任、人工智能的权利与义务等。通过建立法规和政策、促进公平和透明、强化教育和培训、制定伦理指导原则以及推动国际合作等措施，可以确保人工智能技术的发展在造福人类的同时遵循道德和伦理原则。

1.5　人工智能的典型应用

人工智能的应用领域非常广泛，主要包括智能医疗、智能客服、智能家居、人脸识别、自然语言处理、自动驾驶、语音识别、智能推荐和医学影像处理等。

1. 智能医疗

人工智能在医疗保健领域具有广泛的应用。这些应用包括制造能够检测疾病和识别癌细胞的复杂机器，利用实验室和其他医疗数据帮助医生分析慢性疾病以确保早期诊断，以及将历史数据和医学智能相结合以发现新药。此外，垂直领域的图像算法和自然语言处理技术基本能够满足医疗行业的需求，如智能医疗成像技术、细胞识别智能医疗诊断系统、智能辅助诊断服务平台等。这些技术有助于辅助医生进行诊断和治疗、疾病预测、药物开发等。

2．智能客服

智能客服使用客服机器人自动回答问题，是人工智能在客户服务领域的一种典型应用。这种机器人利用机器模拟人类行为，具备语音识别、自然语义理解和业务推理等能力。当用户访问网站并开始会话时，智能客服机器人能快速分析用户意图，并从其海量的行业背景知识库中获取信息，为用户提供标准且准确的回复。此外，智能客服机器人还能基于与用户的互动进行学习，变得越来越聪明，从而帮助企业提高用户体验并降低运营成本。

3．智能家居

智能家居是人工智能在家庭环境中的典型应用。智能语音技术使得家电产品能够听、说，理解用户的需求，从而为用户带来无须手机或遥控器的自然交互体验。例如，智能音箱不仅可以进行日程设置、音乐播放和天气查询，还能控制家中的灯光、空调和电视。此外，部分电视还内嵌了声纹识别技术，能够根据识别到的不同音色为用户提供个性化的内容推荐。这些技术不仅提高了生活的便利性，还增强了家居的安全性。

4．人脸识别

人脸识别是一种基于人的脸部特征信息进行身份验证的生物识别技术。它主要依赖于计算机视觉和图像处理技术。人脸识别系统的研究始于 20 世纪 60 年代，随着计算机技术和光学成像技术的进步，该技术在 20 世纪 80 年代得到了显著提升。到了 20 世纪 90 年代后期，人脸识别技术开始进入初级应用阶段。如今，这项技术已被广泛应用于金融、司法、公安、边检、航天、电力、教育、医疗等多个领域。

5．自然语言处理

自然语言处理是人工智能领域中用于理解和处理人类语言的技术。它将人类语言转换为计算机可处理的形式，从而在机器翻译、文本分类和情感分析等领域中发挥作用。例如，机器翻译功能在微信中就得到了应用，使得用户能够轻松地使用不同语言进行交流。此外，自然语言处理技术还可以用于全文信息检索系统和自动文摘系统，帮助计算机更智能地理解和处理文本信息。

机器翻译是利用计算机将一种自然语言转换为另一种自然语言的过程。这一技术主要基于神经机器翻译（Neural Machine Translation，NMT）技术，在多个语言对上的表现已经超越了人类。随着经济全球化和互联网的快速发展，机器翻译在促进政治、经济、文化交流方面展现出巨大的价值，为人们提供了极大的便利。例如，通过有道翻译、Google 翻译等工具，人们可以轻松地将英文文献翻译成中文，大大提高了学习和工作的效率。

6．自动驾驶

自动驾驶汽车是人工智能在交通领域的重要应用，旨在模仿人类驾驶行为，通过传感器和算法来感知周围环境，自主决策和控制车辆行驶。这种技术能有效提高驾驶的安全性和舒适性，减少撞车事故的发生。例如，Google 的自动驾驶汽车项目和特斯拉的"自动驾驶"功能都展示了人工智能在汽车行业的广泛应用和潜力。

无人驾驶汽车是智能汽车的一种，主要依赖计算机系统实现自动驾驶。该技术涉及计算机视觉、自动控制技术等多个方面。目前，市场上已有部分车型如奥迪 A8、沃尔沃 XC90 和特斯拉等达到了 L3 级自动驾驶。尽管人工智能在无人驾驶中起到关键作用，但仍需人为干预以确保安全。发达国家如美国、英国、德国等从 20 世纪 70 年代开始研究，而中国从 20 世纪 80 年代也开始相关研究。

7. 语音识别

语音识别是人工智能在多个设备和 App 中的关键应用，它允许机器理解并将人类语音转换为文本或命令。在智能手机、智能音箱和智能家居中，语音识别技术为用户提供了语音控制、搜索和翻译的功能。语音助手在手机上广泛使用，如霍金的发音器则是一个语音生成的应用。这些应用都依赖于自然语言处理和机器学习技术，它们使得机器能够"听懂"人类的语言，并在翻译和语音交互等多个领域发挥作用。

8. 智能推荐

智能推荐是一种基于聚类与协同过滤技术的人工智能应用，它通过分析用户的历史行为来建立推荐模型，从而主动为用户提供与其需求和兴趣相匹配的信息。这种推荐方式不仅能帮助用户快速找到他们感兴趣的产品或内容，提升用户的消费体验，同时也能帮助商家更精准地找到目标用户群体，从而进行有效的产品营销。智能推荐系统在各类网站和 App 中都有广泛应用，它根据用户的浏览信息、基本信息和对物品或内容的偏好程度等多种因素进行推荐。

9. 医学影像处理

医学影像处理是人工智能在医疗领域的核心应用。它主要处理由核磁共振成像、超声成像等利用多种成像原理生成的医学影像。传统的医学影像诊断主要依赖医生的经验，观察二维切片图来发现病变体。但借助计算机图像处理技术，可以进行图像分割、特征提取、定量和对比分析，从而辅助医生进行病灶识别、标注，以及肿瘤放疗的靶区自动勾画和手术的三维影像重建。这不仅提高了诊断的准确性，还在医疗教学、手术规划等方面发挥了重要作用。

1.6　本章小结

本章首先讲解人工智能的基本概念和特征、人工智能的发展历程和三个学派；然后，总结人工智能的关键技术，讲解人工智能与社会伦理的关系，说明机器决策的道德责任、人工智能的权利与义务，并描述了人工智能可能给人类就业带来的冲击。最后，从多个维度讲解了人工智能的典型应用场景。

本章习题

一、选择题

1. 人工智能是指由计算机系统所表现出来的（　　）。

　　A．自然智能　　　　　　　　　　B．人类智能的模拟

　　C．动物智能的延伸　　　　　　　D．机械智能的自动化

2. 下列哪项不是人工智能的基本特征？（　　）

　　A．自主性　　　　B．学习性　　　　C．确定性　　　　D．适应性

3. 人工智能的核心驱动力之一是（　　）。

　　A．大数据　　　　B．小数据　　　　C．无数据　　　　D．传统算法

4. 人工智能系统能够执行的任务通常具有（　　）。

　　A．低复杂性　　　　B．高复杂性　　　　C．不可预测性　　　　D．完全随机性

5. 被誉为"人工智能之父"的是（　　）。

　　A．艾伦·图灵　　　　　　　　　　B．约翰·冯·诺依曼

　　C．查尔斯·巴贝奇　　　　　　　　D．比尔·盖茨

6. 人工智能的"寒冬"通常指的是（　　）。

　　A．技术发展停滞期　　　　　　　B．资金投入减少期

　　C．公众兴趣下降期　　　　　　　D．以上都是

7. 深度学习技术的兴起主要得益于（　　）。

　　A．大数据的积累　　　　　　　　B．计算能力的提升

　　C．算法的创新　　　　　　　　　D．以上都是

8. 下列哪项不是人工智能发展历程中的关键事件？（　　）

　　A．图灵测试的提出　　　　　　　B．"深蓝"计算机在国际象棋中击败人类冠军

　　C．Watson 在 Jeopardy 游戏中获胜　　D．个人计算机的普及

9. 在人工智能三大学派中，符号主义学派主要关注（　　）。

　　A．神经网络的结构和功能　　　　B．人类智能的符号表示和推理

　　C．生物进化过程中的智能机制　　D．机器学习与统计模型的结合

10. 连接主义学派认为智能主要来源于（　　）。

　　A．符号和规则　　　　　　　　　B．神经元之间的连接和权重调整

　　C．自然选择和遗传算法　　　　　D．逻辑和演绎推理

11. 行为主义学派强调（　　）。

　　A．智能行为的外部表现和环境交互　B．内部心理状态和意识

　　C．符号系统的构建和优化　　　　D．神经网络的生物学基础

12. 下列哪项不属于人工智能的三大学派？（　　）

A．符号主义　　　B．连接主义　　　C．行为主义　　　D．进化主义

13．人工智能伦理主要关注的问题是（　　）。

A．技术效率和性能　　　　　　　B．数据隐私和安全

C．机器人的外观设计　　　　　　D．软件版本更新速度

14．下列哪项不是人工智能伦理框架中通常考虑的原则？（　　）

A．透明性　　　B．公平性　　　C．效率最大化　　　D．责任归属

15．在人工智能决策过程中，确保算法不偏袒特定群体或个体的原则是（　　）。

A．透明性原则　　B．公平性原则　　C．可解释性原则　　D．自主性原则

16．下列哪项不是人工智能在医疗领域的应用？（　　）

A．疾病诊断　　　　　　　　　　B．药物研发

C．手术机器人　　　　　　　　　D．个人健康手环的数据分析

17．人工智能在金融领域的应用不包括（　　）。

A．风险评估　　　B．欺诈检测　　　C．投资建议　　　D．现金管理

18．在教育领域，人工智能可以应用于（　　）。

A．个性化学习推荐　　　　　　　B．智能辅导系统

C．自动批改作业　　　　　　　　D．以上都是

二．问答题

1．请简要解释人工智能的定义，并列举其几个关键特征。

2．人工智能与传统计算机程序的主要区别是什么？

3．描述人工智能发展历程中的几个重要里程碑事件。

4．分析人工智能"寒冬"出现的原因及其对后续发展的影响。

5．请分别阐述符号主义学派、连接主义学派和行为主义学派的基本观点及其技术的主要应用领域。

6．你认为哪个学派在当前人工智能技术的发展中占据主导地位？为什么？

7．讨论人工智能在自动驾驶领域可能引发的伦理问题，并提出解决方案。

8．分析人工智能在医疗决策中的应用对医患关系、医疗责任等方面可能产生的影响。

9．举例说明人工智能在智能制造领域的应用及其带来的变革。

10．探讨人工智能在智慧城市构建中的作用，以及面临的挑战和解决方案。

第 2 章　人工智能的编程基础

人工智能涉及的研究内容非常广泛,包括专家系统、机器学习、大/小模型、机器人技术等,然而对这些技术的深入理解和应用离不开编程语言,通过编程语言可以解决人工智能中的实际问题,如图像识别、自然语言理解、模式识别和分类等。本章介绍几种人工智能的编程语言和编程环境,重点讲述 Python 语言的基础语法和初步应用。

2.1　人工智能的编程语言

使用计算机解决人工智能领域的实际问题，需要了解编程语言的种类，学会选择合适的编程语言，确定使用哪种软件集成开发环境进行程序设计。

2.1.1　程序语言的分类

程序是一组为完成某种功能而按一定顺序（通常由算法确定）编排的指令序列，是人与计算机之间传递信息的媒介。

20 世纪 40 年代，计算机刚刚问世时，编程人员必须手动控制计算机，工作量非常大。为了使计算机能够自动工作，德国工程师楚泽（Konrad Zuse）最早想到利用程序设计语言来解决这个问题，即构造一套编写计算机程序的数字、字符和语法规则，工作人员根据这些规则编写指令序列（即程序），然后将这些程序传达给计算机去执行。

根据程序中的指令的不同表示方式，程序设计语言可以分为机器语言、汇编语言和高级语言。这些语言就是计算机能接受的语言。

1. 机器语言

机器语言是计算机唯一能直接接受和执行的语言。机器语言的每条指令都是一串二进制序列，称为机器指令。一条机器指令规定了计算机执行的一个动作。例如，8086 CPU 的存储器读取指令"MOV CL, [BX+l234H]"的机器指令为 8A 8F 34 12H；寄存器传送指令"MOV SP, BX"的机器指令为 8B E3H。

显然，使用机器语言编写程序相当烦琐，既难于记忆也难于操作，编写出来的程序全都由 0 和 1 组成，直观性差、难以阅读，不仅难学、难记、难检查，又缺乏通用性，给计算机的推广使用带来很大的障碍。

2. 汇编语言

为了降低机器语言的指令标记难度，就出现了汇编语言（Assembly Language）。汇编语言是一种用于电子计算机、微处理器、微控制器或其他可编程器件的低级语言，也称为符号语言。例如，下面是包含两条指令的汇编语言程序。

```
MOV AX, 8000H   ;给寄存器 AX 赋值
ADD AX, 900H    ;将 8000H 与 900H 相加后放回寄存器 AX，这时 AX 的值为 8900H
```

在汇编语言中，用助记符（如 MOV、ADD 等）代替机器语言的指令操作码，用地址符号（如寄存器 AX 等）或标号代替指令或操作数的地址。在不同的设备中，汇编语言对应不同的机器语言指令集，通过汇编过程转换成机器指令。通常，特定的汇编语言和特定的机器语言指令集是一一对应的，不同平台之间不可直接移植。

汇编语言和机器语言实质是等价的，都是直接对硬件进行操作，只不过汇编语言采用了英文缩写的标识符，容易识别和记忆。使用汇编语言编写的程序，经过汇编器可以生成机器可以执行的二进制代码（即机器指令），代码效率高，执行速度快。

许多微处理器开发商或支持商为汇编语言的程序开发、汇编控制、辅助调试提供了附加的支持机制。例如，微软公司的 MASM 会提供宏，它们也被称为宏汇编器。

3. 高级语言

为了进一步降低用户编程难度，各种高级语言不断产生。高级语言与汇编语言相比，不但将许多相关的机器指令合成为单条指令，而且去掉了与具体操作有关但与完成工作无关的细节，如使用堆栈、寄存器等，这样就大大简化了编程。同时，由于省略了很多细节，编程者不再需要有太深厚的计算机专业知识，编程的门槛也就大幅度降低了。

高级语言是相对于低级语言而言的，它并不是特指某一种具体的语言，而是包括了很多种编程语言，如 Basic、C、C++、Pascal、FoxPro、Java、Python 等，这些语言的语法、命令格式都各不相同。

高级语言所编制的程序不能直接被计算机识别，必须转换成机器语言才能被执行，按转换方式，可将它们分为两大类：解释类和编译类。

（1）解释类：执行方式类似于我们日常生活中的"同声翻译"。应用程序的源代码一边由相应语言的解释器"翻译"成目标代码（机器语言），一边执行，因此效率比较低。这种应用程序因为不能脱离其解释器，不能生成可独立执行的可执行文件，所以代码的版权保护相对较弱。但这种方式也有非常明显的优点，即程序动态调整，修改容易，调试纠错更加方便。典型的解释类高级语言有 Basic、Java、Python 等。

（2）编译类：编译是指在应用程序执行之前，就将程序源代码"翻译"成目标代码（机器语言），因此其目标程序可以脱离其语言环境独立执行，使用比较方便、效率较高。但应用程序一旦需要修改，必须先修改源代码，再重新编译生成新的目标文件（如*.OBJ）才能执行。如果只有目标文件而没有源代码，则修改很困难。这种修改困难机制也为软件版权保护提供了强有力的技术支撑。典型的编译类高级语言有 C、C++、FoxPro、Pascal 等。

2.1.2　程序语言的选择

人工智能的编程语言多种多样，每种编程语言都有其独特的优缺点和适用场景。下面介绍几种典型的编程语言，方便读者根据需要选择。

1. Python 语言

Python 语言是一种解释型的、面向对象的、交互式的高级程序设计语言，也是一种功能强大而完善的通用型语言。它注重的是解决问题而不是编程语言的语法和结构，已经具有 30 多年的发展历史，成熟且稳定。Python 由丰富且强大的类库和第三方库组成，第三方库可根据需要单独下载并安装。Python 现在已成为不少高校大一新生的入门语言。

Python 语法简洁，易学易用，而且拥有大量的机器学习库和框架，如 Tensorflow、PyTorch、Keras 等，为人工智能的开发者提供了强大的工具集。Python 还可以在多个操作系统上运行，包括 Linux、Windows、macOS 等，支持跨平台移植和使用。

2．C 语言与 C++语言

C 语言是一种面向过程的计算机编程语言，它兼顾了高级语言和汇编语言的优点，相较于其他编程语言具有较大优势。计算机系统设计以及应用程序编写是 C 语言应用的两大领域。C 语言描述问题比汇编语言迅速、工作量小、可读性好，易于调试、修改和移植，而代码质量相比汇编语言只低 10%～20%。因此，C 语言常用于编写系统软件。

C 语言对变量类型约束不严格，对数组下标越界不做检查等，因此对编程人员的要求较高，否则会存在缓冲区溢出等安全隐患。

C++是在 C 语言的基础上开发的一种面向对象的编程语言，常用于系统软件和应用系统开发，使用非常广泛。它既可进行 C 语言的过程化程序设计，又可以进行以抽象数据类型为特点的基于对象的程序设计，还可以进行以继承和多态为特点的面向对象的程序设计。C++语言灵活，运算符的数据结构丰富、具有结构化控制语句、程序执行效率高，而且同时具有高级语言与汇编语言的优点。

C++是编译型语言，优点是执行速度非常快，适用于对性能要求极高的场景；允许开发者直接操作内存和硬件资源，提供更强的底层控制能力；支持广泛的算法和数据结构，适用于复杂的机器学习和深度学习项目。C++的缺点是语法和概念相对复杂，对初学者而言学习困难较大。

3．Java 语言

Java 是一种面向对象的编程语言，不仅吸收了 C++语言的各种优点，还摒弃了 C++中难以理解的多继承、指针等概念，因此具有功能强大和简单易用两个特征。Java 作为静态的面向对象编程语言的代表，极好地实现了面向对象理论，允许编程人员以优雅的思维方式进行复杂的编程。Java 非常适合编写桌面应用程序、Web 应用程序、分布式系统和嵌入式系统应用程序等。

Java 遵循"一次编写，到处运行"的原则，可以在任何支持 Java 的平台上运行，运行过程安全、稳定，适用于企业级应用。与 Python 相比，Java 的语法相对复杂，虽然有自动垃圾回收机制，但在某些情况下，开发者仍需要关注内存管理问题。

4．R 语言

R 语言是一种用于统计分析、绘图的编程语言，它是 GNU 系统中的一个自由、免费、源代码开放的语言。R 语言最初由新西兰奥克兰大学的 Ross Ihaka 和 Robert Gentleman 开发，由于他们的名字首字母都是 R，因此被称为 R 语言。R 语言免费、开源，用户可以通过官网及其镜像网站下载安装程序、源代码、程序包及文档资料。

R 语言的函数和数据集保存在程序包中。随着新的统计分析方法的出现，标准安装文件中所包含的程序包也随着版本的更新而不断变化。R 语言具有很强的互动性，输入/输出在同一个窗口进行，输入语法中如果出现错误会马上在窗口中得到提示。同时，R 语言对以前输入过的命令有记忆功能，可以随时再现、编辑修改以满足用户的需要。R 语言可以运行在 UNIX、Windows 和 macOS 等多种操作系统上，具有广泛的适用性。

R 语言提供了有效的数据存储和处理功能，可以处理各种类型的数据集。R 语言在向量、矩阵运算方面功能尤其强大，能满足各种复杂的数组运算需求。R 语言包含了大量统计技术，如线性和非线性建模、经典统计测试、时间序列分析、分类、聚类等，可以满足各种统计分析需求。R 语言具有强大的数据可视化能力，支持高质量的图形展示，用户可以使用基础绘图系统，也可以使用各种高级绘图包来创建各种图表和可视化效果。

5．LISP 和 Prolog 语言

LISP 的全称是 LIST Processor，即列表处理语言，它在处理列表数据方面具有强大的能力。LISP 最早由约翰·麦卡锡（John McCarthy）于 1958 年在麻省理工学院（MIT）开发。LISP 是第一个函数式编程语言，语法简洁，编程人员可以方便地定义新的控制结构和数据结构，LISP 强调函数的第一类公民地位，允许编程人员使用递归和高阶函数来处理数据，它在编程语言的发展史上具有重要地位。LISP 在机器学习、自然语言处理等人工智能领域有着广泛的应用，其函数式、编程范式和强大的列表处理能力使得它在处理复杂数据和算法时具有很高的效率。LISP 也被用于科学计算和符号计算，尤其是在需要处理复杂数学表达式时，其动态类型和递归特性提供了很大的便利。

Prolog 是一种基于逻辑的编程语言，全称为 Programming in Logic。Prolog 建立在逻辑学的理论基础之上，其核心理论是一阶逻辑，使用谓词逻辑来描述问题的逻辑关系，主要用于表达问题的逻辑关系和应用领域中的知识。Prolog 是一种声明式编程语言，它通过声明式的方式描述问题的逻辑关系，而不是通过命令式的方式告诉计算机如何执行。Prolog 采用模式匹配和回溯的求解方法。模式匹配是指在程序中找到与给定查询匹配的事实或规则，回溯则是指在遇到失败时，回到上一个选择点继续尝试其他解决方案。Prolog 在人工智能领域具有广泛的应用，包括专家系统、自然语言理解、智能知识库等。它允许编程人员以逻辑的方式描述问题，然后由计算机自动进行推理和求解。

除了上述主流编程语言，还有一些其他值得关注的编程语言，如 Scala、Go、Julia 等。这些语言在特定领域具有独特的优势，可以根据项目的具体需求进行选择。

综上所述，每种编程语言都有其独特的优缺点和适用场景。在选择适合的人工智能编程语言时，需要综合考虑项目的需求、个人的技术储备以及编程语言的特性和优势。

2.1.3   编程环境的选择

软件集成开发环境（Integrated Development Environment，IDE）为计算机编程人员提供软件开发工具或应用程序。它可以帮助软件编程人员更加高效地编写、测试和调试代码。在选择 IDE 时，用户需要根据自己的需求和偏好进行权衡和选择。

1．IDE 的核心功能

代码编辑器：IDE 通常包含一个精密的文本编辑器，专门用于编写和编辑源代码。编辑器通常提供语法高亮、代码自动补全、代码导航等功能，帮助编程人员更高效地编写代码。

构建自动化工具：IDE 集成了构建自动化工具，自动化常见开发任务，如将源代码编译为二进制代码、打包二进制代码和运行自动化测试。

调试器：IDE 通常包含调试器，用于测试和调试代码。调试器允许编程人员逐步执行代码，检查变量并分析控制流，以识别和修复错误。

版本控制集成：许多 IDE 与 Git 等版本控制系统集成，允许编程人员直接利用 IDE 管理代码，便于跟踪修改和团队成员之间的协作。

2．IDE 的主要优势

IDE 的主要优势如下。

提高生产力：IDE 通过将基本开发工具融入统一界面中，消除了不断切换不同工具的需求，简化了开发工作流程，从而提高了编程人员的生产力。

改善代码质量：IDE 配备了高级功能，如语法高亮、代码完成和静态代码分析，这些功能帮助编程人员编写准确无误的代码，为更可靠和强大的软件产品做出贡献。

简化调试过程：IDE 中的调试工具可以大大简化调试过程，使编程人员更容易地指出错误、检查代码修改的效果并了解潜在的性能问题。

增强项目管理能力：IDE 内置的项目管理功能旨在帮助编程人员高效组织和管理项目组件，如文件、资源和依赖项。

3．IDE 的分类

通用型 IDE：是支持多种编程语言的通用开发工具，它还可通过插件来进行功能扩展，如 Eclipse、IntelliJ IDEA 等。

特定语言 IDE：是专为特定编程语言提供的开发工具，如 PyCharm（Python）、Xcode（Objective-C/Swift）、Visual Studio（C#、Visual Basic 等）。

轻量级 IDE：是支持多种编程语言的轻量级开发工具，虽然功能不如通用型 IDE 全面，但提供轻量且灵活的代码编辑和调试环境，如 Visual Studio Code、Sublime Text 等。

显然，IDE 是软件开发中不可或缺的工具之一，它帮助编程人员更高效地编写、测试和调试代码。在选择 IDE 时，需要根据自己的需求和偏好进行权衡和选择。

2.2　Python 编程环境

有多种 Python 语言集成开发环境可供选用，包括微软的 Visual Studio Code 集成开发环境和 Python 语言原生集成开发环境。对于初学者，建议使用原生集成开发环境。

2.2.1 安装 Python 编程环境

Python 语言诞生于 1990 年，由 Guido van Rossum 设计并领导开发，经历了 30 多年持续不断的发展。Python 语言具有简单、易学、高级、面向对象、可扩展、可嵌入、库的种类多等特点，现在已广泛应用于 Web 开发、网络编程、科学计算、数据可视化、图像处理、自然语言处理、机器学习等多个领域，成为目前非常流行的程序设计语言之一。

1. Python 语言原生集成开发环境

初学者可以通过 Python 官网下载 Python 语言原生集成开发环境。根据官网描述，Python 3.9 之后的版本不支持 Windows 7 操作系统。读者可以根据自己使用的操作系统类型选择需要下载的版本。

在 Windows 操作系统下，安装 Python 环境的步骤如下。

（1）登录 Python 官方网站，选择菜单栏的"Downloads"选项，显示当前的最新版本是 Python3.13.1，如图 2-1 所示。

（2）单击"Python 3.13.1"按钮下载最新版本，或双击"Downloads"选项进入下载页面选择其他合适的版本。

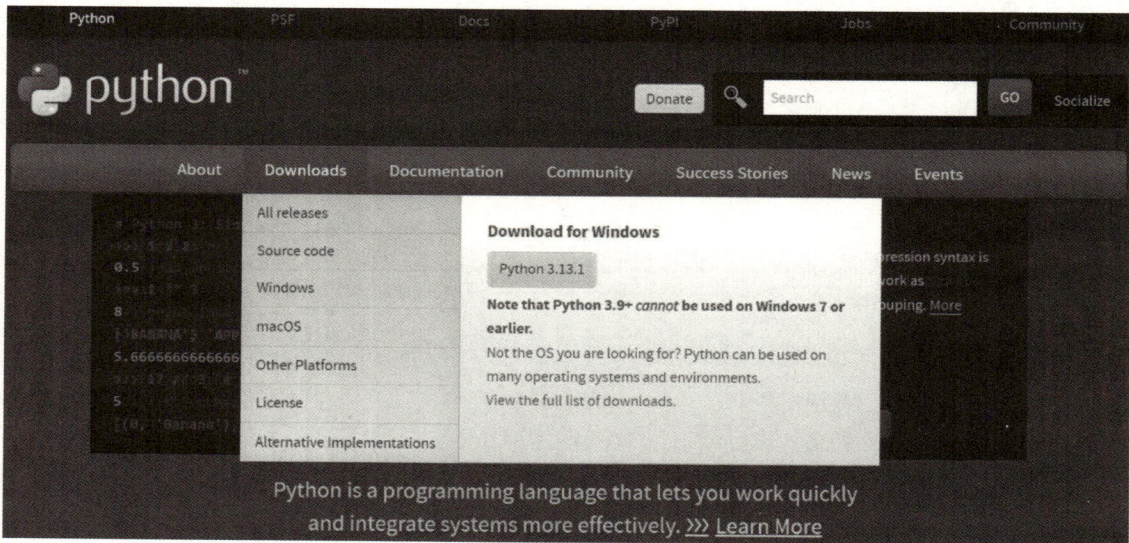

图 2-1 下载 Python 安装程序

（3）双击下载的"python-3.13.1-amd64"安装程序，出现如图 2-2 所示的安装界面。

（4）在图 2-2 中，选择"Install Now"选项。如果需要改变安装路径，可以选择"Customize installation"选项。

（5）等待安装 Python 程序进度条完成，单击"Close"按钮后，就完成了 Python 程序的安装。

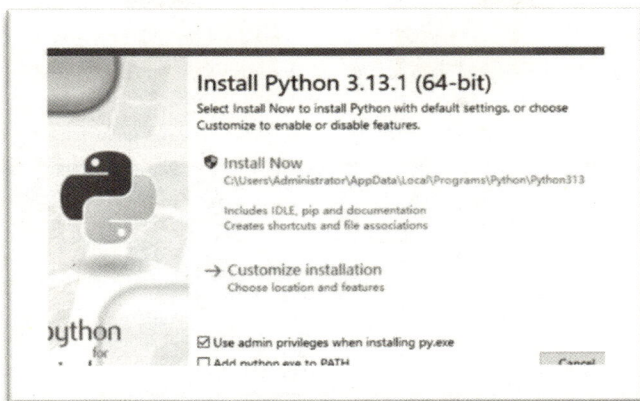

图 2-2　Python 安装界面

2. Visual Studio Code 集成开发环境

Visual Studio Code 是一种支持多种语言编程的集成开发环境，包括 C++、C#、Java、Python、PHP、Go、Perl 等，读者可以通过官网下载并安装该软件。

例如，需要下载的软件名称为 VSCodeUserSetup-x64-1.54.3.exe。单击下载的软件，按照提示完成安装即可，如图 2-3(a)所示。

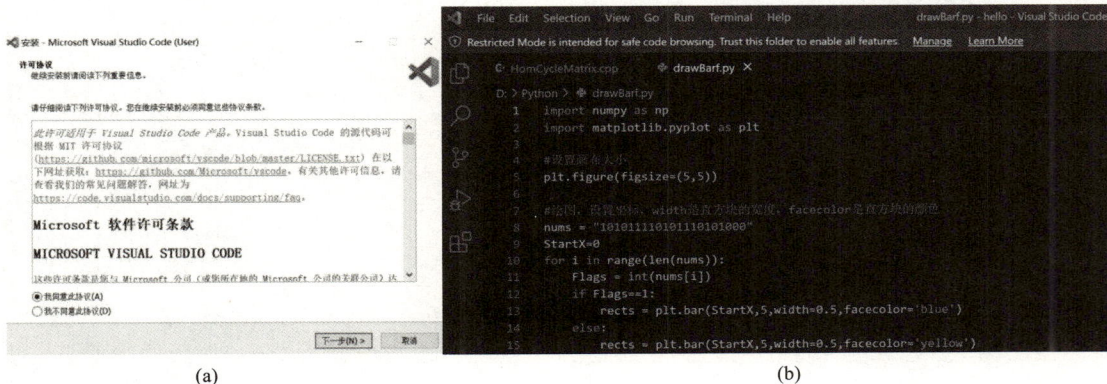

(a)　　　　　　　　　　　　　　　　　　(b)

图 2-3　Visual Studio Code 集成开发环境

安装完成后，单击桌面图标 ，即可进入 Visual Studio Code 集成开发环境，如图 2-3(b)所示。有关 Visual Studio Code 集成开发环境的使用，这里不做进一步的介绍，读者可以参考相关网站。

3. Python 第三方库的安装

Python 安装完成后，一般只拥有了随解释器一起安装的标准库（如 Math）。如果用户需要使用更加丰富的第三方库，则需要在使用这些库之前进行自主下载并安装。安装 Python 的第三方库有三种方式：pip 工具安装、自定义安装和文件安装。在此我们仅介绍 pip 工具安装。

pip 是 Python 官方提供并维护的在线第三方库安装工具，它的出现使得 Python 第三方库的安装变得十分容易。pip 是 Python 内置命令，需要通过命令行执行，不能在 IDLE 环境下运行。通过执行"pip – h"命令，可以列出 pip 常用的子命令。

pip 常用的安装与维护子命令及其应用如表 2-1 所示。

表 2-1　pip 常用的安装与维护子命令及其应用

序号	命令	功能	应用示例	应用说明
1	install	安装第三方库	pip install pygame	下载并安装游戏库
2	download	下载第三方库	pip download pygame	下载游戏库，但不安装
3	uninstall	卸载已安装的库	pip uninstall pygame	卸载已安装的游戏库
4	list	列出已安装的第三方库	pip list	显示已安装的第三方库
5	show	查看已安装库的信息	pip show pygame	列出已安装库的详细信息

常用的 Python 第三方库如表 2-2 所示。

表 2-2　常用的 Python 第三方库

序号	库名	功能	pip 安装命令示意
1	Numpy	矩阵、数组运算	pip install numpy
2	Matplotlib	2D 图形绘制	pip install matplotlib
3	PIL	图像处理	pip install pillow
4	Sklearn	机器学习与数据挖掘	pip install sklearn
5	Requests	HTTP 协议访问	pip install requests
6	Jieba	中文分词	pip install jieba
7	Flask	轻量级 Web 开发框架	pip install flask
8	WeRoBot	微信机器人开发框架	pip install werobot
9	Networkx	复杂网络和图结构的建模和分析	pip install networkx
10	SymPy	数学符号计算	pip install sympy
11	pandas	高效数据分析	pip install pandas
12	time	测试程序时间	pip install time
13	datetime	日期和时间	pip install datetime
14	random	随机数生成	pip install random
15	os	操作系统的多种接口	pip install os
16	turtle	入门级的图形绘制函数库	pip install turtle
17	pyStrich	条形码生成接口	pip install pyStrich
18	Yolov8	目标对象识别	pip install yolov8

2.2.2　Python 语言的编程方式

编写和运行 Python 程序有两种方式，即交互式和文件式。在使用交互式时，在 Python 解释器中输入一条命令，解释器立即给出结果。在使用文件式时，系统将程序保存在一个或多个文件中，然后启动解释器执行程序中的所有命令，这是常用的编程和运行方式。

下面以 Python 3.12（其他版本类似）为基础介绍 Python 安装完毕后的使用过程。Python 安装完成后，在操作系统的"开始"菜单中找到"Python 3.12"程序，单击"Python 3.12"

选项，会出现图 2-4 中所示的四个命令。其中第一个"IDLE（Python 3.12 64-bit）"是集成开发环境（即文件式编程），第二个"Python 3.12（64-bit）"是交互式编程环境（即 Shell 式编程）。

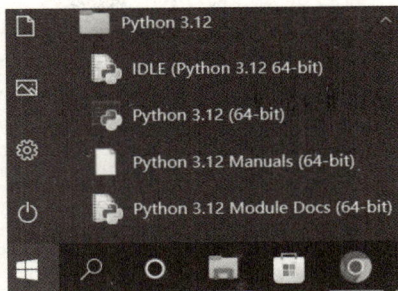

图 2-4　Windows 操作系统中的 Python 菜单命令

1. 使用交互式的带提示符的解释器

在交互式编程环境中，可以在命令行窗口中直接输入程序代码，按回车键可以直接运行代码，并能立刻看到输出结果，非常适合初学者进行编程训练。

每执行完一行代码后，还可以继续输入下一行代码，再次按回车键并查看结果。整个过程就好像我们在和计算机对话，所以称为交互式编程。

依次单击"开始"→"所有程序"→"Python 3.12"→"Python 3.12（64-bit）"命令按钮，将出现 Python 3.12（64-bit）命令窗口。

例如，在窗口中输入 print("Hello Gui!")，则输出显示 Hello Gui!。

在窗口中依次输入 a=10，b=30，c=a*b−100，print(c)，则输出显示 200。

上述输入和输出如图 2-5 所示。图中的">>>"是命令行提示符，由系统自动生成。

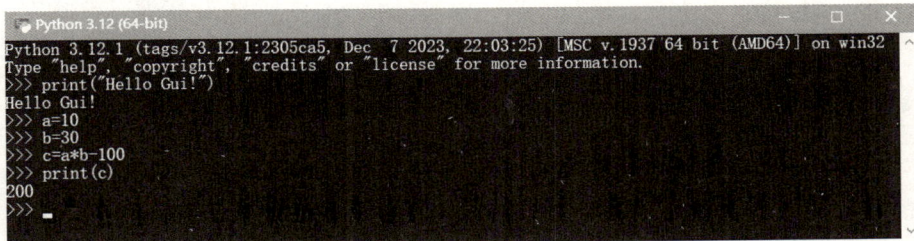

图 2-5　Python 的命令行窗口

显然，命令行交互式编程只能用来做些简单的编程工作，每次只能输入一行，当需要显示输出结果时，使用 print 语句，一般用来进行程序局部功能调试。若要完成复杂的软件功能，需要使用文件式编程与运行方式。

2. 文件式编程环境

文件式编程是指创建一个源文件，将所有代码放在源文件中，让解释器逐行读取并执行源文件中的代码，直到文件末尾，也就是批量执行代码。这是最常见的编程方式，也是我们学习编程的重点。

具体步骤如下：依次单击"开始"→"所有程序"→"Python 3.12"→"IDLE（Python 3.12 64-bit）"命令，出现"IDLE Shell 3.12.1"窗口，如图 2-6 所示。当然，在"IDLE Shell 3.12.1"窗口中，我们还可以进行交互式编程。

例如，在 Shell 窗口中输入 print("Hello Gui!")，将在 Shell 窗口中输出 Hello Gui! 特别注意：print 语句中的引号必须是纯英文的，输入中文引号会提示出错。

显然，用 Shell 进行交互式编程，比前面介绍的编辑界面更美观和清晰。也就是说，Shell 具有自动语法校错功能，并能够根据输入的关键词、字符等，使用不同颜色进行提示，方便编程人员阅读查看。

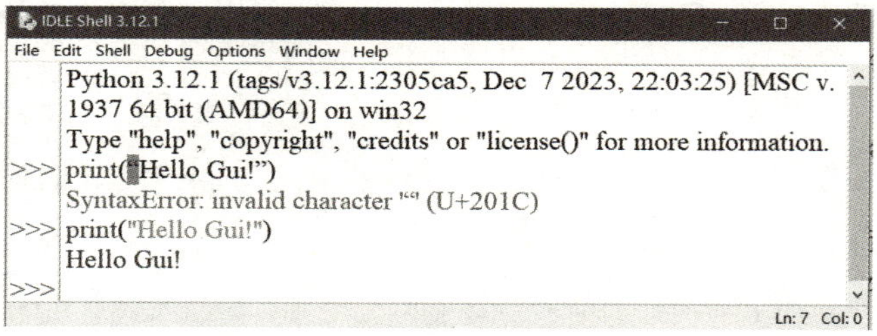

图 2-6　Python 集成开发环境中的命令行窗口

如果要进行文件式编程，可单击"IDLE Shell 3.12.1"窗口中的"File"→"New file"命令，弹出一个新窗口，用户可以在这个窗口中进行程序设计。如图 2-7(a)所示，我们在窗口写入五条指令，然后单击"File"→"Save as"将其存储为 test222222.py 文件。也可直接使用图 2-7(a)中的"Run Module"命令运行这段程序（系统会自动提示将上述程序存储为一个文件），其运行结果会在"IDLE Shell 3.12.1"窗口中进行显示，如图 2-7(b)所示。

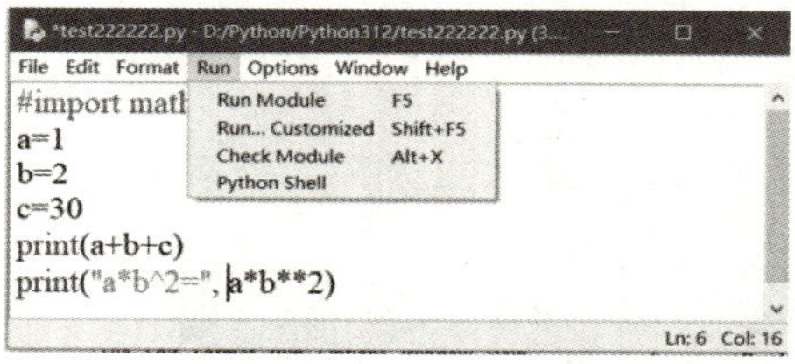

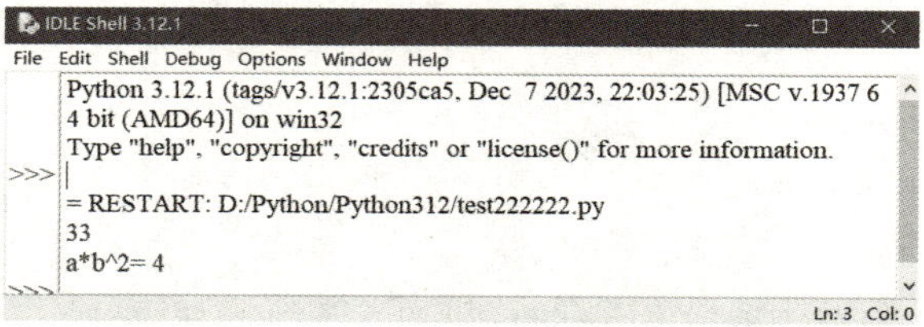

图 2-7　Python 集成开发环境

3. 在命令提示符下运行源文件

假定在 Python 文件夹中已经存在 Python 源程序文件"test222222.py"，则在命令提示符下运行该文件的方法如下：

（1）依次单击"开始"→"Windows 系统"→"命令提示符"命令。

（2）输入：cd ..\python312。

（3）输入：python test222222.py。

对于初学者，建议先使用交互式执行单独的命令，学会 Python 的基础语法和基本命令之后，再根据需要使用集成开发环境开发完整的程序。

2.3　Python 程序设计初步

下面的 Python 程序设计从日常生活中的函数计算开始，并使用交互式命令开始学习。后续再引入文件模式进行编程。

2.3.1　Python 的公式与函数计算

在每个人的学习生涯中，都离不开各种各样的公式。有些公式的计算相对简单，而有些公式的计算则非常复杂。对于复杂的公式，使用手工方式计算非常困难，甚至利用计算器也无能为力。因此，利用程序进行公式计算，将为我们的学习提供极大便利。下面，给出几个公式计算、函数计算及方程求解的例子和程序求解的方法。

1. 简单的数学公式计算

在狭义相对论中，质量和能量有确定的当量关系。若物体的质量为 m，则相应的能量可以用方程 $E=mc^2$ 来表示。这里，E 表示能量，单位是焦耳（J）；m 是质量，单位是千克（kg），而 c 则表示光速，单位是 m/s（在真空环境中，$c=299792458$m/s）。该方程由阿尔伯特·爱因斯坦提出，主要用来解释核变反应中的质量亏损和计算高能物理中粒子的能量。如果用手工计算，这是一个很大的数。如果用 Python 语言来计算，则简单得多。

```
>>> m=234
>>> c=299792458
>>> E =m*c
>>> E
70151435172
>>>
```

目前，世界上的主要国家均使用了如下两种温度计量方式的其中一种：一种是华氏温标，一种是摄氏温标。

华氏温标是德国人华伦海特（Fahrenheit）于 1714 年创立的温标。它以水银作为测温物质，定冰的熔点为 32 度，沸点为 212 度，中间分为 180 等份，以 °F 表示。

摄氏温标是瑞典人摄尔修斯（Celsius）于 1740 年提出在标准大气压下，把冰水混合物的温度定为 0℃，水的沸点规定为 100℃。根据水这两个固定温度点来对温度进行分度。两点间做 100 等分，每段间隔称为 1 摄氏度，记作 1℃。

因此，华氏温标与摄氏温标之间需要进行转换，具体转换关系如下

$$华氏度 = 32°F + 摄氏度 \times 1.8$$

$$摄氏度 = (华氏度 - 32°F) \div 1.8$$

在 Python 语言中，首先，可以使用交互式命令行方式，进行华氏温标与摄氏温标的相互转换。具体程序如下。

```
>>> C=10
>>> F = 32 + C*1.8
>>> F
50.0
>>> C = （F - 32）/1.8
>>> C
```

```
10.0
>>>
```

如果将命令行交互语句写成程序，则其程序如下。

```
C = 10
F = 32 + C*1.8
print("摄氏", C, "度 等于 华氏", F, "度")
F = 10
C = (F - 32) /1.8
print("华氏", F, "度 等于 摄氏", C, "度")
```

该程序的运行结果如下。

```
摄氏 10 度 等于 华氏 50.0 度
华氏 10 度 等于 摄氏 -12.222222222222221 度
```

在上面的程序中，使用了标准函数 print() 进行控制台输出显示。在语句 print("华氏", F, "度 等于 摄氏", C, "度") 中，两个引号间的信息原样显示，一般起提示作用。对于非引号间的变量，如 F、C 则显示其当前值。使用 print() 可以构建丰富多样的显示样式，具体内容后面章节会进行详细介绍。

2. 复杂的函数计算

正态分布曲线是指满足正态分布的分布曲线，反映了随机变量的分布规律。理论上的正态分布曲线是一条中间高、两端逐渐下降且完全对称的钟形曲线。正态分布也称常态分布，又名高斯分布，它是一个在数学、物理及工程等领域都非常重要的概率分布，在统计学的许多方面有着重大的影响力。

正态分布是具有两个参数 μ 和 σ^2 的连续型随机变量的分布，第一参数 μ 是遵从正态分布的随机变量的均值，第二个参数 σ^2 是此随机变量的方差，所以正态分布可记作 $N(\mu,\sigma^2)$。其曲线表达式为

$$f(x) = \frac{1}{\sqrt{2\pi}\sigma}\exp\left(-\frac{(x-\mu)^2}{2\sigma^2}\right)$$

在公式中，μ 是正态分布的位置参数，描述正态分布的集中趋势位置，正态分布的期望、均数、中位数、众数相同，均等于 μ；σ 是正态分布的形状参数，描述正态分布资料数据分布的离散程度，σ 越大，数据分布越分散，σ 越小，数据分布越集中。σ 越大，曲线越扁平，反之，σ 越小，曲线越瘦高。

由此可见，正态分布曲线是一个复杂的数学公式，其涉及分数、开方、指数、负号、减法、括号、平方等多种运算形式。但在 Python 语言中，也可以用一个公式进行一体化表示，如下所示。特别注意，一些数学符号在 Python 中无法直接输入，如 σ，我们可以用一个字符串 "deta" 来表示。

```
>>> import math
>>> x=4; miu=5; deta=4; pi=3.1415926
```

```
>>>fx=(1/deta*math.sqrt(2*pi)) *math.exp(-(x-miu)**2/(2*deta**2) )
>>> fx
0.6073768523822495
>>>
```

第 1 行是参数初始化，第 2 行是公式计算，第 3～4 行是计算结果。

在上述公式中，"*"代表乘法运算，"**"代表指数运算，并引用了数学库"math"中的两个函数，即开方函数 sqrt 和指数函数 exp。

如果将上述语句写成 Python 程序，并放在一个文件中，则可求出不同 x 值时的 fx 值。具体程序如下。

```
import math
miu=5; deta=4; pi=3.1415926
for x in range (-5,5) :
    fx=(1/deta*math.sqrt(2*pi)) *math.exp(-(x-miu)**2/(2*deta**2) )
    print (x,"=>", fx)
```

程序运行结果如下：

```
-5 => 0.027533389795420134
-4 => 0.04985652809198494
-3 => 0.08480881115568088
-2 => 0.13552409434250057
-1 => 0.20344576179208407
0 => 0.28690450997449135
1 => 0.38008672202477994
2 => 0.473025568254741
3 => 0.5530229173564297
4 => 0.6073768523822495
```

如果进一步调用可视化库函数（如 matplotlib 库），则可以完成正态分布曲线的绘制。具体内容后续章节会进行介绍。

3．一元二次方程的求解

一元二次方程的求解是中学数学的一个重点内容，也是学习数学的重要基础。一元二次方程的一般形式为：$ax^2+bx+c=0$（$a\neq0$），它是只含一个未知数（一元），并且未知数的最高次数是 2（二次）的整式方程。

通常，解一元二次方程的基本思想方法是通过"降次"将它化为两个一元一次方程。一元二次方程有四种解法：直接开平方法、配方法、公式法和因式分解法。

（1）直接开平方法

直接开平方法就是用直接开平方求解一元二次方程的方法。能够使用这种方法的先决条件是能够将方程化解为$(x-m)^2=n$（$n\geq0$）的形式。如，方程 $9x^2-24x+5=0$ 可以转换为$9x^2-24x+16=11$，即$(3x-4)^2=11$。

（2）配方法

用配方法解方程 $ax^2+bx+c=0$ （$a\neq0$），先将常数 c 移到方程右边，即 $ax^2+bx=-c$，两边

再同时除以 a，将二次项系数化为 1，即 $x^2+(b/a)x = -c/a$。并且 $p = b/a$，$q=c/a$。则 $x^2 + px = -q$。

方程两边分别加上一次项系数的一半的平方，即 $x^2 + 2x\dfrac{p}{2}+(\dfrac{p}{2})^2 = -q +(\dfrac{p}{2})^2$。方程左边成为一个完全平方式，因此$(x+\dfrac{p}{2})^2 =(p^2-4q)/4$。当 $p^2-4q\geq 0$ 时，$x+2p =\pm \sqrt{p^2 - 4q}$ /2。

（3）公式法

把一元二次方程化成一般形式，然后计算判别式 $\Delta =b^2-4ac$ 的值，当 $b^2-4ac\geq 0$ 时，把各项系数 a, b, c 的值代入求根公式 $x=\dfrac{-b\pm\sqrt{b^2 - 4ac}}{2a}$ 就可得到方程的根。

（4）因式分解法

把方程变形为一边是零，把另一边的二次三项式分解成两个一次因式的积的形式，让两个一次因式分别等于零，得到两个一元一次方程，解这两个一元一次方程所得到的根，就是原方程的两个根。这种解一元二次方程的方法叫作因式分解法。

显然，如何求解一元二次方程的未知数？使用手工计算需要根据方程特点，选择求解方法，而且求解过程也是一个复杂的过程。

但是，如果使用计算机程序来求解一元二次方程的未知数，就要容易得多。我们只需使用公式法即可。例如：

```
>>> a=2.2; b=3.1; c=1      #输入三个参数
>>> b*b -4*a*c             #计算 deta 值
0.8100000000000005
>>> x1 = (-b+ (b**2-4*a*c) **0.5) / (2*a)     #计算第 1 个根
>>> x1
-0.4999999999999999
>>> x2 = (-b - (b**2-4*a*c) **0.5) / (2*a)     #计算第 2 个根
>>> x2
-0.9090909090909091
>>>
```

在上面的命令行指令中，符号"*"表示乘法，符号"**"表示计算某数的若干次方，如 x**n，表示计算 x 的 n 次方，当 n=0.5 时，等价于开方运算。

如果进一步将上述命令行指令写成程序，那么，我们就不用关心 Δ（注意：在程序中用 deta 表示）的正负了，程序就可以自动判断。例如：

```
#一元二次方程求根
a = float (input ("please input a: ") )
b = float (input ("please input b: ") )
c = float (input ("please input c: ") )
deta = b**2-4*a*c
if deta <0:
    print (a,"*x^2+",b, "*x+",c, "这个方程没有解!")
else:
    x1 = (-b + (deta**0.5)) / (2*a)
    x2 = (-b - (deta**0.5)) / (2*a)
```

```
print (a,"*x^2+",b, "*x+",c, "这个方程的两个解是:\n x1=",x1, " x2=",x2)
```

程序运行结果如下。

```
please input a: 1
please input b: 2.3
please input c: 1.1
1.0 *x^2+ 2.3 *x+ 1.1 这个方程的两个解是:
 x1= -0.6783009433971701  x2= -1.6216990566028298

please input a: 2.1
please input b: 44
please input c: 5.2
2.1 *x^2+ 44.0 *x+ 5.2 这个方程的两个解是:
x1= -0.11885604993805558  x2= -20.833524902442896

please input a: 4
please input b: 1
please input c: 2
4.0 *x^2+ 1.0 *x+ 2.0 这个方程没有解!
```

2.3.2　Python 程序的基本组成

在上面的程序中，我们使用"**0.5"运算来求开方。而实际上，Python 语言提供了丰富的数学库函数，可以通过引用"math"库的 sqrt 函数来求开方，如图 2-8 所示。

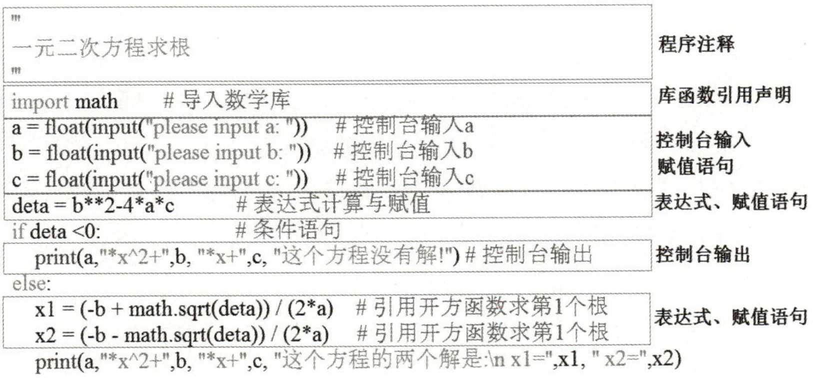

```
"""
一元二次方程求根                                                    程序注释
"""
import math        # 导入数学库                                     库函数引用声明
a = float(input("please input a: "))   # 控制台输入a                控制台输入
b = float(input("please input b: "))   # 控制台输入b                赋值语句
c = float(input("please input c: "))   # 控制台输入c
deta = b**2-4*a*c          # 表达式计算与赋值                        表达式、赋值语句
if deta <0:                # 条件语句
    print(a,"*x^2+",b, "*x+",c, "这个方程没有解!") # 控制台输出      控制台输出
else:
    x1 = (-b + math.sqrt(deta)) / (2*a)   # 引用开方函数求第1个根    表达式、赋值语句
    x2 = (-b - math.sqrt(deta)) / (2*a)   # 引用开方函数求第1个根
    print(a,"*x^2+",b, "*x+",c, "这个方程的两个解是:\n x1=",x1, " x2=",x2)
```

图 2-8　Python 程序的基本结构

由图可见，Python 程序主要由"程序注释""库函数引用声明""程序语句"等部分组成。

1. 程序注释

Python 有两种注释方式，一种是以"#"开头，用于进行一行内的注释；一种是以成对的 3 个单引号"'''"或双引号""""标注，通常用来进行多行注释。在"#"后的内容或 3 个引号之间的内容，在程序执行时将被忽略，主要起到程序说明的作用。例如，对程序的功能、变量的含义等信息进行简要说明，有助于阅读和理解程序。例如：

```
#这是单行注释
'''
这是多行注释
这是多行注释
'''
"""
这是多行注释
这是多行注释
"""
```

2. 库函数引用声明

Python 具有丰富的第三方库。用户可以根据编程需要，下载安装后通过"import"或者"from…import"来导入使用。导入库模块的方法有四种方法，具体内容见后续介绍。其中，使用最广泛的有以下两种。

（1）import 库名或库模块名。如 import random。该方法将 random 库整个模块导入，库中定义的函数都能够使用，但在引用其中的函数时，需要使用"库名.函数名（参数）"进行调用。这里括号中的"参数"不是必需的。

（2）from 库名或库模块名 import *。如 from random import *。该方法将 random 库整个模块导入，库中定义的所有函数都能够直接使用，不需要使用"库名.函数名（参数）"的方式进行调用。

在图 2-8 中，import math 就是用来声明对数学库函数的引用的。

3. 控制台输入

在 import math 之后，是三个控制台输入语句。其中，input()是标准函数，括号里的引号内是输入提示。函数 input()的输出是字符串。因此需要通过 int 或 float 将字符串强制转换为整型或浮点型。在输入时必须是数字或小数点。如果输入字母等，那么该语句会出错。

Python 的内置函数 input()提供人机交互的数据输入功能。该函数接收一个标准输入数据，返回结果为字符串数据类型。

函数语法：input([prompt])

参数说明：prompt 是提示信息，可以为空。提示信息需要写在一对引号之内。

下面给出几个 input 函数的应用实例。

```
>>> input( )                              #命令行输入的函数
abdsfw345                                 #用户输入的数据
'abdsfw345'    #当使用命令行方式时，系统回显（被当作字符串）；当使用文件编程时，不回显
>>> input ("Please Input a value:")       #包含提示信息的输入函数
Please Input a value:8984                  #显示提示信息，等待用户输入
'8984'            #使用命令行方式时，系统回显，表示输入被当作字符串
```

4．语句与表达式

在 Python 中，语句是程序的基本单位，负责执行一些确定的任务。根据求解问题的不同，可以选择使用赋值语句和复合语句。

赋值语句用于给变量赋值，是程序设计语言中应用最频繁、最基本的语句。在图 2-8 中，三个控制台输入语句不仅由键盘输入，还是赋值语句，它们将输入及其转换后的结果送到 a、b、c 三个变量中；在控制台输入语句后，紧跟一个赋值语句 deta = b**2-4*a*c。

在赋值语句中，右边通常是一个表达式。表达式是值和运算符的组合，如 "b**2-4*a*c" 是一个数学表达式。在对数学表达式进行计算后，产生新的值。典型的赋值语句如下。

```
x = 3.1415926        #给变量 x 赋值一个常量
y = [1,3,5,7,9]      #给变量 y 赋值一个列表，即 5 元素的数组
z = "Hello Word!"    #给变量 z 赋值一个字符串
s = x * 5            #给变量 s 赋值表达式的运算结果
m = 3*z              #给变量 m 赋值表达式的运算结果
a = b = c = 10       #同时给变量 a、b、c 赋值为 10
a, b = 1.2, "john"   #依次给变量 a、b 赋值为 1.2 和字符串"john"
```

复合语句是多个赋值语句的组合，通过某种逻辑关系连接成一个整体。Python 语言中常用的复合语句包括 if 语句、while 语句、for 语句等。

在图 2-8 中，赋值语句 "deta = b**2-4*a*c" 之后，是一个 "if…else…" 型复合语句。这部分内容将在后续章节中进行详细讲解。

Python 默认将一个新行作为语句的结束标志，但也可以使用 "\" 将一个语句分为多行输入或显示。

5．控制台输出

在上面的 "if…else…" 型复合语句内部，有两个 "print" 型控制台输出语句，用来在显示器上输出显示结果，方便编程人员查看结果或进行程序调试。

当变量 deta 小于 0 时，表示方程没有解，因此使用如下语句输出显示结果：print(a,"*x^2+",b, "*x+",c, "这个方程没有解!")；当变量 deta 不小于 0 时，表示方程有解，因此使用如下语句输出方程的两个解：print(a,"*x^2+",b, "*x+",c, "这个方程的两个解是:\n x1=",x1, " x2=",x2)。

Python 使用内置函数 print()提供人机交互的输出操作。该函数按照 print()括号内指定的格式模板在显示器上输出有关结果，方便编程人员观察、查看和调试程序。使用 print()函数可以输出字符串、整数、浮点数并进行显示精度的控制。

print()函数的语法规则非常复杂，对于初学者来说，不需要将每种输出方式一次就弄得清清楚楚。待将来熟练以后，通过查阅 Python 手册再进一步学习和使用。

print()函数的基本格式为：print([输出项列表][, sep=分隔符][, end=结束符])。

print()函数的参数全部可以省略，如果没有参数，则输出一个空行。print()函数中括号内部的各参数说明如下。

输出项列表是以逗号分隔的表达式。

sep 表示各个输出项间的分隔符，如果没有给出，则默认为空格。

end 表示输出的结束符，默认为换行符。

下面是 print()函数的几种常用方式。

```
>>> print ("输出字符串！")              #输出一个字符串，一般用于提示。
输出字符串！
>>> pi = 3.1415926                      #变量赋值
>>> print ("pi = ", pi)                 #输出提示信息"pi="和变量 pi 的值
pi =  3.1415926
>>> print (pi*pi*100)                   #输出一个表达式的计算结果
986.9604064374761
```

在 print 语句中，引号中的内容原样显示，一般起提示作用。有关 print 语句复杂使用细节，后面会进行详细介绍。

6．Python 标识符与保留字

标识符是编程时使用的名字，用于给变量、函数、语句块等命名，Python 中的标识符由字母、数字、下画线组成，不能以数字开头，区分大小写。

在 Python 中，变量不需要事先声明，而且类型也不是固定的。可以把一个整数赋值给变量，如果觉得不合适，也可以再把字符串赋值给它。变量的值是可以变化的，即可以使用变量存储任何数据。变量在程序中使用时，必须对其进行命名。在命名时，为便于理解，应尽量做到"顾名思义"，让变量的名称有相应的意义。

在程序中，为变量或函数等起的名称，统称为标识符。标识符要遵循以下规则。

（1）以字母、汉字或下画线"_"开头，后面可以跟字母、汉字、数字和下画线。例如，A3，my_name 等是有效标识符，而 9x、s*m、my-name 则是无效的标识符。

（2）Python 标识符的名称是区分英文字母大小写的。例如，myname 和 myName 不是同一个标识符。

（3）Python 的保留字不能作为标识符。保留字也称为关键字，是 Python 中一些已经被赋予特定意义的单词，多用于语句的命令词。用户不能用这些保留字作为标识符给变量、函数、类、模板及其他对象命名，如不能把变量命名为 for、print 等。Python 提供了 help 模块，通过 help 模块可以浏览查看当前版本提供的所有保留字，具体如表 2-3 所示。

表 2-3　Python 中的保留字

False	None	True	And	as	assert	async
await	break	class	continue	def	del	elif
else	except	finally	for	from	global	if
import	in	is	lambda	nonlocal	not	or
pass	raise	return	try	while	with	yield

在命令行界面输入下面的代码，可以显示 Python 的全部保留字，共 35 个。

```
>>> import keyword
>>> keyword.kwlist
```

输出结果如下。

```
        ['False','None','True','and','as','assert','async','await','break',
'class','continue','def','del','elif','else','except','finally','for',
'from','global','if','import','in','is','lambda','nonlocal','not','or',
'pass','raise','return','try','while','with','yield']
```

在 Python 程序中，以下画线开头的标识符具有特殊含义，以单下画线开头的标识符（如 _xxx）表示不能直接访问的类属性，需通过类提供的接口进行访问，不能用 from xxx import * 导入；以双下画线开头的标识符（如 _ _xx）表示私有成员；以双下划线开头和结尾的标识符（如 _ _xx _ _）表示 Python 中内置的标识，如 _ _init_ _()表示类的构造函数。

7. Python 缩进与跨行

语句缩进是 Python 的特色，通过语句缩进的层次来确定语句的分组。对于需要组合在一起的语句或表达式，Python 用相同的缩进来区分。建议用空格或 Tab 键来实现缩进，保证同一个语句块中的语句具有相同的缩进量。不要混合使用制表符和空格来缩进，因为这在跨越不同平台时，无法正常工作，在编写程序时应统一选择一种风格。

Python 以垂直对齐的方式来组织程序代码，让程序更具有可读性，因而提升了重用性和可维护性。

Python 程序中一般以新行作为语句的结束标识，但可以使用分后";"将多个语句放在一行，也可以使用反斜杆"\"将一行语句分为多行显示。具体代码如下。

```
    a=118; b=102;c=512
    d = a + b - \
       c
```

如果多个语句在[]、{}、()括号中，则不需要使用"\"，也能自动续行。具体代码如下。

```
    arr ={  a, b,
           c, d
          }
```

综上所述，Python 程序的主要特点如下。

- Python 使用缩进，而不是像 C 语言那样使用花括号{}来划分语句块。
- 一个命令行可以由一个或多个语句组成，使用冒号":"分隔。
- 如果一条语句的长度过长，则可在前一行的末尾放置"\"指示续行。
- 单行注释符是"#"，多行注释使用""""… …""""。
- 变量无须类型定义，根据其数值自动定义。

2.3.3　Python 数据类型

每种语言都会预先设置一些数据类型，这些数据类型称为内置数据类型，在程序中可以直接使用，Python 语言的内置数据类型如图 2-9 所示。包括基本数据类型，如整型、浮点型、复数型、布尔型；以及组合型数据类型，如字符串、列表、元组、字典和集合等。其中，字符串、列表、元组属于有序序列，元素之间存在顺序关系，可以通过索引访问其中的元素。字典和集合属于无序序列，元素之间不存在顺序关系，不能通过索引访问元素。

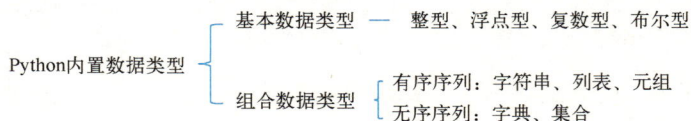

图 2-9　Python 语言的内置数据类型

1. 基本数据类型

整数（integer） 在 Python 可以使用四种不同进制形式表示。默认是十进制整数；二进制整数由 0 和 1 组成，以 0b 或 0B 开始（如 0b1101）；八进制整数由 0 到 7 组成，以 0o 或 0O 开始（如 0o125）；十六进制整数由 0 到 9、a 到 f、A 到 F 组成，不区分大小写，以 0x 或 0X 开始（如 0x16A）。

浮点数（float） 表示带有小数的数值，有十进制小数形式和指数形式两种表示形式。如 136.0，138e3 或 13.8E4 等。

复数（complex） 由实数部分和虚数部分组成，一般形式为 x + yj，其中的 x 是实数部分，y 是虚数部分，这里 x 和 y 可以是整数类型也可以是浮点类型。如 5 + 3.1j 与 5 + 3.1j。

布尔数（boolean） 在 Python 中有 True 和 False 两种布尔值，需注意首字母为大写。任何非 0 数字都为 True。

2. 组合数据类型

字符串（string） 是字符的序列。Python 有 3 种方式表示字符串，即单引号、双引号、三引号。单引号和双引号的作用是相同的，三引号中可以输入单引号、双引号或换行等字符。

值得注意的是，在一个字符串中，行末的单独一个反斜杠"\\"表示字符串在下一行继续而不是开始一个新的行，即反斜杠用来实现一个语句的跨行表示。

列表（list） 是 Python 中使用最频繁的数据类型，与字符串一样是组合数据类型的一种。列表中的元素类型可以不同，既可以是数字、字符串甚至还可以包含列表（即列表嵌套）。列表是写在两个方括号"[ ]"之间、用逗号分隔开的元素的序列。例如，list = ['a', 'b', [0, 1], 2] 是一个合法的列表。

Python 给字符串、列表中的每个元素都分配了一个数字用来表示它的位置，通常称为索引，索引值从左到右，以 0 开始。通过索引可以对字符串、列表进行引用、截取等多种操作，具体内容后面章节将会阐述。

元组（tuple） 可以看作不可变的列表。因为元组的元素不能修改，因此元组常用于保存不可修改的数据内容。元组中所有元素都放在一个括号"( )"中，相邻元素之间用逗号"，"分隔，如 t = (1024, 0.5, 'Python')。元组元素的访问与列表类似，使用下标访问，如 t[0]、t[1] 等。元组中的元素不能删除，只能删除整个元组，如 del t。可以使用 len(t)、max(t) 和 min(t)

返回元组长度、元素最大值和最小值。

字典（**dict**）是以键–值（key-value）方式存在的。字典的内容在花括号"{}"内，键-值之间用冒号"："分隔，键值对之间用逗号"，"分隔。例如，d = {'name':'小明', 'age':'18'}就是一个字典。

集合（**set**）的内容不可重复，并且无序。使用花括号"{}"或者 set()集合函数来创建集合，如果创建空集合，则只能使用 set()函数。例如，s1 = {'a', 'b', 'c'}，s2 = set(['a', 'b', 'c'])，s3 = set()。在集合中，重复的元素会被自动过滤掉。例如，s0 = {'a', 'a', 'b', 'c', 'c'}会自动变成 s0 = {'a', 'c', 'b'}。向集合中添加元素可以使用 add()或 update()方法，如果元素已经存在，则不进行操作，例如，在 s0.add('d')后，s0 = {'a', 'd', 'c', 'b'}。在集合中，删除元素使用 remove()方法，如 s1.remove('c')，则 s1 = {'a', 'b'}。如果要获取集合的长度，同样使用 len()方法，如 len(s1)。

3．Python 数据类型转换

Python 有多种数据类型，这些类型之间可以进行转换。所谓数据类型转换，就是指由一种数据类型转换为另一种数据类型的过程。在进行类型转换时可以利用 Python 提供的一些内置函数来完成，如表 2-4 所示，读者可以自行编程实践。

表 2-4　常用数据类型转换函数

序号	函数	作用	示例
1	int(x)	将 x 转换成整数类型	int("111233")=111233
2	float(x)	将 x 转换成浮点数类型	float(34)=34.0
3	str(x)	将 x 转换为字符串	str(983)= '983'
4	repr(x)	将 x 转换为表达式字符串	repr(459999)= '459999'
5	eval(str)	计算字符串中的有效字符的表达式，返回一个对象	eval('2+2')=4
6	chr(x)	将整数 x 转换为一个字符	chr(9)= '\t'
7	ord(x)	将一个字符 x 转换为它对应编码的序号，即整数	ord('B')=66
8	hex(x)	将一个整数 x 转换为一个十六进制字符串	hex(66)= '0x42'
9	oct(x)	将一个整数 x 转换为一个八进制的字符串	hex(66)= '0o102'

在进行数据类型转换时，需注意如下三点。

（1）数值型数据可以在整数和浮点数之间自由转换，当浮点数转换为整数时，会自动舍弃小数部分、且不进行四舍五入。

（2）整数和浮点数可以通过 complex()转换为复数，但复数不能转换为其他数值类型。

（3）在布尔类型转换时，数字 0.0、空字符串、空集合，包括( )、[ ]、{ }会被认为是 False，其他的值都认为是 True。None 是 Python 中的一个特殊值，表示什么都没有，它和 0、空字符、False、空集合都不一样。

下面是在命令行方式下实现数据类型转换的几个例子。

```
>>> int（"233"）          #将字符串转换为整型
233                       #输出结果
>>> int（18.3）            #将浮点数转换为整型
18                        #输出结果
```

```
>>> float（28）           #将整型转换为浮点型
28.0
>>> str（583）            #将整型转换为字符串
'583'
>>> repr（4599）          #将对象转换为字符串
'4599'
>>> chr（9）              #将 ASCII 转换为字符
'\t'
>>> chr（0x42）           #将 ASCII 转换为字母
'B'
>>> ord（'B'）            #将字母转换为 ASCII
66
>>> ord（"\t"）
9
>>> eval（'2**12'）       #计算字符串表达式
4096
```

2.3.4　Python 运算符及其优先级

运算符是表示某种操作的符号，用来加工处理数据，操作的对象称为操作数。用运算符把操作数连接起来形成一个有意义的式子称为表达式。Python 语言有算术运算符、关系运算符、赋值运算符、逻辑运算符、位运算符、成员运算符和身份运算符。

根据采用的运算符的不同，表达式可以分为赋值表达式、算术表达式、关系表达式、布尔表达式等。

1. 赋值运算符与赋值表达式

赋值运算符用于实现对变量的赋值操作，而用赋值运算符连接的式子称为赋值表达式。Python 语言中常用的赋值运算符如表 2-5 所示。

表 2-5　Python 中常用的赋值运算符

序号	运算符	描述	示例
1	=	基本赋值运算符	c = a + b，将 a + b 的运算结果赋给 c
2	+=	加法赋值运算符	c += a 等价于 c = c + a
3	−=	减法赋值运算符	c −= a 等价于 c = c − a
4	*=	乘法赋值运算符	c *= a 等价于 c = c * a
5	/=	除法赋值运算符	c /= a 等价于 c = c / a
6	%=	取模赋值运算符	c %= a 等价于 c = c % a
7	**=	幂赋值运算符	c **= a 等价于 c = c ** a
8	//=	取整除赋值运算符	c //= a 等价于 c = c // a

2. 算术运算符与算术表达式

算术运算符用于实现数值运算，由算术运算符连接的式子称为算术表达式，其运算结果是一个数字量。Python 提供了 7 种算术运算符，如表 2-6 所示。

表 2-6 Python 中的算术运算符

序号	运算符	名称	示例
1	+	加法运算符	整数加：3 + 5，字符串联结：'a' + 'b'
2	−	减法运算符	3230.564 − 2424.903
3	*	乘法运算符	浮点乘法：2.8*4.5，字符串复制：'XJTU' * 2（等于 'XJTUXJTU'）
4	**	幂运算符	9**3 等于 9^3 = 729
5	/	除法运算符	4/2. 4.0/2. 4./2. 4/2.0 或 4/2. 均等于 2.0
6	//	取整除法运算符	4//3 等于 1 ，4 // 3.0 等于 1.0
7	%	取模运算符	8 % 3，计算 8 除以 3 的余数，等于 2

在 Python 中，算术表达式的计算顺序是由圆括号、运算符的固定优先级等决定的。Python 算术运算符的优先级由高到低顺序如下：括号（( )）、幂运算符（**）、乘除取模运算符（*、/、//、%）、加减运算符（+、−）。

我们不仅可以使用"x**y"来计算 x 的 y 次幂，还可以使用 Python 提供的数学库函数 pow(x,y)来计算 x 的 y 次幂。例如：

```
>>>pow (1.5,3)
3.375
```

3. 关系运算符与关系表达式

关系运算符用于比较两个对象的关系。比较运算用于判断两个对象是否满足给定的条件，若条件成立，则结果为 True，否则就为 False。其中，数值比较按代数值进行，字符串比较按字典顺序。例如，若 a=9，则 a > 8 条件成立，其运算结果为 True；若 a='A'，则 a>'B'条件不成立，其运算结果为 False。

关系表达式是用关系运算符将两个表达式连接起来的式子，运算结果为一个逻辑量。关系表达式的运算量可以是整型、浮点型、字符串和布尔型，但结果只能是布尔量，即 True 或 False。在 Python 中支持六种关系运算符，如表 2-7 所示，假定表中变量 x=15、y=25。

表 2-7 Python 中的关系运算符

序号	运算符	描述	关系表达式	比较结果
1	==	等于：比较两个对象是否相等	x == y	False
2	!=	不等于：比较两个对象是否不相等	x != y	True
3	>	大于：返回 x 是否大于 y	x > y	False
4	<	小于：返回 x 是否小于 y	x < y	True
5	>=	大于或等于：返回 x 是否大于或等于 y	x >= y	False
6	<=	小于或等于：返回 x 是否小于或等于 y	x <= y	True

4. 布尔运算符与布尔表达式

布尔运算符也称逻辑运算符，用布尔运算符连接的式子称为布尔表达式，运算结果为逻辑量。Python 语言支持三种布尔运算符，如表 2-8 所示，假定表中变量 x =15、y=25。

表 2-8　Python 中的布尔运算符

序号	运算符	描述	示例布尔表达式及运算结果
1	not	布尔"非"：表示相反，单目运算符	not x 为 False；not x 为 False；not 0 为 True
2	and	布尔"与"：表示并且，双目运算符	x and y 的值为 25，y and x 为 15，都等价于 True
3	or	布尔"或"：表示或者，双目运算符	x or y 的值为 15，y or x 为 25，都等价于 True

特别需要注意的是，在 Python 逻辑运算中，如果结果是非 0 或非空，则逻辑值均为 True，只有结果为数值 0 或空时，逻辑值才为 False。虽然表 2-8 中的第 2、3 行的示例的运行结果不同，但逻辑值都是 True。读者可以在 Python 命令行环境下使用 print(x and y)、print(y or x)等测试表 2-8 中的布尔表达式。部分实例如下所示。

```
>>> print (x and y)
25    #输出结果
>>> print (y and x)
15    #输出结果
>>> print (x or y)
15    #输出结果
```

5．Python 运算符优先级

在 Python 中，当一个表达式中出现多种运算符时，就要根据运算符的优先顺序由高到低依次进行运算，其各种运算符的运算优先级如表 2-9 所示。

表 2-9　Python 运算符的优先级与结合性

优先级	运算符	结合性	描述
1	( )	内	最高优先级
2	**	右	指数
3	* / % //	左	乘、除、取模和取整除
4	+ −	左	加法、减法
5	> >= < <= == !=	左	比较运算
6	= %= /= //= −= += *= **=	无	赋值运算
7	Not	右	逻辑非
8	And	左	逻辑与
9	Or	左	逻辑或

在 Python 中，允许不同类型的数据进行混合运算。运算时，要先将不同类型的数据转换成同一类型，然后再进行运算。转换的过程是，如果两个数据的类型不同，则要首先检查是否可以把一个数据转换为另一个数据的类型。如果可以，则进行转换，结果返回两个数据，其中一个是经过类型转换得到的，另一个是原数据。

注意，在不同数据类型之间进行转换时，必须遵守一定准则：即只能整数向浮点数转换，非复数向复数转换；不可把浮点数转换为整数，也不能把复数转换为数值类型。

2.3.5　Python 程序的数学函数

除了上面的基本运算，还可以借助 Python 的数学模块"math"实现更多的运算。首先引入数学模块"math"，程序如下。

```
import math
```

其次使用 math 模块中预先定义的函数，如表 2-10 所示。以开方函数为例，具体使用方式如下所示：math.sqrt(8100)。

表 2-10　math 模块中的预先定义函数

函数名	函数功能说明	应用实例（设 x=−9.8）
abs(x)	返回 x 的绝对值	math.abs(−9.8)返回 9.8
ceil(x)	返回 x 的上入整数	math.ceil(1.1)返回 2
floor(x)	返回 x 的下舍整数	math.floor(1.1)返回 1
exp(x)	返回 e 的 x 次幂	math.exp(2)返回 7.38905609893065
log(x)	返回以 e 为底 x 的对数	math.log(2)返回 0.6931471805599453
log10(x)	返回以 10 为底 x 的对数	math.log10(2)返回 0.3010299956639812
pow(x, y)	返回 x 的 y 次幂	math.pow(2,8)返回 256.0
sqrt(x)	返回 x 的平方根	math.sqrt(9)返回 3.0
factorial(x)	返回 x 的阶乘	math.factorial(5)返回 120

2.4　Python 语言的程序控制

在程序设计语言中，一般使用复合语句实现从简单到复杂的各种控制结构，理论上是可以解决任何复杂的问题。下面先介绍 Python 语言的复合语句，然后介绍 Python 程序的三种基本控制结构。

2.4.1　Python 语言的复合语句

Python 语言的复合语句主要包括 if 语句、while 语句、for 语句等。

1.　if 语句

if 语句是一种选择结构的程序设计方法，用于实现条件判定。即根据条件成立与否，决定执行的语句序列。if 语句的三种语法格式如下所示。

情况 1：单分支
if<表达式 1>：
　<语句或语句块 1>

情况 2：双分支
if<条件表达式 1>：
　<语句块 1>
else：
　<语句块 2>

情况 3：多分支
if<条件表达式 1>：
　<语句块 1>
elif<条件表达式 2>：
　<语句块 2>
else：
　<语句块 3>

if 语句的执行过程如下。

情况 1：如果<表达式 1>为真，则执行<语句或语句块 1>；否则，什么也不执行。

情况 2：如果<条件表达式 1>为真，则执行<语句块 1>；否则，执行<语句块 2>。

情况 3：如果<条件表达式 1>为真，则执行<语句块 1>；否则，如果<条件表达式 2>为真，执行<语句块 2>，否则，执行<语句块 3>。事实上，elif 可以有多个，这样就可以实现多级条件判断。

例如，根据年龄划分青年、少年和儿童。

```
age = int (input ("Please input age:"))
if (0<age<=6):
    print ("是儿童")
elif (6<age<=18):
    print ("是青年")
else:
    print ("是成年")
```

2. while 语句

while 语句用来反复执行某个或某些操作，直到某条件为假（或为真）时才终止循环。其中，给定的条件称为循环条件，反复执行的程序段称为循环体，它是由一个或若干个语句构成，也称为语句块。

while 语句的两种语法格式如下。

```
情况 1                          情况 2
while <循环条件>:               if <循环条件>:
<语句块 1>                      <语句块 1>
                               else:
                               <语句块 2>>
```

情况 1 的 while 语句的执行过程如下：如果<循环条件>为真，重复执行<语句块 1 >，直到<循环条件>为假。为了确保 while 循环能够正常结束，循环体内必须有相关语句能够影响<循环条件>。

例如，计算 1～99 的整数和。

```
sum = 0                        #设置初始值为 0
i = 1
while i<100:                   #终值为 100，不参与计算
    sum = sum + i              #也可简写为：sum += i
    i = i+1                    #影响循环条件的语句
print ("sum=", sum)           #输出求和结果
```

情况 2 的 while 语句的执行过程如下：如果<循环条件>为真，重复执行<语句块 1>，直到<循环条件>为假，这时执行<语句块 2>。

例如：

```
str = input ("请输入一个字符：")              #输入字符
index = 0
```

```
    while index < len(str) :                #如果 index 小于字符串长度
        print("循环进行中，第",index,"个字符是：",str[index])    #显示字符
        index = index + 1
    else:
        print("循环结束，这个字符串为", str)  #输出结果
```

程序的输出结果如下。

```
请输入一个字符：7xjtu
循环进行中，第 0 个字符是：7
循环进行中，第 1 个字符是： x
循环进行中，第 2 个字符是： j
循环进行中，第 3 个字符是： t
循环进行中，第 4 个字符是： u
循环结束，这个字符串为 7xjtu
```

3. for 语句

for 语句用来反复执行某个或某些操作。其执行条件由<循环变量>与<循环条件>的关系确定，即，当<循环变量>满足<循环条件>时，重复执行<语句块 1>，否则终止循环。

for 语句的两种语法格式如下。

情况 1
for <循环变量> in <循环条件> :
　　<语句块 1>

情况 2
for <循环变量> in <循环条件> :
　　<语句块 1>
else :
　　<语句块 2> >

在 for 语句中，<循环条件>是一个遍历结构。因此，for 循环也称为"遍历循环"。遍历结构可以是字符串、文件、组合数据类型、range()函数。range()函数是 Python 语言中的特色函数，使用非常广泛。

字符串遍历循环。

```
for ch in str          #遍历字符串 str 的每个字符
```

文件遍历循环。

```
for line in file1      #遍历文件 file1 中的每一行
```

列表遍历循环。

```
for item in list1      #遍历列表 list1 中的每一项
```

range()函数遍历循环。

```
for i in range(init, end, step)
```

range( )函数遍历循环在实际编程中使用最多，它表示从初值 init 开始，每次按步长 step（注，step 可为负数）增长，直到终值 end 结束，其执行过程如下。

（1）将 range 中的"初值 init"赋值给<循环变量>。

（2）如果<循环变量>的值小于<循环条件>中的"终值 end"，则将会执行循环体中的语句块。

（3）在循环体中的语句块执行完成后，<循环变量>的值会按照<循环条件>中的"步长 step"自动修改。重复以上步骤，直到<循环变量>不再满足<循环条件>为止。

在实际应用中，如果没有指定初值 init，则初值 init 为 0；如果没有指定步长 step，则步长 step 为 1。

for 语句非常适合已知循环次数的问题求解。例如，计算 1～99 的整数和。

```
sum = 0                    #设置初始和为 0
for i in range (1, 100):   #从 1～99，不包括 100
    sum = sum + i          #也可简写为：sum += i
print ("sum=", sum)        #输出求和结果
```

显然，使用 for 语句计算 1～99 的整数和，比用 while 语句要简单。

需要说明的是，与 while 语句类似，在 for 语句中，只需要使用情况 1 的语法结构，情况 2 中的语法结构一般不再使用，因为 else 的功能很容易被替换。

2.4.2　Python 语言的控制结构

在程序设计语言中，通常将程序按照流程图分成三种基本控制结构：顺序结构、选择结构和循环结构。将这些基本结构按一定规律进行组合可实现从简单到复杂的各种算法，理论上是可以解决任何复杂的问题。

1. 顺序结构

顺序结构顾名思义就是按照事情发生的先后顺序依次进行的程序结构，该结构最为简单。顺序结构的程序设计只要按照解决问题的顺序写出相应的语句就行，它的执行顺序是自上而下、依次执行的，其特点是每条语句只能由上而下执行一次。在这种结构中，各程序块（如程序块 A 和程序块 B）按照出现顺序依次执行，如图 2-10 所示。

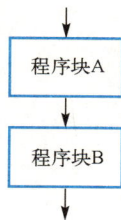

程序块A

程序块B

图 2-10　顺序结构

2. 选择结构

选择结构也称为分支结构，它根据给定的条件判断选择哪一条分支，从而执行相应的语句块。选择结构包括单分支结构、双分支结构和多分支结构。

（1）单分支结构

如果条件成立，则执行语句块，否则什么也不执行。如图 2-11(a)所示。单分支结构的 Python 语句如下。

```
if <条件>:
    语句块
```

在这种情况下，如果<条件>为真，则执行<语句块>，否则，什么也不执行。

（2）双分支结构

如果条件成立，则执行语句块 1，否则执行语句块 2。如图 2-11(b)所示。双分支结构的

Python 语句如下。

```
if <条件>:
        语句块 1
    else:
        语句块 2
```

在这种情况下，如果<条件>为真，则执行<语句块 1>；否则，执行<语句块 2>。

（3）多分支结构

多分支结构是双分支结构的一种扩展形式。在多分支结构中，有多个条件，通过对这些条件的遍历，选择执行不同的语句块。如图 2-11(c)所示。在程序执行时，由第一分支开始查找，如果相匹配，执行其后的语句块，接着执行第 2 分支，第 3 分支……的语句块，直到遇到 break 语句；如果不匹配，则查找下一个分支是否匹配。这个语句在应用时要特别注意遍历条件的合理设置以及 break 语句的合理应用。

在 Python 语句中，对多分支结构的支持相比 C 语言要弱。Python 中的多分支结构主要通过"if-elif-else"语句来实现。

```
if <条件 1>:
        语句块 1
    elif:
        语句块 2
    …                    #elif 可以重复多次
    else:
        语句块 n
```

在这种情况下，如果<条件 1>为真，则执行<语句块 1>；否则，如果<条件 2>为真，则执行<语句块 2>；以此类推，所有条件都不符合，则执行<语句块 n>。

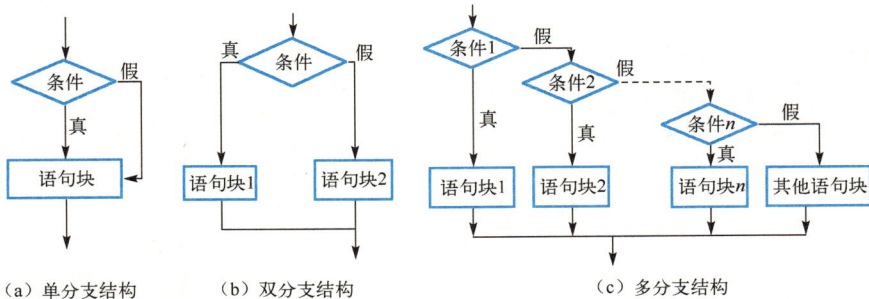

（a）单分支结构　（b）双分支结构　（c）多分支结构

图 2-11　选择结构的三种情况

下面给出一个多分支 Python 程序设计的例子，即根据年龄大小，将人员划分为青年、少年和儿童。

```
age = int (input ("Please input age:"))
if (0<age<=6):
print ("儿童")
elif (6<age<=18):
print ("少年")
```

```
else:
print ("青年")
```

3. 循环结构

循环在现实生活中处处可见，如学校每学期按周排课，每周一个循环；运动会上，运动员绕着运动场一圈接着一圈跑，直到跑完全程。类似这种在一段时间内会重复的事情就是循环。同样，让计算机反复执行一些语句，只要几条简单的命令，就可以完成大量同类的计算，这就是循环结构的优势。

循环结构表示程序反复执行某个或某些操作，直到某个条件为假（或为真）时才终止循环。其中，给定的条件称为循环条件，反复执行的程序段称为循环体。因此在循环结构中最主要的问题是什么情况下需要执行循环。

循环结构的基本形式有两种：当型循环和直到型循环。

（1）当型循环

当型循环是先判断再执行。根据给定的条件，当满足条件时执行语句块 1，并且在循环终端处，流程自动返回到循环入口；如果条件不满足，则退出语句块1直接到达流程出口处。因为是"当条件满足时执行循环"，所以称该循环为当型循环，其特点是先判断后执行，即语句块 1 可能执行一次、可能执行多次、也可能一次不执行，如图 2-12 所示。

Python 语言中的 for 语句和 while 语句都可以用来实现当型循环。

（2）直到型循环

直到型循环表示从结构入口处直接执行语句块 1，在循环终端处判断条件，如果条件不满足，则返回入口处继续执行语句块 1，直到条件为真时再退出循环，并到达流程出口处。因为该类循环是"直到条件为真时终止"，所以称为直到型循环，其特点是，语句块 1 至少执行一次，如图 2-13 所示。

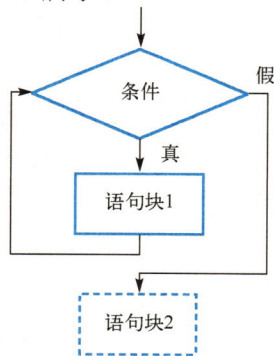

图 2-12　当型循环

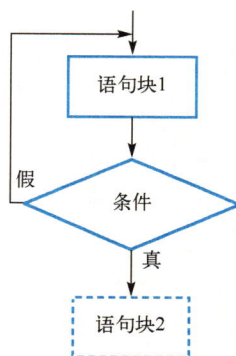

图 2-13　直到型循环

Python 语言中的 for 语句和 while 语句都不能直接用来实现直到型循环，这是因为 Python 语言中没有 goto 语句。但是 Python 语言可以借助 for 语句和 break 语句实现一个直到型循环，具体代码如下。

```
for i in range (6):
    print ("语句块1......")        #循环体
```

```
            if i >= 3:
                print ("语句块 2")
                break                        #退出循环
        print ("程序结束")
```

该程序的运行结果如下。

```
    语句块 1......
    语句块 1......
    语句块 1......
    语句块 1......
    语句块 2
    程序结束
```

上述代码先运行语句块 1 共 4 次（i=0,1,2,3），当 i 等于 3 时，使用 break 语句后，直接退出 for 循环，因此起到了直到型循环的作用。

为了区分 break 语句和 continue 语句的作用，下面通过程序对比两者的差异。

```
for i in range (6):
    print ("语句块 1......")    #
    if i >=3:
        print ("语句块 2")
        continue
print ("程序结束")
```

该程序的运行结果如下。

```
    语句块 1......
    语句块 1......
    语句块 1......
    语句块 1......
    语句块 2
    语句块 1......
    语句块 2
    语句块 1......
    语句块 2
    程序结束
```

通过运行结果可以发现，continue 语句的作用是跳过 for 循环中的后续语句，再转移到 for 循环处判定条件，因此，后续还会运行语句块 1、语句块 2，直到 for 循环结束。因此，使用 for + continue 不能实现直到型循环。

2.5　Python 组合数据类型

在 Python 语言中，组合数据类型较多，前面只做了简单介绍，而这些组合数据类型（特别是字符串和列表）使用广泛，下面重点进行介绍；除此之外，函数、模块、文件操作、错误检测与异常判定，也是程序设计需要掌握的，下面也进行重点介绍。

2.5.1　字符串

在 Python 中，字符串可以使用单引号（'）、双引号（"）或三引号（'''或"""）来定义。
使用单引号：

```
string1 = 'Hello World '
```

使用双引号：

```
string2 = "Hello World"
```

使用三引号（用于多行字符串）：

```
>>> string3 = '''This is a
    multi - line string.'''
>>>print (string3)
This is a
    multi - line string.
```

1. 字符串元素的访问

字符串是 Python 的一种数据类型，它可以通过单引号'、双引号"、三引号'''或"""来定义。

在 Python 语言中，字符串中的元素（即字符）可以使用整数编号进行访问，从左到右，依次为 0,1,2,…，从右到左依次为 $-1, -2, -3, \cdots$，以此类推。

例如，如果已知 s = 'Python'，则访问整个字符串 s 的方法如下。

```
>>>print (s)                    #访问整个字符串
```

访问 s 中第一个字符 P 的方法如下。

```
>>>print (s[0])                 #输出 P
```

访问 s 中指定范围内的若干字符的方法如下。

```
>>>print (s[1:3])               #访问第 1～2 个元素，输出 yt
>>>print (s[:3])                #访问第 0～2 个元素，输出 Pyt
>>>print (s[3:])                #访问第 3 个元素直到结尾，输出 hon
>>>print (s[-1])                #访问倒数第 1 个元素，输出 n
```

2. 字符串的操作函数

字符串的常用操作除了按照编号读取元素，还包括字符串连接运算"+"、字符串复制运算"*"和内置字符串长度计算函数 len(string)等，如表 2-12 所示（在表的实例中，已知 s1='gui235'，s2='ui2'）。

表 2-12　Python 字符串的操作函数

字符串操作	功能描述	具体实例	实例结果
拼接操作 s1+s2	将两个字符串 s1 和 s2 连接在一起	计算 s1+s2	'gui235ui2'
复制操作 s2*n	将 s1 复制 n 遍	计算 s2*3	'ui2ui2ui2'
测试操作 s1 in s2	测试 s2 是否在 s1 中	计算 s2 in s1	True
切取操作 s1[st:end:step]	在 s1 中切取从 st 到 end 的以 step 为步长的字符后形成的串	计算 s1[0:3:2]	'gi'

续表

字符串操作	功能描述	具体实例	实例结果
长度计算 len(s1)	统计字符串 s1 的长度	len(s1)	6
频次统计 s1.count(c)	统计字符串 s1 中 c 出现的次数	s1.count('2')	1
位置查找 s1.index(s)	查找某个元素在列表中首次出现的位置	s1.index('3')	4
位置查找 s1.find(s)	统计字符串 s1 中第一次出现字符串 s 的位置	s1.find('2')	3
字符转换 s2.lower( )	将字符串 s1 中的字符全转换为小写字母	S2.lower( )	2d3
字符转换 s2.upper( )	将字符串 s1 中字符全转换为大写字母	S2.upper( )	2D3

字符串是 Python 语言中内建类型，对字符串操作后都会返回新值，但这些操作不会更改原始字符串的值。例如，当 s1 = 'Hello'，s2 = 'Python'时，运行语句 print('s1 + s2 -->', s1 + s2) 后，s1 和 s2 的值保持不变。

2.5.2　列表

Python 中没有数组，而是加入了功能更强大的列表。列表是 Python 中使用较多的数据类型，它用方括号"[]"进行列举，其作用类似于 C 语言的数组，但与 C 语言数组元素必须同类不同，Python 中的同一个列表中的元素可以是不同类型，如字符串、整型、浮点型等，甚至还可以是一个列表型数据。

1. 列表的建立

可以直接利用"[]"建立列表。例如，使用 lstable=[]建立空列表，使用 lstable=[1,2,3]建立包含 3 个元素的列表。

为了方便和快捷地建立列表，Python 支持使用 list()函数建立列表。例如，lst=list()生成空列表，使用 lst=list("hello")生成 5 个字符的列表等。下面给出几个列表生成实例。

```
>>> lst = list ("hello")          #生成 5 个字符的列表
>>> lst                           #显示列表的命令
['h', 'e', 'l', 'l', 'o']         #显示生成的列表
>>> lst = list (range (1,10,2))   #生成从 1 到 10、步长为 2 的 5 个数字的列表
>>> lst                           #显示列表的命令
[1, 3, 5, 7, 9]                   #显示生成的列表
```

2. 列表的访问

Python 列表中的元素可以使用整数编号进行访问，从左到右依次为 0,1,2，或从右到左依次为 −1,−2,−3，以此类推。示例代码如下。

```
>>> logic = [0, 1]                              #创建一个列表 logic
>>> Name=['Gui',"Liu","Ma,Wang", 99, 0xA9, logic]   #创建一个列表 Name
>>> print (Name[0], Name[4], Name[5])           #输出列表 Name 的第 0,4,5 个元素
Gui 169 [0, 1]                                  #输出三个元素的结果
```

值得注意的是，Name 列表中的第 5 个元素 Name[5]也是一个列表 logic，引用时是作为一个整体使用的。

3. 列表的操作函数

与字符串类似，列表也有连接运算（+）、复制运算（*）、测试运算（in），此外，列表还有删除操作（del）、统计函数（max、min、sum）和排序函数（sorted）等。Python 的列表操作函数如表 2-13 所示（表中，假设 list=[3,4,7,9,10]）。

表 2-13　Python 的列表操作函数

操作函数	功能描述	具体实例	实例结果
max(list)	返回列表 list 中的最大元素值	max(list)	10
min(list)	返回列表 list 中的最小元素值	min(list)	3
len(list)	返回列表 list 长度	len(list)	5
sum(list)	返回列表 list 中各元素之和	sum(list)	33
sorted(list)	返回排序后的列表，默认为升序，当参数 reverse=True 时，为降序	sorted(list)	[3, 4, 7, 9, 10]

列表操作运算的主要函数的运算结果如下。

```
>>> list=[3,4,7,9,10]
>>> print(max(list), min(list), len(list), sum(list))
10 3 5 33
>>> print(sorted(list))
[3, 4, 7, 9, 10]
>>> print(sorted(list,reverse=True))
[10, 9, 7, 4, 3]
```

4. 列表的方法函数

Python 程序中的所有数据类型变量都是对象。根据面向对象程序设计理论，列表有自己的行为（也称为方法），这些行为辅助列表完成相应的数据处理操作，如追加（append）、删除（remove）和逆排序（reverse）等。Python 列表的方法函数如表 2-14 所示。

表 2-14　Python 列表的方法函数

方法函数	功能描述
lt.append(x)	在列表 lt 中的末尾追加元素 x
lt.extend(lst1)	将列表 lt2 追加在 lt 末尾
lt.insert(index,x)	在列表 lt 中 index 处插入元素 x
lt.remove(x)	在列表 lt 中删除第一次出现的 x
lt.count(x)	返回 x 在列表 lt 中出现的次数
lt.reverse( )	将列表 lt 的元素逆序输出

例如，假设 list1=[1,3,5]; list2=['a']），则上述方法在命令行交互运行时的结果如下。

```
>>> list1.append("9")
>>> list1
```

```
[1, 3, 5, '9']
>>> list1.extend (list2)
>>> list1
[1, 3, 5, '9', 'a']
>>> list1.insert (2,'x')
>>> list1
[1, 3, 'x', 5, '9', 'a']
>>> list1.remove ('9')
>>> list1
[1, 3, 'x', 5, 'a']
>>> list1.count (4)
0
>>> list1.reverse( )
>>> list1
['a', 5, 'x', 3, 1]
>>>
```

2.5.3　元组

元组与列表类似，但元组是不可变的，可简单将其看作不可变的列表，元组常用于保存不可修改的内容。

1. 元组的创建和访问

元组创建：元组中所有元素都放在一个小括号"( )"中，相邻元素之间用逗号","分隔，例如，t1 = (1024, 0.5, 'Python')。

元组的访问：与访问列表中元素类似，元组也是通过下标进行元素访问的。例如，已知 t = (1024, 0.5, 'Python')，运行以下程序。

```
print ('t[0] -->', t[0])
print ('t[1:] -->', t[1:])
```

输出的结果如下。

```
t[0] --> 1024
t[1:] --> (0.5, 'Python')
```

元组的修改：元组中的元素不能被修改，如果需要修改元组，可以通过重新赋值的方式进行操作，例如，已知 t = (1024, 0.5, 'Python')，则运行 t = (1024, 0.5, 'Python', 'Hello')后，元组的值进行了变化。

元组的删除：元组中的个别元素不能被删除，若要删除某个元素，则只能删除整个元组，例如：

```
>>> t = (95, 9.8, 'Python')
>>> del t
>>> print (t)
Traceback (most recent call last):
  File "<pyshell#3>", line 1, in <module>
```

```
        print (t)
    NameError: name 't' is not defined
```

由于元组 t 已经被删除，所以 print 运行时输出了异常信息。

2．元组的操作函数

与列表一样，元组也有自己的操作函数来完成相应的数据处理操作。例如，元组长度计算、最大值获取、最小值获取、列表到元组的转换函数等。Python 的元组操作函数如表 2-15 所示（已知 t = ('2', 'd', 'b', 'a', 'f', 'd')，lst1=['2', '5', 'a', 'f', 'd']）。

表 2-15　Python 的元组操作函数

操作函数	功能描述	具体实例	实例结果
max(t)	返回元组 t 中的最大元素值	max(t)	'f'
min(t)	返回元组 t 中的最小元素值	min(t)	'2'
len(t)	返回元组 t 的元素个数	len(t)	6
tuple(lst1)	将列表 list 转换为元组	tuple(lst1)	('2', '5', 'a', 'f', 'd')

2.5.4　字典和集合

1．字典

字典是 Python 语言的一种数据类型，其内容是以"键-值（key-value）"的方式呈现。字典的内容表示在花括号"{}"内，"键-值"之间用冒号"："分隔，其中"值"是"键"的实例化。例如，"年龄:18"和"姓名:张三"就是两个键值对。多个键值对之间用逗号"，"分隔。例如，可以创建一个包括姓名、年龄、性别三个键值对的字典 d，如下所示。

```
>>> d = {'姓名':'小明',  '年龄':'18',  '性别':'男' }
```

可以通过使用"d = {}"设置一个空字典。

字典中的"值"可以通过"键"进行访问。例如，通过年龄键可以访问到具体年龄值，如下所示。

```
>>> d['年龄']
'18'
```

字典中的"值"还可以通过 get()方法进行访问。例如，通过姓名可以访问到具体人名，如下所示。

```
>>> d.get ('姓名')
'小明'
```

字典中的"值"可以通过访问对应的"键"进行修改操作。以修改年龄为例，如下所示。

```
>>> d['年龄']=36
>>> d
{'姓名': '小明', '年龄': 36, '性别': '男'}
```

字典可以通过 clear()方法进行清空，如下所示。

```
>>> d.clear( )
>>> d
{}
```

字典的长度可以通过 len()方法进行计算，如下所示。

```
>>> d = {'姓名':'小明', '年龄':'18', '性别':'男' }
>>> len(d)
3
```

2. 集合

集合是一个无序的、不包含重复元素的数据结构，可以使用花括号{}或者 set()函数来创建集合。注意，只能使用 set()函数创建空集合。

```
>>>s = set( )   #创建空集合
```

例如，创建包括三个字符的集合 s，可以使用如下两种方法。

```
>>>s = {'a', 'b', 'c'}
>>> s = set(['a', 'b', 'c', 'c'])
>>> s
{'b', 'c', 'a'}
```

由此可见，集合中重复的元素会被自动过滤掉。从输出结果看，其与输入时的排列顺序可能不同，因为，集合中的元素是无序的。

（1）集合的操作

添加元素：可以使用 add()方法向集合中添加元素。

删除元素：使用 remove()方法删除指定元素，如果元素不存在会抛出 KeyError 异常。

具体程序如下。

```
>>> s = {'a', 'b', 'c'}
>>> s.add("d")
>>> s
{'d', 'a', 'b', 'c'}
>>> s.remove('a')
>>> s
{'d', 'b', 'c'}
```

清空一个集合，可以使用 clear()方法，具体程序如下。

```
>>> s = {'a', 'b', 'c'}
>>> s.clear( )
>>> s
set( )
```

获取集合的长度，可以使用 len()方法，如下所示。

```
>>> s = {'a', 'b', 'c', 'd', 'e', 'f'}
```

```
>>> len (s)
6
```

（2）集合的运算

交集：可以使用&运算符或者 intersection()方法来获取两个集合的交集。

并集：使用|运算符或者 union()方法来获取并集。例如，my_set1 | my_set2 或者 my_set1.union(my_set2)会返回{1, 2, 3, 4}。

差集：使用"-"运算符或者 difference()方法来获取两个集合差集。

例如，my_set1 = {1, 2, 3}，my_set2 = set([2, 3, 4])，则 my_set1 & my_set2 或者 my_set1.intersection(my_set2)都会返回{2, 3}。my_set1 - my_set2 或者 my_set1.difference(my_set2)都会返回{1}。

（3）集合的遍历

可以使用 for 循环来遍历集合中的元素。具体程序如下。

```
for element in my_set1:
    print (element)
```

以上程序按照元素在集合中的存储顺序（注意集合是无序的）将元素逐个打印出来。

2.6　Python 函数与文件

2.6.1　Python 函数

简单来说，函数就是一段实现特定功能的代码，使用函数可以提高代码的重复利用率。Python 中有很多内置函数，如之前常用的 print 函数，当内置函数不足以满足我们的需求时，我们还可以自定义函数。

1. Python 的标准函数

在 C 语言和 Python 语言中，程序通常都是由一个主函数和若干个函数构成。主函数调用其他函数，其他函数也可以互相调用。同一个函数可以被一个或多个函数调用多次。Python 解释器内置了很多函数，可以供编程人员随时引用。表 2-14 给出了 Python 中的标准函数。

上述函数的功能可以通过 Python 中的 help 功能获取，下面仅对其中部分函数进行简要描述。

abs(x)：返回 x 的绝对值。如果 x 是一个复数，则返回它的模。

bin(x)：将一个整数转变为一个前缀为"0b"的二进制字符串。

chr(i)：返回 i 的字符的字符串格式，它是 ord( )的逆函数。

divmod(a,b)：将两个非复数作为实参，并在执行整数除法时返回一对商和余数。

hash(object)：返回该对象的哈希值（如果有）。

hex(x)：将整数转换为以"0x"为前缀的小写十六进制字符串。

表 2-14　Python 中的标准函数

abs( )	delattr( )	hash( )	memoryview( )	set( )	all( )	dict( )
help( )	min( )	setattr( )	any( )	dir( )	hex( )	next( )
slice( )	ascii( )	divmod( )	id( )	object( )	sorted( )	bin( )
enumerate( )	input( )	oct( )	staticmethod( )	bool( )	eval( )	int( )
open( )	str( )	breakpoint( )	exec( )	isinstance( )	ord( )	sum( )
bytearray( )	filter( )	issubclass( )	pow( )	super( )	bytes( )	float( )
iter( )	print( )	tuple( )	callable( )	format( )	len( )	property( )
type( )	chr( )	frozenset( )	list( )	range( )	vars( )	classmethod( )
getattr( )	locals( )	repr( )	zip( )	compile( )	globals( )	map( )
reversed( )	import( )	complex( )	hasattr( )	max( )	round( )	

id(object)：返回对象的标识值。

input([prompt])：如果存在 prompt 实参，则将其写入标准输出，末尾不带换行符。接下来，该函数从输入中读取一行，将其转换为字符串并返回。

int(x, base=10)：返回 x 构造的整数对象，或者在未给出参数时返回 0。

len(s)：返回对象的长度（元素个数）。对象是字符串、列表等组合数据类型。

max(arg1, arg2)：返回两个实参中较大的那个。

min(arg1, arg2)：返回两个实参中较小的那个。

oct(x)：将一个整数转换为一个前缀为 "0o" 的八进制字符串。

ord(c)：返回字符的 Unicode 码整数。如 ord('a')返回整数 97，是 chr( )的逆函数。

round(num[, nd])：返回 num 舍入到小数点后 ndigits 位精度的值。如果 nd 省略或为 None，则返回最接近输入值的整数。

2．Python 的自定义函数

在 Python 中使用 def 关键字来声明函数，格式如下。

```
def 函数名（参数）：
        函数体
        return 返回值
```

如果函数有返回值，则要通过保留字 return 进行返回，返回值可以有 1 个或多个。如果函数没有返回值，则不需要 return 语句。

```
def printstring（strname）：
        print ('串名称：', strname)
```

如果要定义一个无任何功能的空函数，则函数体只写 pass 即可，格式如下。

```
def 函数名（ ）：
        pass
```

当不能确定参数的数量时，可以使用不定长参数，即通过在参数名前加星号 "*" 来进行声明，格式如下。

```
        def 函数名（*参数名）:
                  函数体
```

下面给出一个自定义求平均值的 mean 函数的例子。

```
    def mean（nums）:    #求平均值的函数
        sum=0.0
        size = len（nums）
        for i in range（size）:
            sum = sum + nums[i]
        return sum/size
    #主程序
    nums=[2,3,4,5,6,7,8,9,0,12]
    print（"平均值为", mean（nums））
```

注意，在执行函数体内部的语句时，一旦执行到 return，函数就执行完毕，并将结果返回。因此，函数内部通过条件判断和循环可以实现非常复杂的逻辑。

如果没有 return 语句，则函数执行完毕后也会返回结果，只是结果为 None。return None 可以简写为 return。

我们还可以使用 lambda 定义匿名函数，格式如下。

```
    lambda 参数 : 表达式
```

例如：

```
    my_sub = lambda x, y: x - y            #匿名函数
```

3. 函数的调用

对一个自定义函数或库函数的调用，只需要知道函数名和参数即可。例如：

```
    my_empty（ ）              #函数调用，无参数
    printstring（'Jhon'）      #函数调用，有参数
    result = my_sum（1, 2）    #函数调用，有参数和返回值，返回值赋给 result 变量
    variable（1, 2, 3, 4, 5, 6）
    print（my_sub（2, 1））
```

4. Python 库或模块

Python 语言中一个以 .py 结尾的文件就是一个库（也称为模块）。模块中定义了变量、函数等来实现一些类似的功能。Python 有很多自带的模块和第三方模块，一个模块可以被其他模块引用，实现了代码的复用性。

模块是一些经常使用、经过检验的规范化程序或子程序的集合。为了减轻编程人员的负担，提高程序设计语言的生命力和竞争力，每种编程语言都提供了丰富的标准库。

（1）Python 标准库

通常，Python 标准库主要如下。

① 标准运算函数。如逻辑运算函数、数学运算函数等。

② 输入/输出函数。如文件读取、文件检索函数等。

③ 可视化功能函数。如绘图函数等。

④ 服务性功能函数。如检测鼠标键盘、读取 U 盘磁盘及调试用的各种程序等。

（2）Python 标准库的引用

在 Python 中，用 import 或者 from…import 来导入相应的标准库模块或自定义库模块。导入库模块的方法有以下四种。

① import 库名或库模块名。如 import turtle，该方法将 turtle 库整个模块导入，库中定义的函数都能够使用，但在引用其中函数时，需要使用"turtle.函数名(参数)"，这里括号中的"参数"不是必需的。

② from 库名或库模块名 import *。如 from turtle import *，该方法将 turtle 库整个模块导入，库中定义的函数都能够使用，但在引用其中的函数时，不需要使用"turtle.函数名(参数)"，而是直接使用"函数名(参数)"方法即可，括号中的"参数"不是必需的。

③ from 库名或库模块名 import 函数名。如 from math import sqrt，该方法将 math 库的一个函数 sqrt 导入。当调用 sqrt 函数时，可以不用加 math 库名。

④ from 库名或库模块名 import 函数名 1，函数名 2，……，函数名 n。如 from math import sqrt, sin, cos，该方法将 math 库中的函数 sqrt、sin 和 cos 导入。当调用上述三个函数时，可以不用加 math 库名。

下面给出了 Python 标准库的引用方法实例。

```
import math                    #引用库中的全部函数
val = 81
print ("", math.sqrt (val))    #在引用方法时，必须使用库名
#print ("", sqrt (val))        #这样引用是错误的

from math import *             #引用库中的全部函数
print ("", sqrt (val))         #在引用方法时，不使用库名
print ("", math.sqrt (val))    #在引用方法时，使用库名也没问题

from math import sqrt, sin     #引用库中的部分函数
print ("", sqrt (val), sin (val))   #在引用指定函数时，不使用库名
print ("", sqrt (val), cos (val))
```

2.6.2　文件的输入与输出

在编程过程中，文件操作还是比较常见的，基本文件操作包括：创建、读、写、关闭等，Python 中内置了一些文件操作函数。

1. 创建文件

Python 使用 open( ) 函数创建或打开文件，语法格式如下。

```
open ( file, mode='r', buffering=-1, encoding=None, errors=None, newline=None, closefd=True, opener=None)
```

具体参数说明如下。

file：表示将要打开的文件的路径，也可以是要被封装的整数类型文件描述符。

mode：是一个可选字符串，用于指定打开文件的模式，默认值是 'r'（以文本模式打开并读取），可选模式如下。

- r：读取（默认）。
- w：写入，并先截断文件。
- x：排他性创建，如果文件已存在，则失败。
- a：写入，如果文件存在，则在末尾追加。
- b：二进制模式。
- t：文本模式（默认）。
- +：更新磁盘文件（读取并写入）。

buffering：是一个可选的整数，用于设置缓冲策略。

encoding：用于解码或编码文件的编码名称。

errors：是一个可选字符串，用于指定如何处理编码和解码错误（不能在二进制模式下使用）。

newline：用于区分换行符。

closefd：如果 closefd 为 False 并且给出了文件描述符而不是文件名，则当文件关闭时，底层文件描述符将保持打开状态；如果给出文件名，则 closefd 为 True（默认值）；否则将引发错误。

opener：可以通过传递可调用的 opener 来使用自定义开启器。以 txt 格式文件为例，可以通过代码方式来创建文件，如 open('test.txt', mode='w',encoding='utf-8')。

2. 写入文件

上面创建的文件 test.txt 没有任何内容，需要向这个文件中写入一些信息。对于写操作，Python 文件对象提供了以下两个函数。

- write(str)：将字符串写入文件，返回写入字符串长度。
- writelines(s)：向文件写入一个字符串列表。

可以使用以上两个函数向文件中写入一些信息，如下所示。

```
>>> wf = open ('test.txt', 'w', encoding='utf-8')
>>> wf.write ('xjtu\n')                    #写入 5 个字符
5
>>> wf.writelines (['Hello\n', 'Python'])  #写入字符串列表
>>> wf.close ( )                           #关闭文件
```

在上述语句运行后，可以在 Python 的源代码目录中找到文件 test.txt，用记事本打开后，其内容如图 2-9 所示。

上面使用了 close( )函数进行关闭操作，如果打开的文件忘记了关闭，则可能会对程序造成一些安全隐患，为了避免这个问题的出现，可以使用 with as 语句，通过这种方式，程序执

行完成后，会自动关闭已经打开的文件，如下所示。

```
with open ('test.txt', 'w', encoding='utf-8') as wf:
    wf.write ('xjtu\n')
    wf.writelines (['Hello\n', 'Python'])
```

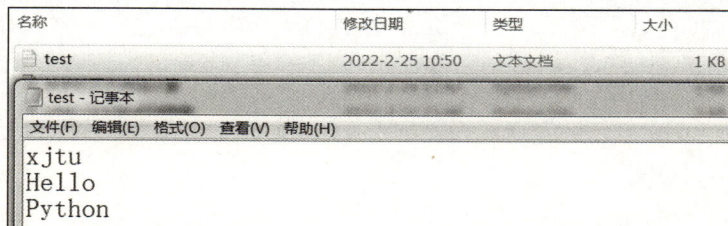

名称	修改日期	类型	大小
test	2022-2-25 10:50	文本文档	1 KB

test - 记事本

文件(F)　编辑(E)　格式(O)　查看(V)　帮助(H)

```
xjtu
Hello
Python
```

图 2-9　文件写入结果

3. 文件读取

前面已经向文件中写入了一些内容，现在可以读取。对于文件的读操作，Python 文件对象提供了以下三个函数。

- read(size)：读取指定的字节数，参数可选，当无参数或参数为负时，读取所有字节数。
- readline( )：读取文件中的一行。
- readlines( )：读取所有行并返回列表。

下面的程序使用上面三个函数读取之前写入的内容，具体如下。

```
>>> with open ('test.txt', 'r', encoding='utf-8') as rf:
    print ('读取一行: ', rf.readline ( ))
    print ('读取指定字节数: ', rf.read (6))
    print ('读取所有行: ', rf.readlines ( ))
```

输出结果如下。

```
读取一行: xjtu
读取指定字节数: Hello
读取所有行: ['Python']
```

4. 文件定位

Python 提供了两个与文件对象位置相关的函数，具体如下。

- tell()：返回文件对象在文件中的当前位置
- file.seek(offset[, whence])：将文件对象移动到指定的位置，其中，offset 表示移动的偏移量，whence 为可选参数，其值为 0 表示从文件开头起算（默认值），其值为 1 表示使用当前文件位置，其值为 2 表示以文件末尾作为参考点。

下面通过一个示例对上述函数进行说明。

```
with open ('test.txt', 'rb+') as f:
    f.write (b'123456789')
    print (f.tell ( ))                 #文件对象的位置
```

```
        f.seek（3）              #移动到文件的第四字节
        print（f.read（1））      #读取一字节，文件对象向后移动一位
    print（f.tell（ ））
        f.seek（-2，2）          #移动到倒数第二字节
    print（f.tell（ ））
    print（f.read（1））
>>> import keyword
>>> keyword.kwlist
```

2.7   本章小结

本章讲解人工智能的编程语言与编程环境，包括程序设计语言的分类与选择、编程环境的分类、Python 编程环境的安装与编程方式，Python 程序的基本组成、数据类型、运算符及优先级，Python 语言的复合语句与控制结构，Python 字符串、列表、元组、字典和集合，Python 函数、文件、输入与输出。

✰✰ 本 章 习 题

一、选择题

1. 下列哪种语言属于低级语言？（   ）

    A．Python   B．C   C．Java   D．Swift

2. 解释型语言和编译型语言的主要区别在于（   ）。

    A．解释型语言不需要编译器   B．编译型语言运行速度更快

    C．解释型语言逐行执行代码   D．编译型语言不能跨平台运行

3. Python 的官方发行版可以从（   ）下载。

    A．Apple Store   B．Google Play   C．Python.org   D．Microsoft Store

4. 在安装 Python 时，默认会包含（   ）集成开发环境（IDE）。

    A．PyCharm   B．Visual Studio Code

    C．IDLE   D．Jupyter Notebook

5. 下列哪项不是 Python 的基本数据类型？（   ）

    A．整数（int）   B．浮点数（float）

    C．布尔值（bool）   D．数组（array）

6. 在 Python 中，以下哪个表达式的结果为 True？（   ）

    A．5 > 3   B．2 + 2 = 5   C．'apple' < 'orange'   D．None == True

7. 下列哪项是 Python 中的字符串类型？（   ）

    A．3. 14   B．'Hello, World!' C．[1, 2, 3]   D．{'name': 'Alice'}

8. 在 Python 中，（　　）运算符具有最高的优先级。

  A. +   B. *   C. ( )   D. ==

9. 下列哪项不是 Python 中的控制结构？（　　）

  A. if-else   B. for   C. while   D. switch-case

10. 下列哪条语句用于跳出循环？（　　）

  A. break   B. continue   C. pass   D. return

11. 下列哪项用于获取字符串的长度？（　　）

  A. str.length( )   B. len(str)   C. str.size( )   D. 以上都不是

12. 下列哪个字符串方法用于将字符串全部转换成大写英文字母？（　　）

  A. upper( )   B. lower( )   C. capitalize( ) D. title( )

13. 下列哪项用于访问字典中的值？（　　）

  A. 使用索引   B. 使用键   C. 使用 get( )方法 D. B 和 C 都可以

14. 下列哪个操作会创建一个空集合？（　　）

  A. {}   B. set( )   C. list( )   D. tuple( )

15. 下列哪项用于定义一个函数？（　　）

  A. 使用 def   B. 使用 function C. 使用 class   D. 使用 lambda

16. 在 Python 3 中，下列哪项用于获取用户的输入？（　　）

  A. 使用 input( )函数   B. 使用 raw_input( )函数

  C. 使用 scanf( )函数   D. 使用 getchar( )函数

二、问答题

1. 简述程序设计语言的分类有哪些，并简要说明各类语言的特点。

2. 简述 Python 编程环境的安装过程。

3. 列举 Python 程序中的基本数据类型，并简要说明每种数据类型的特点。

4. 简述 Python 中的运算符及其优先级，并给出示例。

5. 说明 Python 中的复合语句与控制结构，并给出示例。

6. 简述 Python 中函数的定义和调用过程，并给出示例。

7. 简述 Python 中文件的打开、读取、写入和关闭操作，并给出示例。

第 3 章　人工智能的计算平台

人工智能的计算平台是支撑人工智能算法和模型运行的基础设施，它通常包括硬件和软件两个层面。硬件层面包括个人计算机、多计算机系统、云计算系统、边缘计算设备和专用人工智能加速器等。软件层面包括深度学习框架、机器学习库和人工智能开发平台等。本章主要介绍人工智能的硬件计算平台。

3.1　人工智能平台概述

人工智能的计算平台是一个复杂且不断发展的系统，涉及硬件基础设施、软件平台、数据处理方法、算法优化方法等多个方面。

3.1.1　硬件基础设施

人工智能的硬件基础设施是支撑人工智能技术运行与发展的基石，主要包括计算硬件、数据存储解决方案和网络基础设施等关键组成部分，每个部分都有其特定的作用和功能。

1. 计算硬件

最简单的计算硬件包括个人计算机、智能手机和平板电脑；稍微复杂的计算硬件主要包括高性能计算服务器；更复杂的计算硬件则包括人工智能专用服务器。在这些计算硬件中，用于计算的核心单元如下。

（1）图形处理单元（GPU）：在人工智能应用中，GPU 因其强大的并行处理能力而被广泛使用。它特别适合执行机器学习和深度学习算法，能显著加速大规模计算的进程。

（2）中央处理单元（CPU）：CPU 是计算机系统的核心，负责执行各种指令和处理数据。在人工智能应用中，CPU 通常用于管理协调人工智能操作和运行更简单的机器学习模型所必需的通用处理任务。

（3）张量处理单元（TPU）：TPU 是专为机器学习任务设计的硬件，由 Google 开发。它旨在提高神经网络计算的性能，并为某些人工智能工作负载提供 GPU 的替代方案。

（4）定制人工智能加速器：一些硬件制造商推出了专为人工智能使用场景优化的硬件，如人工智能加速器卡等。这些专用硬件设备提高了运算效率，降低了能耗，使运行复杂人工智能模型变得经济、高效。

（5）智能终端：智能手机、平板电脑、智能穿戴设备等智能终端，作为用户与人工智能网络设施的交互界面，支持用户随时随地访问和使用人工智能服务。

（6）算力中心：算力中心由大量高性能计算机组成，这些计算机通常是包含 GPU 服务器，它们能够高效地处理并行计算任务，用于执行复杂的人工智能算法和模型训练。

这些计算硬件是构建高效、可靠人工智能系统的基石。它不仅提供了必要的运算能力来处理和分析大规模数据集，还能加速机器学习模型的训练过程，使人工智能应用能够实时响应并不断优化。

2. 数据存储解决方案

人工智能中的数据存储解决方案旨在应对数据爆炸性增长、高性能需求以及成本效益等多方面的挑战。例如，传统的存储技术如基于硬盘驱动器（HDD）或固态硬盘（SSD）在人工智能快速发展的背景下处理大规模数据集时，可能面临性能瓶颈、成本高昂以及运维复杂等问题。特别是在人工智能应用中，数据的读取和写入速度、存储密度以及长期稳定性都成为关键考量因素。

智能存储作为一种新技术，集成先进的机器学习算法和大数据分析技术，能够在实时监控和分析存储资源时使用，能够动进行资源分配和优化；智能预测和缓存技术能够提前将数据块预取到高速缓存中，显著降低数据访问延迟；根据数据的访问模式自动调整存储布局，减少数据访问时的 I/O 开销；而且智能存储通常具备高带宽和高 IOPS（输入/输出操作每秒），能够支持大规模数据集的快速读/写，进一步提升了存储系统的整体性能。

典型的数据存储解决方案如下。

（1）构建数据中心：提供大规模的数据存储能力，并支持数据的快速访问和处理。数据中心通常采用分布式存储和云计算技术，以确保数据的安全性和可用性。在数据中心，利用大数据处理和分析技术，对存储的数据进行挖掘、清洗、转换和建模等操作，以支持人工智能算法的训练和预测。

（2）构建 PB 级存储平台：PB 级存储平台是一种针对大规模数据存储需求的解决方案。其设计的初衷在于减少数据迁移的挑战，使数据无须从存储位置迁移到其他地方，就能直接用于人工智能训练。PB 级存储平台通常具备高容量、高性能和可扩展性等特点，能够满足人工智能应用对数据存储的苛刻要求。例如，希捷的魔彩盒（Mozaic 3+）技术集成了 HAMR（热辅助磁记录）等创新技术，显著提升了存储密度和性能。

（3）构建可组合分布式融合存储（CDFS）架构：CDFS 架构是一种针对复杂应用场景的存储解决方案。它由数据编织层、微服务化功能层和硬件资源层组成，能够针对不同的存储需求进行有针对性的优化。CDFS 架构支持 HDD 与 SSD 的结合运用，使得存储方案在性能和成本之间达成了新的平衡。该架构还具备高可用性、高可扩展性和易维护性等特点，能够满足人工智能应用对存储系统的苛刻要求。

随着人工智能技术的不断发展和应用场景的不断拓展，数据存储解决方案将面临更多的挑战和机遇。未来发展趋势可能包括如下内容。

（1）更高密度的存储技术：随着存储密度的不断提升，未来可能出现更高容量的硬盘和存储设备。

（2）更高效的存储架构：为了应对大规模数据集的处理需求，未来可能出现更高效的存储架构和控制器设计。

（3）更强的数据安全与隐私保护：随着数据泄露和隐私侵犯事件的频发，未来数据存储解决方案将更加注重数据安全与隐私保护。

（4）更低的存储成本：随着技术的不断发展和市场竞争的加剧，未来数据存储成本有望进一步降低。

综上所述，人工智能中的数据存储解决方案是一个复杂且不断发展的领域。通过采用智能存储、PB 级存储平台、希捷魔彩盒技术平台、CDFS 架构等先进解决方案，可以较好应对数据爆炸性增长、高性能需求以及成本效益等多方面的挑战，为人工智能技术的进一步发展提供有力支撑。

3．网络基础设施

人工智能的网络设施是一个综合性的体系，它涵盖了多个层面和组件，以支持人工智能技术的运行和应用。

（1）5G/6G 网络：提供高带宽、低延迟的网络连接，支持大规模设备的同时接入和数据传输。这对于实现物联网与人工智能的深度融合至关重要。

（2）有线网络和无线网络融合：结合有线网络和无线网络的优势，提供灵活、可靠的网络连接方案。

（3）网络通信协议：支持各种网络通信协议，如 TCP/IP、HTTP、MQTT 等，以确保设备之间的顺畅通信和数据交换。

（4）物联网设备：传感器、智能家居设备、工业控制系统等物联网设备，通过采集和传输数据，实现对物理世界的实时监控和管理。这些设备是人工智能网络设施的重要组成部分，为人工智能算法提供丰富的数据源。

（5）网络安全防护：采用防火墙、入侵检测系统、数据加密等技术手段，确保人工智能网络设施的安全性。针对人工智能算法和数据的安全性，需要进行专门的设计和保护，防止恶意攻击和数据泄露。

（6）隐私保护：遵循相关法律法规和隐私政策，采用匿名化、脱敏等技术手段，对用户的个人信息和数据进行严格保护，降低个人隐私泄露的风险。

（7）高速网络：人工智能应用和服务需要强大的网络支持，以确保数据能够及时、高效地在不同计算节点和存储系统之间传输。高带宽网络和低延迟网络成为人工智能基础设施的重要组成部分。

3.1.2　软件开发环境

人工智能的软件平台与开发环境是支撑人工智能技术应用与开发的重要基础。

1．人工智能的软件平台

人工智能的软件平台通常集成了各种工具、库和框架，用于支持数据处理、模型训练、推理和部署等任务。以下是一些主要的人工智能软件平台。

（1）Google AI Platform：Google AI Platform 使机器学习编程人员、数据科学家和数据工程师能够轻松地将他们的 ML 项目从构思到生产和部署。支持 Google 的开源平台 Kubeflow，可以构建可移植的 ML 管道，支持 Tensorflow、TPU 和 TFX 等前沿技术。

（2）Tensorflow：Tensorflow 用于使用数据流图进行数值计算的开源软件库，其灵活的体系结构允许用户使用单个 API 将计算部署到台式机、服务器或移动设备中的一个或多个 CPU 或 GPU。Tensorflow 最初由 Google 机器智能研究组织开发，具有足够的通用性。

（3）Microsoft Azure：Microsoft Azure 支持将模型作为 Web 服务进行部署，其提供基于云的高级分析，旨在简化企业的机器学习。商业用户可以使用 Xbox、Bing、R 或 Python 程序包中的同类最佳算法，或者通过放入自定义 R 或 Python 代码来建模自己的方式。

2.　人工智能的开发环境

为了高效地开发人工智能应用，开发者需要搭建一个合适的开发环境。这通常包括编程语言、开发框架、数据处理工具、可视化工具以及硬件支持等。

（1）编程语言：Python 是人工智能开发中最常用的编程语言之一，因其简洁的语法、强大的库支持和广泛的应用领域而备受青睐。R 语言也是常用的数据分析和机器学习编程语言，尤其在统计建模和图形呈现方面表现出色。

（2）开发框架：Tensorflow、PyTorch 等深度学习框架提供了大量的预构建模块和函数，帮助开发者快速构建和训练深度学习模型。scikit-learn 等机器学习库则提供了各种机器学习算法的实现，方便开发者进行模型选择和训练。

（3）数据处理与可视化工具

Python 环境下的 NumPy、Pandas 等数据处理库可以用于数据的清洗、转换和分析；Matplotlib、Seaborn 等可视化工具则用于数据的可视化呈现，帮助开发者更好地理解数据的特征和规律。

（4）集成开发环境（IDE）：PyCharm、Jupyter Notebook 等 IDE 提供了代码编写、调试、测试和部署的一站式服务，大大提高了开发效率。

综上所述，人工智能的软件平台与开发环境是支撑人工智能技术应用的重要基础。选择合适的软件平台和搭建合适的开发环境对于开发者来说至关重要，这将直接影响开发效率、模型性能和应用的可靠性。

3.2　单台计算机系统

20 世纪 80 年代，个人计算机已经进入大批量生产阶段。在硬件方面，应用于个人计算机的美国 INTEL 公司生产的产品系列 8086/8088、80286、80386 和 80486 实际上已经成为微型机的 CPU 的重要标准；在软件方面，微软公司的 MS-DOS、Windows 已成为微型机操作系统的重要标准。这些平台由于使用单台计算机进行实现，因此也称为单台计算机系统。这些系统可以为人工智能提供基础性支撑。

3.2.1　单台计算机系统模型

计算模式的演变经历了一个较为长期的演变过程。从早期的图灵机理论模型，到冯·诺依曼单台计算机实现模型，再到量子计算体系；从多机并行计算体系到网络分布式计算体系。每一次计算模型的演化都有其深刻的技术背景和巨大的应用需求。应用需求是推动计算模型不断演化的主要动力。

1.　图灵机模型

1936 年，英国数学家艾伦·麦席森·图灵（1912－1954 年）提出了一种抽象的计算模型，即图灵机（turing machine）。图灵机又称图灵计算机，即将人们使用纸笔进行数学运算的过程进行抽象，由一个虚拟的机器替代人类进行数学运算。

图灵的基本思想是用机器来模拟人们用纸笔进行数学运算的过程，他把这样的过程看作下列两种简单的动作。

（1）在纸上写上或擦除某个符号。

（2）把注意力从纸的一个位置移动到另一个位置。

为了模拟人的上述动作和运算过程，图灵构造出了一台假想的机器，如图 3-1 所示。该机器由以下几个部分组成。

（1）一条无限长的纸带。纸带被划分为一个接一个的小格子，每个格子上包含一个来自有限字母表的符号，字母表中有一个特殊的符号表示空白。纸带上的格子从左到右依次被编号为 0,1,2,…，纸带的右端可以无限伸展。

（2）一个读/写头。该读/写头位于处理盒内部，可以在纸带上左右移动，它能读出当前所指的格子上的符号，并能改变当前格子上的符号。

（3）一套控制规则。它根据当前机器所处的状态以及当前读/写头所指的格子上的符号来确定读/写头下一步的动作，并改变状态寄存器的值，令机器进入一个新的状态。

（4）一个状态寄存器。它用来保存图灵机当前所处的状态。图灵机的所有可能状态的数量是有限的，并且有一个特殊的状态，称为停机状态。

注意：这个机器的每个部分都是有限的，但它有一个潜在的无限长的纸带，因此这种机器只是一个理想的设备。图灵认为这样的一台机器就能模拟人类所能进行的任何计算过程。

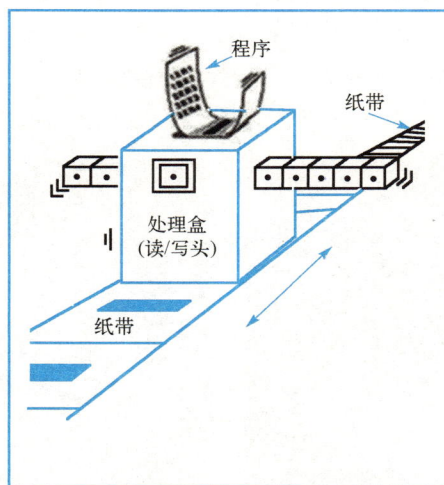

图 3-1　图灵机模型

图灵提出的图灵机模型并不是为了给出计算机的设计，但它的意义非凡，主要体现在如下方面。

（1）图灵机模型证明了通用计算理论，肯定了计算机实现的可能性，同时它给出了计算机应有的主要架构。

（2）图灵机模型引入了读/写、算法与程序语言的概念，极大地突破了过去的计算机器的设计理念。

（3）图灵机模型是计算机科学最核心的理论，因为计算机的极限计算能力就是通用图灵机的计算能力，很多问题可以转化到图灵机这个简单的模型来考虑。

图灵机模型向人们展示这样一个过程：程序和其输入可以先保存到纸带上，图灵机就按程序一步一步运行直到给出结果，结果也保存在纸带上。更重要的是，从图灵机模型可以隐约看到现代计算机主要组成，尤其是冯·诺依曼计算机的主要组成。

阅读扩展

艾伦·麦席森·图灵（Alan Mathison Turing，1912 年 6 月 23 日—1954 年 6 月 7 日），英国数学家、逻辑学家，被称为计算机科学之父、人工智能之父。1931 年，图灵进入剑桥大学国王学院，毕业后到美国普林斯顿大学攻读博士学位，第二次世界大战爆发后回到剑桥，后曾协助军方破解德国的著名密码系统 Enigma，帮助盟军取得了二战的胜利。图灵对于人工智能的发展有诸多贡献，提出了一种用于判定机器是否具有智能的试验方法，即图灵试验，至今，每年都有图灵试验的比赛。此外，图灵提出的著名的图灵机模型为现代计算机的逻辑工作方式奠定了基础。

2．冯·诺依曼体系

1946 年，世界上第一台由电子管组成的电子数字积分器和计算机（Electronic Numerical Integrator and Computer，ENIAC）在美国宾夕法尼亚大学研制成功。它装有 18000 个真空管、7000 个电子继电器、70000 个电阻器和 18000 个电容器，8 英尺高，3 英尺宽，100 英尺长，总质量有 30 吨之巨，运算速度为 5000 次/s，具体场景如图 3-2 所示。

图 3-2　第一台电子计算机

在第一台的计算机的研制过程中，冯·诺依曼仔细分析了该计算机存在的问题，于 1953 年 3 月提出了一个全新的通用计算机方案——EDVAC（Electronic Discrete Variable Automatic Computer，埃德瓦克）方案。在该方案中，冯·诺依曼提出了三个重要设计思想。

（1）计算机由运算器、控制器、存储器、输入设备和输出设备五个基本部分组成。

（2）采用二进制形式表示计算机的指令和数据。

（3）将程序（由一系列指令组成）和数据存放在存储器中，并让计算机自动地执行程序。

这就是"存储程序和程序控制"思想的基本含义。EDVAC 奠定了现代计算机体系结构的基础。直至今日，一代又一代的计算机仍沿用这一结构，因此，后人将其称为"冯·诺依曼"计算机体系结构。

半个多世纪以来，计算机制造技术发生了巨大变化，但冯·诺依曼体系结构仍然沿用至今，人们总是把冯·诺依曼称为"计算机鼻祖"。

3. 冯·诺依曼计算机

冯·诺依曼提出的计算机体系结构，奠定了现代计算机的结构理念。由冯·诺依曼体系结构构成的计算机必须具有如下功能。

（1）把需要的程序和数据送至计算机中。

（2）必须具有长期记忆程序、数据、中间结果及最终运算结果的能力。

（3）具有完成各种算术、逻辑运算和数据传送等数据加工处理的能力。

（4）能够根据需要控制程序走向，并能够根据指令控制机器的各部件协调操作。

（5）能够按照要求将处理结果输出给用户。

根据上述功能要求，冯·诺依曼计算机由控制器、运算器、存储器、输入设备、输出设备组成，如图 3-3 所示。显然，将指令和数据同时存放在存储器中，是冯·诺依曼计算机的特点之一。

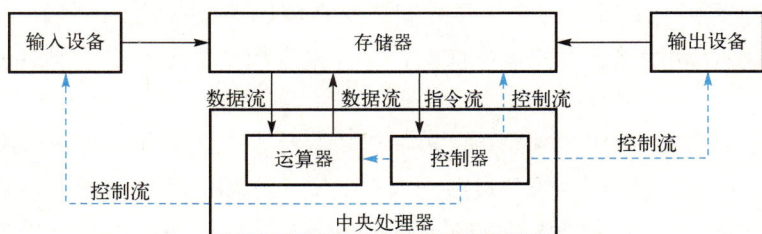

图 3-3 冯·诺依曼计算机体系结构

下面对冯·诺依曼计算机的基本功能模块进行具体介绍。

（1）运算器

运算器又称算术逻辑单元（Arithmetical and Logical Unit，ALU）。ALU 负责算术运算和逻辑运算。算术运算包括加、减、乘、除等基本运算；逻辑运算包括逻辑判断、关系比较及其他的基本逻辑运算，如"与""或""非"等。

（2）控制器

控制器是整个计算机系统的指挥控制中心，它控制计算机各部分自动、协调地工作，保证计算机按照预先规定的目标和步骤有条不紊地进行操作及处理。控制器和运算器合称为中央处理单元，即 CPU（Central Processing Unit），它是计算机的核心部件，其性能指标主要有工作速度和计算精度，对机器的整体性能有全面的影响。

（3）存储器

存储器是计算机的"记忆"装置，它的主要功能是存储程序和数据，并能在计算机运行过程中高速、自动地完成程序或数据的存取。计算机存储信息的基本单位是位（bit），每 8 位二进制数合在一起称为一字节（Byte，简称 B）。存储器的一个存储单元一般存放一字节的信息。存储器是由成千上万个存储单元构成的，每个存储单元都有唯一的编号，称为地址。衡量存储器性能优劣的主要指标有存储容量、存储速度、可靠性、功耗、体积、重量、价格等。

（4）输入设备

用来向计算机输入各种原始数据和程序的设备称为输入设备。输入设备把各种形式的信息，如数字、文字、声音、图像等转换为数字形式的编码，即计算机能够识别用 1 和 0 表示的二进制代码，并把它们"输入"到计算机的内存中存储起来。键盘是标准的输入设备，除此之外还有鼠标、扫描仪、光笔、数字化仪、麦克风、视频摄像机等。

（5）输出设备

从计算机输出各类数据或计算结果的设备叫作输出设备。输出设备把计算机加工处理的结果（仍然是数字形式的编码）变换为人或其他设备所能接收和识别的信息形式，如文字、数字、图形、图像、声音等。常用的输出设备有显示器、打印机、绘图仪、音响等。

通常，我们把输入设备和输出设备统称为输入/输出设备（简称 I/O 设备）。

4. 冯·诺依曼计算机的工作原理

在具备冯·诺依曼体系结构的计算机中，数据和程序均采用二进制形式表示，按照工作人员思想编制好的程序（即指令序列）预先存放在存储器中（即程序存储），使计算机能够在控制器管理下自动、高速地从存储器中取出指令，根据指令给出的要求通过运算器等加以执行（即程序控制）。

根据上述程序存储与程序控制思想，冯·诺依曼计算机的工作过程可以描述如下。

第一步：将程序和数据通过输入设备送入存储器，初始化程序指针，启动运行。

第二步：计算机的 CPU 根据程序指针的值，从存储器中取出程序指令送到控制器去分析和识别，根据分析识别结果，确定该指令的功能和含义。

第三步：控制器根据指令的功能和含义，发出相应的命令（如打开或关闭数据通路上的开关），将存储单元中存放的操作数据取出，并送往运算器进行运算（如进行加法、减法或逻辑运算等），再把运算结果送回存储器指定的单元中。

第四步：当运算任务完成后，就可以根据指令将结果通过输出设备输出。

第五步：修改程序指针，指向下一条指令，重复第二至第五步。

3.2.2　单台计算机系统的组成

单台计算机系统是指一种大小、价格和性能适用于个人使用的多用途计算机。微型计算机（也称台式机）、笔记本电脑、平板电脑和智能手机等都属于这个范畴。

（1）台式机是主机和显示器各自独立并可分开放置的一种计算机。相对于笔记本电脑和平板电脑，台式机体积较大，主机与显示器之间通过线缆连接，一般需要放置在电脑桌或者专门的工作台上，因此被命名为台式机。

（2）笔记本电脑，简称笔记本，又称手提电脑、掌上电脑或膝上型电脑，其特点是将主机和显示器整合成一体，机身小巧，携带方便，通常重 1 至 3 公斤。随着集成电路技术的快速发展，笔记本电脑的趋势是体积越来越小，重量越来越轻，功能越来越强。目前，全球市场上有很多品牌的笔记本电脑，如联想（Lenovo）、苹果（Apple）、惠普（HP）、戴尔（DELL）、宏碁（Acer）等。

（3）平板电脑，也称便携式电脑，是一种小型、方便携带的个人电脑，以触摸屏作为基本的输入设备。它拥有的触摸屏（也称为数位板）允许用户通过触控笔或数字笔来进行书写和操作，而不再需要传统的键盘或鼠标。用户可以通过内建的手写识别、语音识别、虚拟键盘或者外接键盘实现输入。2010 年 1 月，苹果公司发布了第一代平板电脑 iPad；2012 年 6 月，微软发布了 Surface 平板电脑。

（4）智能手机，是指具有独立操作系统，触摸显示屏，可以由用户自行安装软件、游戏、导航等第三方服务商提供的程序，并可以通过移动通信网络来实现无线接入的手机类型的总称。从 2019 年开始，智能手机的发展趋势是充分加入了人工智能、5G 通信等多项专利技术，智能手机已经成为用途最为广泛、生活必不可分的随身携带产品。

一个单台计算机系统通常由硬件和软件两部分组成，如图 3-4 所示。

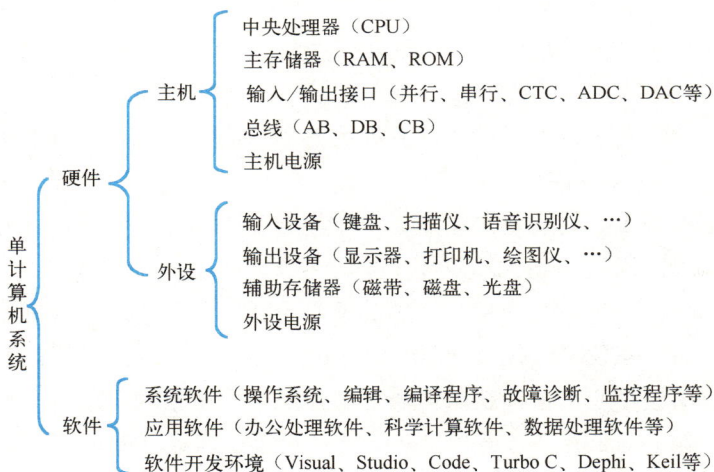

图 3-4　单台计算机系统的基本组成

硬件是指计算机系统中的实体部分，包括主机和外设，它由电子的、磁性的、机械的、光的元器件组成。中央处理器、主存储器、输入/输出接口、总线和主机电源等构成主机；输入设备、输出设备、辅助存储器和外设电源等构成外设。

软件是指在计算机硬件上运行的各种程序和有关文档的总称，包括系统软件、应用软件和软件开发环境三大类。系统软件包括操作系统、各种语言处理程序、服务支撑软件和数据库管理系统等；应用软件是指专门为某个应用目的而编制的软件系统，如文字处理软件、表格处理软件、媒体播放软件、统计分析软件、计算机仿真软件、过程控制软件、病毒防治软件以及其他应用于国民经济各行各业的应用软件；软件开发环境包括各类程序设计软件。

没有软件的计算机称为裸机，裸机是不能使用的，在裸机之上配置若干软件之后所构成的系统称为计算机系统。计算机系统的功能是通过软件和硬件共同体现的，硬件好比计算机的"躯体"，而软件犹如计算机的"灵魂"，两者相辅相成、互相渗透，在功能上并无严格的分界线。

在计算机技术的发展过程中，计算机软件随硬件技术的发展而发展，反过来，软件的不断发展与完善，又促进了硬件的新发展，两者的发展密切地交织着。从原理上来说，具备了最基本的硬件之后，某些硬件的功能可由软件实现——即软化；反之，某些软件的功能也可由硬件实现——即固化。从这个概念说，软件和硬件在逻辑功能上具有等价性。计算机在短短的 80 多年里经过了电子管、晶体管、集成电路（IC）和超大规模集成电路（VLSI）四个发展阶段，单台计算机的体积越来越小，功能越来越强，价格越来越低，应用越来越广泛，目前正朝着多核化、多媒体化、微型化、智能化和网络化等方向发展。

1. 计算机硬件

微型计算机（Microcomputer）也由硬件和软件两大部分构成。硬件部分由主机和外设组成。主机由微处理器、存储器、输入/输出接口（I/O 接口）和总线等组成；外设由显示器、键盘、鼠标、音箱等部分组成。这些硬件的功能各异，各自完成相应的工作，如输入、输出、运算和存储。

主机是微型计算机系统的核心部件，通常采用总线结构，CPU、存储器、输入/输出接口等均挂接在总线上，外设通过总线和输入/输出接口与主机互连，完成各种输入/输出功能。

计算机的外设种类繁多，不同设备可以满足人们使用计算机时的各种不同需要。下面介绍几种最常用的输入/输出设备。

（1）键盘（keyboard）：键盘是最基本、最常用的输入设备，用户通过键盘可将程序、数据、控制命令等输入计算机。

（2）鼠标（mouse）：鼠标是一种很有用的输入设备，用于快速的光标定位，特别是在绘图时，是非常方便的。在使用鼠标时应将其连接到主机箱背面的串行接口插座 PS-2 或 USB 接口上。鼠标的驱动程序通常包括在操作系统中，通常不用单独安装驱动程序。

（3）光电扫描仪（scanner）：光电扫描仪可将图像扫描成点的形式存放在磁盘上，还可以通过专用的软件来识别标准的英文和汉字，将其转换成文本文件的形式存于计算机中，并通过文字处理软件进行编辑。

（4）显示器（monitor）：显示器又称监视器，是计算机的基本输出设备。显示器按色彩可分为单色的和彩色两种，按分辨率及可显示的颜色数可分为 MDA、CGA、EGA、VGA、TVGA 等显示模式。分辨率是指在显示器上所能描绘的点的数量（像素），即显示器的全屏能显示的像素数目，有 800×600、1024×768、1280×1024 等规格。分辨率越高，显示的图像越细腻。

（5）打印机（printer）：打印机也是计算机上常用的一种输出设备。打印机分为通用打印机和专用打印机两种。通用打印机常用的有三种，分别是激光打印机、喷墨打印机和针式打印机。专用打印机的类型繁多，典型的是票据打印机。

（6）辅助存储器：通常，计算机系统中的存储容量总是有限的，远远不能满足存放数据的需要。因此，一般的计算机系统都要配备更大容量且能脱机永久保存信息的辅助存储器（也称外存储器）。外存中的数据一般不能直接被送到运算器，只能成批地将数据转运到内存，再进行处理。常用的外存有硬盘、光盘、U 盘等。

2. 计算机软件

计算机软件是计算机运行与工作的"灵魂"，不配置计算机软件的计算机什么事情都做不成。按计算机软件的功能可分为系统软件、应用软件和软件开发环境三大类。下面对系统软件和应用软件进行详细介绍。

（1）系统软件

系统软件是指管理、控制和维护计算机及其外部设备、提供用户与计算机之间操作界面等方面的软件，它并不专门针对具体的应用问题。具有代表性的系统软件有：操作系统、数据库管理系统等，其中最重要的系统软件是操作系统。

操作系统（Operating System，OS）是现代计算机系统中必须配备的一个系统软件，是用于管理和控制计算机所有软/硬件资源的一组程序。操作系统直接运行在计算机硬件（俗称裸机）之上，其他的软件（包括系统软件和大量的应用软件）都建立在操作系统基础之上，并得到它的支持和取得它的服务，如图 3-5 所示。操作系统的性能好坏在很大程度上决定了计算机系统工作的优劣。

如果没有操作系统的功能支持，人就无法有效地操作计算机。因此，操作系统是计算机硬件与其他软件的接口，也是用户和计算机之间的接口。操作系统在计算机中的作用可概括为以下两点。

图 3-5　计算机软/硬件与操作系统的关系

① 控制和管理计算机的硬件资源和软件资源，使得计算机的资源能得到充分利用；合理组织计算机的工作流程，以便提高系统的处理能力。其中，软件资源包括有关程序和文档，硬件资源包括 CPU、主存和外围设备等。

② 为用户提供一个良好的人机界面，有了这个界面，用户可以不必了解计算机内部的软硬件细节，而直接使用操作系统提供的各种键盘命令、图标、菜单及系统功能调用等，来达到使用和控制计算机的目的。

目前，常用的台式计算机操作系统有：麒麟、Windows、UNIX、Linux、macOS 等；常用的手机操作系统有谷歌的安卓（Android）、苹果的 iOS、华为的鸿蒙（Harmony）、微软的 Windows Phone/Mobile 等。

（2）应用软件

应用软件是指专门为解决某个应用领域内的具体问题而编制的软件（或实用程序）。如文字处理软件、计算机辅助设计软件、企事业单位的信息管理软件，以及游戏软件等等。应用软件一般不能独立地在计算机上运行而必须有系统软件的支持。应用软件，特别是各种专用软件包也经常是由软件厂商提供的。

系统软件和应用软件之间并没有严格的界限。处于它们两者中间的，还有一类软件不易分清其归属。例如，目前有一些专门用来支持软件开发的软件系统（软件工具），包括各种程序设计语言（编程和调试系统）、各种软件开发工具等等，它们不涉及用户具体应用的细节，但是能为应用开发提供支持。它们是一组"中间件"，这些中间件的特点是，它们一方面受操作系统的支持，另一方面又用于支持应用软件的开发和运行。当然，有时也把上述的程序开发工具称为系统工具软件或应用软件。

从总体上来说，无论是系统软件还是应用软件，都朝着外延进一步"傻瓜化"，内涵进一步"智能化"的方向发展，即软件本身越来越复杂，功能越来越强，但用户的使用越来越简单，操作越来越方便。

3.3　计算机的数字化编码

计算机的基本功能是对数字、文字、声音、图形、图像和视频等信息数据进行加工处理。信息数据可以分为两大类：一类是数值型数据，如+815、−3.1415、5678 等，有"量"的概念；另一类是非数值型数据，如字母、图片和符号等。无论是数值型数据还是非数值型数据，在计算机中都需要事先对其进行二进制编码，才能进行存储、传送和加工等处理。因此，学习大学计算机等基础课程，首先必须掌握计算机的数制及其处理方法。

3.3.1　计算机的数制

数制是指数据的进制表示方式。在日常生活中，人们通常采用十进制（decimal）来表示数据。但在计算机中，由于受到电子元器件技术的限制，计算机采用二进制（binary）来表示数据。因此，理解二进制和十进制间的映射关系就十分重要。

1. 十进制

人类算数采用十进制，可能与人类有十根手指有关。从现已发现的商代陶文和甲骨文中，可以看到中国古代已能够用一、二、三、四、五、六、七、八、九、十、百、千、万等十三个数字记录十万以内的任何自然数。

亚里士多德称：人类普遍使用十进制，是因为绝大多数人生来就有十根手指。实际上，在古代世界独立开发的有文字的记数体系中，除了巴比伦文明的楔形数字为六十进制，玛雅数字为二十进制外，几乎全部为十进制。

十进制基于"位进制"和"十进位"两条原则，即数字都用十个基本的符号表示，满十进一，同时同一个符号在不同位置上所表示的数值不同，符号的位置非常重要。基本符号是 0 到 9 共十个数字。要表示这十个数的 10 倍，就将这些数字左移一位，用 0 补上空位，即 10,20,30,…,90；要表示这十个数的 100 倍，就继续左移数字的位置，即 100,200,300,…,900。要表示一个数的 1/10，就右移这个数的位置，需要时用 0 补上空位。例如，1/10 为 0.1，1/100 为 0.01，1/1000 为 0.001。

2．二进制

德国数学家莱布尼茨是世界上第一个提出二进制记数法的人，只使用了 0 和 1 两个符号，没有使用其他符号。

在计算机中，由于数据以器件的物理状态表示，容易寻找或制造具有两种不同状态的电子元件（如电子开关的接通与断开、晶体管的导通与截止等），而要找到具有十种稳定状态的元件来对应十进制的十个数就不容易。所以，计算机内部一律采用二进制来表示数据。二进制的两种不同状态刚好实现了逻辑值的真与假。

二进制数由数码 0 和 1 组成，基数为 2，用 B 表示，采用"逢二进一"进位方式，例如，11101011.11101B。

采用二进制可以简化运算：两个二进制数的和、积运算组合起来各有三种，运算规则简单，有利于简化计算机内部结构，提高运算速度。

在计算机二进制表示中，为了便于表示和记忆，设置了位（bit）、字节（byte）、字（word）和双字（double word）等多种数据表示单位。

（1）位

位是计算机内部编码的最基本单位。在计算机中，程序和数据都是用二进制数码表示的，一个二进制位只能表示两种状态位，即 0 和 1。位是计算机存储数据的最小单位。

（2）字节

字节是数据处理的基本单位。一个字节等于八个二进制位。通常 1 字节可存放 1 个西文字符或符号，2 字节可以存放 1 个汉字。以字节作为度量的单位有 B（字节）、KB（千字节）、MB（兆字节）、GB（吉字节）和 TB（太字节），其中，1KB=1024B、1MB=1024KB、1GB=1024MB、1TB=1024GB。例如，某台计算机配有 1024MB 内存，则指该台计算机的内存容量为 1024MB，即 1GB。

（3）字和双字

一个字等于 2 字节；一个双字等于 2 个字，即 4 字节。当然，在有些计算机系统中，字是个通用概念，它表示计算机在进行数据处理时，一次存取和传送的数据长度称为字，这里的一个字通常由一或多字节组成，它决定了计算机数据处理的效率。因此，字长是衡量计算机性能的一个重要指标。一般来说，字长越长，则计算机性能越强。

3．八进制和十六进制

由于一个二进制数需要的位数较多，因此书写不方便，记忆也困难。在计算机编程中，人们为了书写方便，还经常使用八进制（octal）和十六进制（hexadecimal）来表示数据。

八进制是一种以 8 为基数的记数法，由数码 0、1、2、3、4、5、6、7 共八个数组成，常用大写字母 O 或 Q 表示，采用"逢八进一"进位方式，例如，353.72Q 或 53.72Q。

八进制表示法在计算机系统中不是很常见。但还是有一些早期的 UNIX 操作系统的应用在使用八进制，所以有一些程序设计语言提供了使用八进制符号来表示数字的能力。在这些编程语言中，常常以数字 0 开始表明该数字是八进制数。

十六进制是一种以 16 为基数的记数法，由数码 0～9 和字母 A～F 组成（其中，A～F 分别表示 10～15），常用字母 H 或 h 标识，采用"逢十六进一"的进位方式，例如，8A.E8H。

在历史上，我国曾经在重量单位上使用过十六进制，如规定 16 两为一斤。

如今，十六进制普遍应用在计算机领域。但是，不同计算机系统和编程语言对于十六进制数的表示方式有所不同。

（1）在 C 语言、C++、Shell、Python、Java 语言中，使用字首"0x"表示十六进制数，例如"0x5A39"，其中，"x"可以大写也可以小写。

（2）在 Intel 微处理器的汇编语言中，使用字尾"h"来表示十六进制数。若该数以字母起首，则在前面会增加一个"0"。例如"0A3C8h""5A39h"等。

（3）在 HTML 网页设计语言中，使用前缀"#"来表示十六进制数。例如，用#RRGGBB 的格式来表示字符颜色。其中 RR 是颜色中红色成分的数值，GG 是颜色中绿色成分的数值，BB 是颜色中蓝色成分的数值。

3.3.2　不同进制数之间的转换

计算机内部使用二进制表示信息，但是，为了方便人们识读，通常需要将二进制数转换成八、十、十六进制数，反之亦然。下面介绍二、八、十、十六进制之间的数据转换方法。

1. 二进制数与十六进制数的转换

将一个二进制数转换成十六进制数的方法是：将二进制数的整数部分和小数部分分别进行转换，即以小数点为界，整数部分从小数点开始往左数，每 4 位为一组，当最左边的数不足 4 位时，可根据需要在数的最左边添加若干个"0"以补足 4 位；对于小数部分，从小数点开始往右数，每 4 位为一组，当最右边的数不足 4 位时，可根据需要在数的最右边添加若干个"0"以补足 4 位，最终使二进制数的总位数是 4 的倍数，然后用相应的十六进制数取而代之。

例如，111011.1010011011B = 0011 1011.1010 0110 1100B = 3B.A6CH。

要将十六进制数转换成二进制数，只要先将 1 位十六进制数写成 4 位二进制数，然后将整数部分最左边的"0"和小数部分最右边的"0"去掉即可。

例如，3B.328H = 0011 1011.0011 0010 1000B = 111011.001100101B。

2. 二进制数与八进制数的转换

二进制数转换为八进制数的方法是：将二进制数的整数部分和小数部分分别进行转换，即以小数点为界，整数部分从小数点开始往左数，每 3 位分成一组，当最左边的数不足 3 位时，在数的最左边填"0"以补足 3 位；对于小数部分，从小数点开始往右数，每 3 位为一组，当最右边的数不足 3 位时，在数的最右边添"0"以补足 3 位。最后，每 3 位为一组，分别用 0 至 7 之间的数替换，转换完成。

例如，11110101111.1101B = <u>0</u>11 110 101 111.110 <u>10</u>0 B = 3657.64Q。

要将八进制数转换成二进制数，只要先将 1 位八进制数写成 3 位二进制数，然后将整数部分最左边的"0"和小数部分最右边的"0"去掉即可。

例如，3657.64Q = <u>0</u>11 110 101 111.110 <u>10</u>0 B = 111011.001100101B

3．二进制数与十进制数的转换

要将一个二进制数转换成十进制数，只要把二进制数的各位数码与它们的权相乘，再把乘积相加，就能得到对应的十进制数，这种方法称为按权展开相加法。

例如，100011.1011B = $1 \times 2^5 + 1 \times 2^1 + 1 \times 2^0 + 1 \times 2^{-1} + 1 \times 2^{-3} + 1 \times 2^{-4}$ = 35.6875D。

在这里，2^5、2^1、2^0、2^{-1}、2^{-3} 和 2^{-4} 分别为不同二进制位的权。

4．十进制数与二进制数的转换

要将一个十进制数转换成二进制数，通常采用的方法是基数乘除法。这种转换方法是对十进制数的整数部分和小数部分分别进行处理，整数部分用除基取余法，小数部分用乘基取整法，最后将它们拼接起来即可。

（1）十进制整数转换为二进制整数（除基取余法）

将十进制整数转换为二进制整数需采用余数法，即除基取余数。具体过程为：先把十进制整数逐次用相应进制数的基数（这里为 2）去除，直到商是 0 为止，然后将所得到的余数由下而上排列即可。

例如，把十进制整数 75 转换成二进制整数。设

$$(75)_{10}=(K_nK_{n-1}K_{n-2}\cdots K_1K_0)_2$$

现在的任务是要确定 $K_nK_{n-1}K_{n-2}\cdots K_1K_0$ 的值。按照二进制的定义，上式可以写成

$$(75)_{10}=K_n2^n+ K_{n-1}2^{n-1}+K_{n-2}2^{n-2}\cdots K_12^1+K_0 = 2(K_n2^{n-1}+ K_{n-1}2^{n-2}+K_{n-2}2^{n-3}\cdots K_1)+K_0$$

上式两边同除以 2 得到

$$75/2 =(K_n2^{n-1}+ K_{n-1}2^{n-2}+K_{n-2}2^{n-3}\cdots K_1)+K_0/2$$

该式表明 K_0 是 75/2 的余数，故 $K_0 =1$。

此式又可以写成

$$(75-K_0)/2=37=2(K_n2^{n-2}+ K_{n-1}2^{n-3}+K_{n-2}2^{n-4}\cdots K_2)+K_1$$

同理可以求得 $K_1=1$。如此进行下去，求得所有的 K_i。该方法就是所谓的余数法，如图 3-6 所示。

（2）十进制小数转换为二进制小数（乘基取整法）

将十进制小数转换为二进制小数的规则是：乘以基数（这里为 2）取整数，先得到的整数为高位，后得到的整数为低位。

具体的做法是：先用 2 连续去乘十进制数的小数部分，直至乘积的小数部分等于 0 为止，然后按顺序排列每次乘积的整数部分（先取得的整数为高位），便得到与该十进制数相对应的二进制数各位的数值。

求解步骤	算术表达式	被除数（商）	除数（基数）	余数	K_i
第 1 步	75/2=37	75	2	1	K_0
第 2 步	37/2＝18	37	2	1	K_1
第 3 步	18/2=9	18	2	0	K_2
第 4 步	9/2=4	9	2	1	K_3
第 5 步	4/2=2	4	2	0	K_4
第 6 步	2/2＝1	2	2	0	K_5
第 7 步	1/2＝0	1	2	1	K_6

结果：$(75)_{10}=(K_6 K_5 K_4 K_3 K_2 K_1 K_0)_2=(1001011)_2$

图 3-6　十进制整数与二进制整数的转换过程

例如，将 0.8125D 转换成二进制数，其转换过程如下。

$0.8125 \times 2 = 1.625$　　取整数 1（高位）

$0.625 \times 2 = 1.25$　　取整数 1

$0.25 \times 2 = 0.5$　　取整数 0

$0.5 \times 2 = 1.0$　　取整数 1（低位）

转换结果为 0.1101B。由此可见，若要将十进制数 135.8125 转换成二进制数，则应先对整数部分和小数部分分别进行转换，然后再进行整合，最终的结果为 135.8125D=10000111.1101B。

值得注意的是，十进制小数常常不能准确地换算为等值的二进制小数，存在一定的换算误差。例如，将 0.5627D 转换成二进制数，具体转换过程如下。

$0.5627 \times 2 = 1.1254$

$0.1254 \times 2 = 0.2508$

$0.2508 \times 2 = 0.5016$

$0.5016 \times 2 = 1.0032$

$0.0032 \times 2 = 0.0064$

$0.0064 \times 2 = 0.0128$

…

由于小数位始终达不到 0，因此这个过程会不断进行下去。通常的做法是：根据精度要求，截取一定的数位即可，保证其误差值小于截取的最低一位数的权。例如，当要求二进制数取 m 位小数时，一般可求 $m+1$ 位，然后对最低位做"0 舍 1 入"处理。

例如 0.5627D = 0.100100…B，若取精度为 5 位，则因为小数点后第 6 位为"0"，所以被舍去，故 0.5627D = 0.10010B。

5. 通用记数系统

通过上面的讲解可以发现，任何一种进制都可以通过"按权展开相加法"转换成十进制数。因此我们可以定义一个通用记数系统如下：

设 b 为某种进制数（这里 b 是一个正自然数），则该进制序列为 $a_n a_{n-1} \cdots a_2 a_1 a_0 . c_1 c_2 c_3 \cdots c_{m-1} c_m$ 在基数 b 的通用记数系统中，可以表示为

$$(a_n a_{n-1} \cdots a_2 a_2 a_0 . c_1 c_2 c_{m-1} c_m)_b = \sum_{k=0}^{n} a_k b^k + \sum_{k=1}^{m} c_k b^{-k}$$

例如，将八进制数 15.36Q 转换为十进制数，这里 $b = 8$, $a_1=1$, $a_2=5$, $c_1=3$, $c_2=6$。

因此，15.36Q = $1 \times 8^1 + 5 \times 8^0 + 3 \times 8^{-1} + 6 \times 8^{-2}$ = 8 + 5 + 3/8 + 6/64 = 13.46875D。

显然，该结果与前面的两阶段转换方法的结果一致。

3.3.3　字符编码

计算机中的信息包括字母、各种控制符号、图形符号等，它们都必须以二进制编码方式存入计算机并加以处理。由于字符编码方案涉及信息表示交换处理和存储的基本问题，因此都以国家或国际标准的形式颁布施行。

计算机中常用的字符编码有英文字符的 ASCII、中文字符的汉字机内码和多语种的混合编码等多种。

1. 英文字符的 ASCII 编码

ASCII 是美国标准信息交换代码，广泛用于小型机和各种微型计算机中。标准的 ASCII 由 7 位二进制数组成，其对应的国际标准为 ISO646，其字符编码表如表 3-1 所示，表中的列号（横轴）用 7 位 ASCII 的高 3 位二进制 $b_6 b_5 b_4$ 表示，行号（纵轴）用 ASCII 的低 4 位二进制数 $b_3 b_2 b_1 b_0$ 表示，表格的内容为对应 ASCII 的字符。

表 3-1　ASCII 的字符编码表

行 \ 列（高 / 低）		0	1	2	3	4	5	6	7
		000	001	010	011	100	101	110	111
0	0000	NUL	DLE	SP	0	@	P	`	p
1	0001	SOH	DC1	!	1	A	Q	a	q
2	0010	STX	DC2	"	2	B	R	b	r
3	0011	ETX	DC3	#	3	C	S	c	s
4	0100	EOT	DC4	$	4	D	T	d	t
5	0101	ENQ	NAK	%	5	E	U	e	u
6	0110	ACK	SYN	&	6	F	V	f	v
7	0111	BEL	STB	'	7	G	W	g	w
8	1000	BS	CAN	(	8	H	X	h	x
9	1001	HT	EM	)	9	I	Y	i	y
A	1010	LF	SUB	*	:	J	Z	j	z
B	1011	VT	ESC	+	;	K	[	k	{
C	1100	FF	FS	,	<	L	\	l	|
D	1101	CR	GS	–	=	M	]	m	}
E	1110	SO	RS	.	>	N	Ω	n	~
F	1111	SI	US	/	?	O	_	o	DEL

ISO646 标准定义了 128 个符号，在 128 个 ASCII 字符中，有 95 个是可显示和打印的字

符，包括 10 个十进制数（0～9）、52 个英文大写和小写字母（A～Z，a～z），以及若干个运算符和标点符号。例如，大写字母 A 的 ASCII 码为 1000001B（对应的十六进制数为 41H、十进制数为 65），空格的 ASCII 为 0100000B（对应的十六进制数为 20H、十进制数为 32）等。

除此之外，还有 33 个字符是不可显示和打印的控制符号，主要包括 LF（换行）、CR（回车）、FF（换页）、DEL（删除）、BS（退格）、BEL（振铃）和通信专用字符 SOH（文头）、EOT（文尾）、ACK（确认）等。这些字符原先用于控制计算机外围设备的某些工作特性，现在多数已被废弃。

虽然 ASCII 只用了 7 位二进制码，但由于计算机的基本存储单位是一个包含 8 个二进制位的字节，所以，在计算机中，每个 ASCII 还是用 1 字节表示，字节的最高位固定为 0。

显然，标准 ASCII 字符集字符数目有限，在实际应用中往往无法满足要求。为此，国际标准化组织（ISO）又制定了 ISO2022 标准，它规定了在保持与 ISO646 兼容的前提下，将标准 ASCII 字符集扩充为 8 位代码的统一方法。即通过将最高位设置为 1，ISO 陆续制定了一批适用于不同地区的扩充 ASCII 字符集，这些扩充字符的编码均为十进制数的 128～255，统称为扩展 ASCII。由于各国文字特征不同，因此每个国家可以使用不同的扩展 ASCII。我国汉字编码也利用了这一规则。

2．中文字符的汉字机内码

1981 年，我国制定了中华人民共和国国家标准信息交换汉字编码代号为 GB2312-80，在这种标准编码的字符集中一共收录了 7445 个汉字和图形符号，其中包括 6763 个常用汉字和 682 个图形符号。根据使用的频率，常用汉字又分为两个等级：一级汉字使用频率最高，包括 3755 个汉字，它覆盖了常用汉字数的 99%；二级汉字有 3008 个。一、二级合起来的使用覆盖率可以达到 99.99%。一级汉字按汉语拼音字母顺序排列，二级汉字则按部首排列。

为了表示 7445 个汉字和图形符号，如果使用只能支持 128 个字符的单一扩展 ASCII 显然无法满足汉字编码的需要。因此，就需要研究一种综合编码方法来支持汉字编码。

这种综合编码方法就是将汉字用两个扩展 ASCII 字节来表示。每个扩展 ASCII 字节最大可以支持 128 个字符，两个扩展 ASCII 字节进行行列交叉就可以支持最多 128×128=16384 个字符。

而实际上，GB2312-80 国标规定，汉字编码表有 94 行和 94 列，完全覆盖了 7445 个汉字和图形符号。其中行号 01～94 称为区号，列号 01～94 称为位号。行号和列号简单地组合在一起就构成了这个汉字的区位码。其中高两位为区号，低两位为位号。区位码可以唯一确定某一个汉字或符号，例如，汉字"啊"的区位码为 1601，其区号=16，位号=01。

GB2312 字符的排列分布情况见表 3-2。

表 3-2　GB2312 字符的排列分布情况

分区范围	符号类型
第 01 区	中文标点、数学符号以及一些特殊字符
第 02 区	各种各样的数学序号
第 03 区	全角西文字符
第 04 区	日文平假名

续表

分区范围	符号类型
第 05 区	日文片假名
第 06 区	希腊字母表
第 07 区	俄文字母表
第 08 区	中文拼音字母表
第 09 区	制表符号
第 10～15 区	无字符
第 16～55 区	一级汉字（以拼音字母排序）
第 56～87 区	二级汉字（以部首笔画排序）
第 88～94 区	无字符

GB2312 字符在计算机中存储是以其区位码为基础的，其中汉字的区码和位码分别占一个存储单元，每个汉字占两个存储单元。由于区码和位码的取值范围都是在 1～94 之间，这样的范围与西文的存储表示冲突。例如，汉字"珀"在 GB2312 中的区位码为 7174，其两字节表示形式为 71,74；而两个西文字符"GJ"的存储码也是 71,74。这种冲突将导致在解释编码时到底表示的是一个汉字还是两个西文字符将无法判断。

为避免与西文的存储发生冲突，GB2312 字符在进行存储时，通过将原来的每字节第 8 位设置为 1，用来与西文加以区别。如果第 8 位为 0，则表示西文字符，否则表示 GB2312 中的中文字符。在实际存储时，采用了将区位码的每字节分别加上 A0H（即 80H+20H）的方法转换为存储码。在这里，存储时编码值额外加上 20H 的目的是预留一定字符空间，以兼容其他字符代码。

这种区位存储码就形成了计算机内部存储和处理汉字的二进制代码，即汉字机内码（又称汉字内码）。例如，汉字"啊"的区位码为 1601，对应于十六进制的 10 01H，则其汉字机内码为 B0 A1H，其转换方法如下。

$$汉字机内码高位字节 = 区号的十六进制 + A0H = 10H + A0H = B0H$$
$$汉字机内码低位字节 = 位号的十六进制 + A0H = 01H + A0H = A1H$$

对于大多数计算机系统，一个汉字机内码占用 2 字节，利用扩展 ASCII 的高位置 1 原则，2 字节的最高二进制位均设置为 1，目标是用来区分计算机内部的标准 ASCII（因为标准 ASCII 的最高二进制位为 0）。

GBK 汉字内码扩展规范是对 GB2312-80 的扩展，共收录汉字 21003 个、符号 883 个，并提供 1894 个造字码位，简、繁体字融于一库。

Big5 是在中国台湾、香港与澳门地区使用的繁体中文字符集。Big5 是 1984 年台湾五大厂商宏碁、神通、佳佳、零壹以及大众一同制定的一种繁体中文编码方案，因其来源被称为五大码，英文写作 Big5，也被称为大五码。

3. 多语种的混合编码

如今，人类使用了接近 6800 种不同的语言。为了扩充 ASCII 编码，以用于显示本国的语言，不同国家和地区制定了不同的标准，由此产生了 GB2312. BIG5、JIS 等各自的编码标准。这些使用 2 字节来表示一个字符的各种汉字延伸编码方式，称为 ANSI 编码，又称为多字节字符集（MBCS）。

在简体中文系统下，ANSI 编码代表 GB2312 编码；在日文操作系统下，ANSI 编码代表 JIS 编码。所以，在中文 Windows 环境下，要转码成 GB2312，只需要把文本保存为 ANSI 编码即可。

由于不同国家或地区的 ANSI 编码之间互不兼容，因此当信息在各国间交流时，无法将属于两种语言的文字，存储在同一段 ANSI 编码的文本中。一个很大的缺点是，同一个编码值在不同的编码体系里代表着不同的字。这样就容易造成混乱，出现乱码。例如，当使用英文浏览器浏览中文网站的时，就无法显示正确的中文。

解决该问题的最佳方案是设计一种全新的编码方法，而这种方法必须有足够的能力来容纳全世界所有语言中任意一种语言的所有符号，这就是统一码 Unicode。

Unicode 为每种语言中的每个字符都设定了统一并且唯一的二进制编码，以满足跨语言、跨平台进行文本转换、处理的要求。

目前实际应用的 Unicode 对应于 2 字节通用字符集 UCS-2，每个字符占用 2 字节，使用 16 位的编码空间，理论上允许表示 2^{16}=65536 个字符，可以基本满足各种语言的使用需要。实际上，目前版本的 Unicode 尚未填满这 16 位编码，从而为特殊的应用和将来的扩展保留了大量的编码空间。

虽然这个编码空间已经非常大了，但设计者考虑到将来某一天它可能也会不够用，所以又定义了 UCS-4 编码，即每个字符占用 4 字节（实际上只用了 31 位，最高位必须为 0），理论上可以表示 2^{31}=2 147 483 648 个字符。

在个人计算机中，若使用扩展 ASCII、Unicode 的 UCS-2 字符集和 UCS-4 字符集分别表示一个字符，则三者之间的差别为：扩展 ASCII 用 8 位表示，Unicode 的 UCS-2 用 16 位表示，Unicode 的 UCS-4 用 32 位表示。

虽然 Unicode 统一了编码方式，但是它的效率不高。例如，UCS-4 规定用 4 字节存储一个符号，那么每个英文字母前都必然有 3 字节是 0，这对存储和传输来说都很浪费资源。

4．多语种混合的压缩编码

UTF-8 是一种针对 Unicode 码进行压缩的可变长度字符编码。它可以根据不同的符号自动选择编码的长短，其目的是提高 Unicode 的编码效率。

UTF-8 可以用来表示 Unicode 标准中的任何字符，而且其编码中的第一个字节仍与 ASCII 兼容，使得原来处理 ASCII 字符的软件无须或只进行少部分修改后，便可继续使用。因此，UTF-8 逐渐成为电子邮件、网页及其他存储或传送文字的应用中，优先采用的编码方式。

UTF-8 根据不同字符，使用 1～4 字节为每个字符进行编码，其编码规则如下。

（1）当为标准 ASCII 字符集时，采用 1 字节进行编码，对应 Unicode 范围为 U+0000～U+007F。

（2）当为带有变音符号的拉丁文、希腊文、西里尔字母、亚美尼亚语、希伯来文、阿拉伯文、叙利亚文等字母时，采用 2 字节编码，对应 Unicode 范围为 U+0080～U+07FF。

（3）当为中日韩文字、东南亚文字、中东文字等时，使用 3 字节进行编码。

（4）当为其他极少使用的语言字符时，使用 4 字节进行编码。

除了 UTF-8，目前还有 UTF-16 和 UTF-32。顾名思义，UTF-8 每次传输 8 位数据，而 UTF-16 每次传输 16 位数据，UTF-32 每次传输 32 位数据。

Unicode 与 UTF-8 之间的编码映射关系如表 3-3 所示。

表 3-3　Unicode 与 UTF-8 之间的编码映射关系

Unicode UCS-2	Unicode UCS-4	UTF-8
0000～007F	0000 0000～0000 007F	0xxxxxxx
0080～07FF	0000 0080～0000 07FF	110xxxxx 10xxxxxx
0800～FFFF	0000 0800～0000 FFFF	1110xxxx 10xxxxxx 10xxxxxx
	0001 0000～001F FFFF	11110xxx 10xxxxxx 10xxxxxx 10xxxxxx
	0020 0000～03FF FFFF	111110xx 10xxxxxx 10xxxxxx 10xxxxxx 10xxxxxx
	0400 0000～7FFF FFFF	1111110x 10xxxxxx 10xxxxxx 10xxxxxx 10xxxxxx 10xxxxxx

如果 Unicode 是 UCS-2，则 UTF-8 的长度为 1 至 3 字节；如果 Unicode 是 UCS-4，则 UTF-8 的长度是 1 至 6 字节，其中，除第 1 行外，后面 5 行的第一字节的高位 1 的数目就指明了这个 UTF-8 的字符使用的字节数目。

从 Unicode-2 转换到 UTF-8 的编码步骤如下。

（1）根据 Unicode 的编码范围，确定转换后的 UTF-8 需要的字节数，选取对应的 UTF-8 编码模板。

（2）将 Unicode 编码写成二进制序列，以二进制形式，从高到低位，依次填充到对应的 UTF-8 编码模板中"x"位置上。

（3）将填充完成的 UTF-8 编码模板按照十六进制读出，就是转换后的 UTF-8 编码。

例如，"汉"字的 Unicode UCS-4 编码是 U+00006C49，位于 00000800～0000FFFF 之间，需要 3 字节进行 UTF-8 编码，其编码模板为 1110xxxx 10xxxxxx 10xxxxxx。将 Unicode 编码 6C49 转换为二进制序列 0110 1100 0100 1001，将该序列从高到低位，依次填充到编码模板中，得到 1110 0110 101100 01 10 00 1001，将其转换成十六进制数就是 E6 B1 89。因此，"汉"字的 UTF-8 编码就是 E6B189，共 3 字节。

读者也可以使用各类网络在线工具，实现各种字符的 Unicode 编码和 UTF-8 编码。

3.3.4　字形编码

ASCII、汉字机内码、Unicode 码和 UTF-8 码都是一种文字编码方法，不能直接在显示器上进行文字显示。若要在显示器上进行显示，不管是中文汉字还是英文字母和数字，都需要为其构建相对应的点阵字库或矢量字库。我们把为中英文字符构建点阵字库或矢量字库的过程，称为字形编码。

1. 中文字符显示的点阵编码

为了将中英文字符显示在显示器上，就必须为每个字符设计一套点阵字库（或称点阵图形）。不同的字体对应不同的点阵图形。如宋体的"汉"和楷体的"汉"，其点阵图形是不同的。

每个汉字都可以用一个矩形的黑白点阵来描述。在一个汉字的黑白点阵中，通常用 0 代表白色（不显示），1 代表黑色（显示）。如图 3-7 所示。根据汉字的显示精度不同，汉字的点阵矩阵有 12×12、14×14、16×16、24×24、48×48 等多种。

例如，一个 16×16 点阵的"你"字，其点阵结构如图 3-7(a)所示。在图 3-7(a)中，黑色小方块用 1 表示，白色小方块用 0 表示。按照这一标准编码，16×16 点阵的"你"字的每行二进制位代码序列共 16 位，如图 3-7(b)所示；将每行的二进制序列转换为两个十六进制数，就可以得到一个 32 字节的"你"字的字模信息，如图 3-7(c)所示。

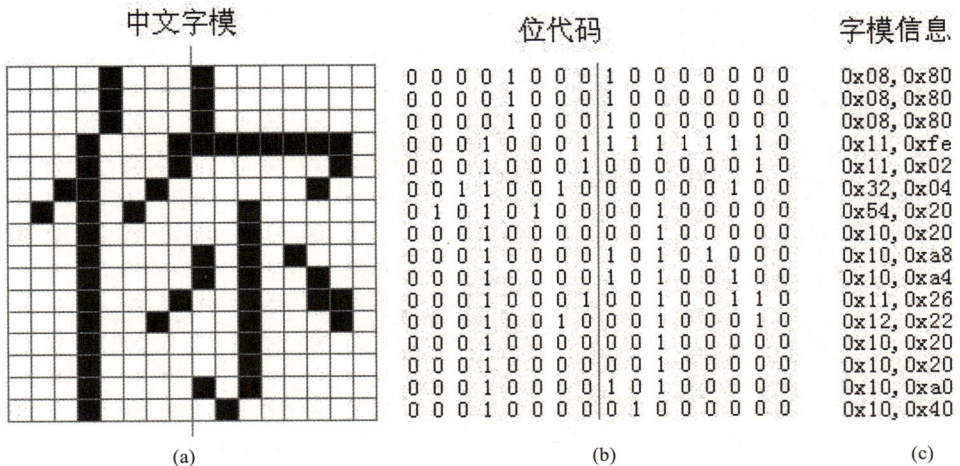

图 3-7 "你"字的点阵结构和字形编码

显然，已知汉字点阵的大小，就可以计算出存储一个汉字所需占用的字节空间。

例如，用 16×16 点阵表示一个汉字，就是将每个汉字用 16 行、每行用 16 个点表示，如果一个点需要 1 位二进制代码，那么 16 个点需用 16 位二进制代码（即 2 字节）。因为共 16 行，所以需要 16 行×2 字节/行=32 字节。即 16×16 点阵表示一个汉字，字形码至少需用 32 字节。即所需字节数=点阵行数×点阵列数/8。如果需要构造彩色字库，则一个汉字占用的存储空间就更大。

与中文汉字的字形编码方法类似，英文字母的显示也需要进行字形编码。

2. 中文字符显示的矢量编码

在实际应用中，同一个字符有多种字体（如宋体、楷体、黑体等），每种字体又有多种大小型号，因此，采用点阵方法构造的显示字库的存储空间就十分庞大。为了减少字库的存储空间，方便字体缩放，生成精美文字，就需要提出一种新的字形编码技术。

矢量字库就是这样一种技术，它通过数学曲线来对每个汉字进行描述，保存的是每个汉字的字形信息，例如，一个笔画的起始、终止坐标，半径、弧度和连线的导数等。在显示字形时，字体的渲染引擎先读取这些矢量信息，然后通过数学运算来进行显示。这类字库可以保证汉字在任意缩放下不变形，笔画轮廓仍然能保持圆滑和不变色。

在 Windows 操作系统中，既使用了点阵字库，又有矢量字库。在 FONTS 目录下，扩展名为 FON 的文件存储是点阵字库，扩展名为 TTF 的文件存储的则是矢量字库。

主流的矢量字库有三种：Type1、TrueType 和 OpenType。

（1）Type1 全称为 PostScript Type1，是 1985 年由 Adobe 公司提出的一套矢量字体标准，Type1 是非开放字体，使用 Type1 需要支付使用费用。

（2）TrueType 是 1991 年由 Apple 公司与 Microsoft 公司联合提出的另一套矢量字标准。Type1 使用三次贝塞尔曲线来描述字形，TrueType 则使用二次贝塞尔曲线来描述字形。所以 Type1 的字体比 TrueType 的字体更加精确美观。图 3-8 给出了华文黑体的一组矢量字体。

（3）OpenType：也称为 Type 2 字体，是由 Microsoft 公司和 Adobe 公司联合开发的一种轮廓字体，其性能优于 TrueType 并且支持跨平台功能。

为了生成精美的汉字字形，读者也可以使用网络上的在线工具。

图 3-8　华文黑体的一组矢量字体

3. 中文字符打印的字形编码

用于打印的字库称为打印字库，可分为软字库和硬字库两种。软字库以文件的形式存放在硬盘上，目前的计算机系统多采用这种方式；硬字库则先将字库固化在一个单独的存储芯片中，再与其他必要的器件组成接口卡，集成在计算机上或打印机内部，早期通常称之为汉卡，其工作时不像显示字库那样需要调入内存。

3.4　多计算机系统

人类对计算机性能的需求是永无止境的，在诸如人工智能、工程设计、自动化、能源勘探、医学、军事等领域内对计算机的能力提出了极高的且具有挑战性的要求。例如，要求在2 小时内完成 7 天的天气预报工作。而传统的单台计算机系统难以适应这样的应用需求，基于多计算机协作的多计算机系统的出现成为必然。这种多计算机系统从早期的同构并行计算系统演化成后来的异构并行计算系统，再从分布式异构的网格计算系统演化到如今的集中式云计算系统，呈螺旋式发展。各种类型的多计算机系统的出现，为并行计算、分布式计算提供了强有力的平台支持。

3.4.1　并行计算系统

并行计算（parallel computing）是指同时使用多种计算资源解决计算问题的过程，是提高计算机系统计算速度和处理能力的一种有效手段。它的基本思想是用多个处理器来协同求解同一问题，即将被求解的问题分解成若干个部分，各部分均由一个独立的处理机来并行计算。

并行计算系统既可以是专门设计的、含有多个处理器的超级计算机，也可以是以某种方式互连的若干台的独立计算机构成的集群。先通过并行计算集群完成数据的处理，再将处理的结果返回给用户。

根据并行计算系统使用的 CPU 的差异性，可以将并行计算系统分为同构并行计算系统和异构并行计算系统。

1．同构并行计算系统

同构并行计算通常指的是在一个计算系统中，所有的处理器或计算单元都是相同类型或具有相似能力。同构并行计算系统是指由多个相同的计算机系统通过网络连接起来所构建的一个多计算机系统。这意味着，所有的计算机的处理器都可以执行相同的指令集，并且具有相似的性能特征。传统的同构并行计算系统通常在一个给定的机器上使用一种并行编程模型，不能满足多于一种并行性的应用需求。

在同构并行计算系统上，由于存在不适合其执行的并行任务，这些任务在同构并行计算系统上将花费大量的额外开销。由此可见，如果将大部分任务（或子任务）映射在不合适其执行的机器上运行，则将引起计算系统的机器性能的严重下降，并使编程人员的优化调度努力失去意义。研究和开发支持多种内在并行应用的多计算系统是摆在科技工作者面前的重大挑战，其目的是提高计算效率，使得应用程序的执行能够接近其理论峰值性能。

2．异构并行计算系统

异构并行计算是指在一个计算系统中，存在不同类型的处理器或计算单元。这些处理器可能具有不同的指令集、性能特征和擅长的计算任务。在异构并行计算系统中，不同类型的处理器可以相互协作，共同完成计算任务。异构并行计算系统是指由一组异构机器通过高速网络连接起来、配以异构计算支撑软件所构成的一个多计算机系统。

一个异构并行计算系统通常包括若干异构的计算节点、互连的高速网络、通信接口以及编程环境等。异构并行计算系统支持具有多内在并行性的应用。它在析取计算任务并行性类型基础上，先将具有相同类型的代码段划分到同一个子任务中，然后根据不同并行性类型将各子任务分配到最适合执行它的计算资源上加以执行，达到使计算任务总的执行时间为最短的目的。显然，异构并行计算系统可以提高应用程序实际执行性能与其理论峰值性能的比值。

CUDA（Compute Unified Device Architecture）是由 NVIDIA 推出的一种通用并行计算架构，它是异构并行计算的一个重要实现。

CUDA 充分利用了 CPU 和 GPU 这两种不同类型的处理器。CPU 擅长流程控制和逻辑处理，而不规则数据结构、不可预测存储结构、单线程程序及分支密集型算法等任务对于 CPU 来说处理得游刃有余。相反，GPU 则擅长数据并行计算，它面对的是类型高度统一的、相互无依赖的大规模数据和不需要被打断的纯净的计算环境，对于规则数据结构以及可预测存储模式的任务能够高效处理。

在 CUDA 架构中，程序被分为两个部分：主机（host）端和设备（device）端。主机端通常在 CPU 上执行，负责处理逻辑控制和串行计算任务；而设备端则在 GPU 上执行，负责处理高度并行化的计算任务。这种分工使得 CPU 和 GPU 能够充分发挥各自的优势，共同提高计算性能。

CUDA 通过 CPU 和 GPU 的协同工作，实现了高性能的并行计算，可为科学研究、区块链共识、生物医学、金融计算、地理信息系统及深度学习等领域提供强大的计算能力支持。

3. 超级计算系统

高效能的并行计算系统又称为超级计算系统。2003 年，曙光 4000L 超级计算机登上全国十大科技进展的榜单。曙光 4000L 由 40 个机柜组成，峰值速度可以达到每秒钟 3 万亿次浮点计算。在用户需要的情况下，该系统还可扩展成为 80 个机柜，峰值速度达到每秒 6.75 万亿次浮点运算。

2009 年，中国首台千兆次超级并行计算系统"天河一号"研制成功。2010 年 11 月，"天河一号"在全球超级并行计算机前 500 强排行榜中位列第一。

2013 年，由国防科学技术大学研制的超级并行计算机系统"天河二号"，以峰值计算速度每秒 5.49×10^{16} 次、持续计算速度每秒 3.39×10^{16} 次双精度浮点运算的优异性能，成为全球最快超级并行计算系统。

2019 年 11 月，IBM 公司研发的超级计算系统"Summit"，在发布的全球超级计算 500 强榜单中，该系统以每秒 14.86 亿亿次的浮点运算速度获得冠军。

基于中国自主研发的神威 26010 众核处理器构建的"神威-太湖之光"超级计算系统，安装了 40960 个峰值性能 3168 万亿次每秒的国产处理器。2020 年 7 月，中国科大在"神威-太湖之光"上首次实现千万核心并行第一性原理计算模拟。

图 3-9 给出的是"天河二号"和"Summit"超级计算系统的外部架构。

（a）天河二号　　　　　　　　　（b）Summit（顶点）

图 3-9　两种典型多计算机并行计算系统的外部架构

3.4.2　网络计算系统

网络计算系统是一种分布式计算系统，旨在为各类研究者提供汇集全球各地大量个人计算机和服务器的强大运算能力，主要包括网格计算平台、云计算平台、移动边缘计算等。

1. 网格计算平台

网格计算（grid computing）是一种分布式计算范式，它将地理位置上分散的、异构的计算机资源（包括 CPU、存储器和数据库等）组成一个虚拟的、单一的、强大的计算机系统。这个系统能够充分利用互联网上的闲置处理能力来解决大型、复杂的计算问题。

网格计算平台是 2018 年公布的计算机科学技术名词。它是一种基于互联网的分布式计算平台。它通过系统软件把分布在不同地理位置的计算资源有效地集成和管理起来，能屏蔽计算、存储或软件资源的异构性，向编程人员提供单一系统映像，以及全局一致、安全友好的编程接口。

网格计算的主要特点如下。

（1）资源共享：网格计算允许不同地理位置的计算资源相互共享，从而形成一个强大的计算集群。

（2）高性能计算：通过整合大量计算机的计算能力，网格计算能够解决传统单机无法处理的复杂计算问题。

（3）动态适配：网格计算系统中的资源是动态变化的，新的资源可以随时加入，而不再需要的资源则可以退出。

网格计算可以为人工智能的数据处理、模型训练、算法优化等提供支撑。具体表现在以下三个方面。

（1）数据处理：在人工智能领域，大规模数据的处理和分析是至关重要的。网格计算提供了强大的计算能力，可以加速数据的处理和分析过程。例如，在大数据分析领域，网格计算可以帮助处理 PB 级别的数据，从而支持人工智能算法的训练和推理。

（2）模型训练：人工智能模型的训练需要大量的计算资源和时间。网格计算通过将计算任务分散到多个节点上，可以显著加速模型的训练过程。此外，网格计算还可以提供高性能的存储和 I/O 能力，支持大规模数据集的快速读/写。

（3）算法优化：人工智能算法的优化是一个持续的过程。网格计算提供了丰富的计算资源和并行能力，可以支持算法的高效优化和测试。例如，在机器学习领域，网格计算可以用于实现超参数调优、模型选择等任务，从而找到最优的算法配置。

网格计算和人工智能的结合在许多领域都有广泛的应用，主要表现在以下三个方面。

（1）科学计算：在物理学、化学、生物学等领域，网格计算可以支持大规模的科学计算任务，如模拟实验、数据分析等。同时，人工智能算法可以用于处理和分析这些计算产生的数据，从而发现新的科学规律和现象。

（2）医疗健康：在医疗健康领域，网格计算可以支持大规模的医疗影像分析、基因测序等任务。同时，人工智能算法可以用于诊断疾病、预测病情发展等。

（3）智能制造：在智能制造领域，网格计算可以支持生产线上的实时监控、质量控制等任务。同时，人工智能算法可以用于优化生产流程、提高生产效率等。

由此可见，网格计算和人工智能是相互依存、相互促进的两个领域。它们的结合为计算机科学的发展带来了新的机遇和挑战，同时也为各行各业的发展提供了强大的技术支持。

2. 云计算平台

在 2006 年的搜索引擎大会上，Google 公司的首席执行官埃里克·施密特首次提出"云计算"这一概念。云计算是一种基于互联网的计算方式，通过互联网提供动态、可扩展、虚拟化的资源和服务。云计算的主要特点如下。

（1）按需服务：用户可以根据需求随时获取计算能力、存储空间和信息服务等资源，而无须预先购买昂贵的硬件设备。

（2）资源共享：云计算通过网络将各种计算资源整合在一起，形成一个庞大的资源池，供用户共享使用。

（3）弹性扩展：云计算可以根据用户的需求自动调整资源规模，满足用户在不同时间段和不同应用场景下的需求。

云计算的应用场景非常广泛，包括人工智能、大数据分析、物联网、移动互联网、社交媒体等领域。通过云计算，企业可以降低成本、提高效率、增强创新能力，并快速响应市场变化。

云计算可为人工智能研究提供支撑，从而促进人工智能在诸多应用领域的创新，具体体现在如下方面。

（1）算力支撑：云计算为人工智能提供了强大的算力支撑。通过云计算，人工智能系统可以访问庞大的计算资源，从而加速模型的训练和推理过程。这种算力支撑使得人工智能系统能够处理更加复杂和大规模的任务。

（2）数据资源：云计算提供了丰富的数据资源，为人工智能系统的训练和优化提供了有力的支持。通过云计算，人工智能系统可以获取大量的数据样本，用于训练模型并提高其性能。

（3）服务创新：云计算与人工智能的结合催生了许多新的服务。例如，基于云计算的智能客服系统可以实时处理用户的咨询和投诉，提高客户满意度；基于云计算的智能推荐系统可以根据用户的兴趣和偏好，为其推荐合适的产品和服务。

随着云计算和人工智能技术的不断发展，它们之间的结合将更加紧密。未来，云计算将更加注重资源的优化和调度，为人工智能提供更加高效和稳定的算力支撑；同时，人工智能也将不断突破技术瓶颈，推动云计算的创新和应用。

3. 移动边缘计算

移动边缘计算是一种新兴的分布式计算模式，它结合移动通信技术和云计算技术，将计算资源和服务推向网络边缘。移动边缘计算将应用服务部署到边缘服务器上，以解决移动设备面临的计算能力不足、延迟高和能源消耗大等问题。

移动边缘计算具有许多优点，其中最重要的是将计算和存储推送到网络边缘，可以缩短数据传输和处理时间，提高服务质量和用户体验。此外，移动边缘计算还可以提高能源利用率，降低能耗成本，并且可以更好地保护用户隐私。

移动边缘计算的应用场景十分广泛，如智能城市、智能交通、工业物联网等。在智能城市中，移动边缘计算平台可以为城市提供更高效的交通管理、能源管理和智能安防服务。在智能交通中，移动边缘计算平台可以提高道路监测、车辆识别等服务的准确性和效率。在工业物联网中，移动边缘计算平台可以实现智能制造、智能物流等领域的优化。

3.5　GPU 并行计算系统

人工智能的 GPU（图形处理单元）并行计算系统是一种高效的计算架构，特别适用于处理人工智能领域中的大规模数据和复杂计算任务。

3.5.1　GPU 体系架构

GPU 并行计算系统的体系架构是专门设计用于高效处理大规模并行计算任务的。以下对 GPU 并行计算系统体系架构进行详细解析。

GPU 的体系架构和组成是高度专业化的设计，旨在提供高效的图形渲染和并行计算能力。以下是对 GPU 体系架构和组成的详细描述。

1. GPU 体系架构

GPU 体系架构主要包括计算单元、内存系统、多处理单元等几个关键部分。

（1）计算单元：GPU 的核心是计算单元，也称为 CUDA 核心（NVIDIA 架构）或流处理器（stream processor），能够处理各种数学和逻辑运算。这些计算单元负责执行图形渲染和并行计算任务。AMD 的 GPU 则使用类似的计算单元，但可能具有不同的名称和架构。

（2）内存系统：GPU 具有专门的内存系统，包括高速缓存（L1、L2 等）和显存（VRAM）。显存用于存储图形数据和计算中间结果，其容量和速度直接影响 GPU 的性能。高速缓存主要用于减少 GPU 访问主存的延迟，提高内存访问效率。

（3）多处理单元（SM/TPC）：在 NVIDIA 的 GPU 架构中，多个 CUDA 核心被组织成多处理单元（SM）。每个 SM 包含多个 CUDA 核心和内存，负责执行一个工作组的任务。TPC（Tessellation Processing Cluster）是另一种分组结构，可能包含多个 SM 或其他计算单元。

GPU 还可能包含其他专用单元，如光线追踪核心（RT core）、张量核心（Tensor core）等。这些单元针对特定的计算任务进行了优化，如光线追踪加速和张量计算。

2. GPU 并行计算体系架构

GPU 并行计算体系架构包括 GPU 核心、显存与显存控制器、电源管理单元、散热系统、接口电路和其他辅助组件等几个部分。

（1）GPU 核心：GPU 核心是 GPU 的大脑，包含多个计算单元和必要的控制逻辑。它负责执行图形渲染和并行计算任务。

（2）显存：显存是 GPU 专门用于存储图形数据的部分。它比普通内存更快速，可以更好地支持图形运算。显存的容量和速度对 GPU 的性能至关重要。

（3）显存控制器：显存控制器负责管理显存的数据传输和访问。它确保 GPU 核心能够高效地访问显存中的数据。

（4）电源管理单元：电源管理单元为 GPU 核心和其他组件提供稳定的电源供应。它确保 GPU 在正常运行时能够获得足够的电力。

（5）散热系统：散热系统包括风扇、散热片等组件，用于防止 GPU 过热。GPU 在高负载运行时会产生大量热量，散热系统能够确保 GPU 的温度保持在安全范围内。

（6）接口电路：接口电路包括 PCIe 接口等，用于 GPU 与主板之间的数据传输。这些接口提供了高速数据传输通道，确保 GPU 能够高效地与系统内存和其他组件进行通信。

（7）其他辅助组件：GPU 还可能包含其他辅助组件，如 BIOS（基本输入/输出系统）、时钟发生器、电压调节模块（VRM）等。这些组件在 GPU 的启动、运行和稳定性方面发挥着重要作用。

3.5.2　GPU 工作流程与应用

GPU 采用流式并行计算模式，可对每个数据行进行独立的并行计算。这种模式使得 GPU 能够高效地处理大规模并行计算任务。GPU 具有多级内存结构，包括寄存器、L1 缓存、L2 缓存、显存等。这些内存层次结构的设计旨在提高内存访问效率，减少延迟。随着技术的发展，GPU 逐渐具备了高度的可编程性。编程人员可以使用特定的编程语言（如 CUDA）为 GPU 编写程序，实现自定义的计算任务。

1. GPU 架构的工作流程

GPU 并行计算系统的体系架构具有高度的并行处理能力、优化的内存带宽和高度可编程性等特点。在 GPU 并行计算系统中，工作流程通常包括以下四个步骤。

（1）数据加载：将待处理的数据从 CPU 内存复制到 GPU 显存中。

（2）程序指令发送：CPU 将程序指令发送给 GPU，驱动 GPU 开始并行处理。

（3）并行计算：GPU 的多计算核心对显存中的数据并行执行相关处理指令。

（4）结果存储：将计算的最终结果存储在显存中，或根据需要复制到 CPU 内存。

GPU 计算的特点主要体现在其高效处理并行计算任务的能力上。以下是对 GPU 计算特点的归纳。

（1）高性能并行处理能力：GPU 拥有数千个甚至上万个小的处理单元（cores），每个单元都能够独立执行简单的计算任务。这种架构使得 GPU 能够同时处理多个任务，从而在处理大规模并行计算任务时具有显著的性能优势。GPU 的高并发性能使其能够高效地处理大量的并发任务，这对于人工智能领域中的大规模数据处理和模型训练至关重要。

（2）优化的内存带宽：GPU 的内存层次结构设计得更为高效，可以提供更高的内存带宽。这意味着 GPU 可以更快地读取和写入数据，从而提高并行计算的效率。优化的内存带宽对于减少数据传输的延迟、提高整个计算过程的性能具有重要作用。

（3）高度可编程性：随着技术的发展，GPU 逐渐具备了类似于 CPU 的可编程性。编程人员可以使用特定的编程语言（如 CUDA）为 GPU 编写程序，将计算任务映射到 GPU 的计算单元上。这种可编程性使得 GPU 能够灵活地应对各种计算任务，不仅限于图形渲染，还包括科学计算、数据分析、机器学习等领域。

2. GPU 系统在人工智能中的应用

（1）深度学习模型训练：GPU 并行计算系统能够加速深度学习模型的训练过程。通过并行处理大量数据和计算任务，GPU 可以显著缩短模型训练的时间。在深度学习领域，GPU 已经成为训练和推理的核心硬件之一。

（2）图像处理：GPU 在图像处理方面也具有显著的优势。通过并行处理图像数据，GPU 可以实现高效的图像平滑、边缘检测、分割等算法。这些算法在人工智能的计算机视觉领域中具有广泛的应用。

除了深度学习和图像处理，GPU 并行计算系统还可以应用于其他高性能计算任务，如科学计算、数值分析等。这些任务通常涉及大量的数据和复杂的计算过程，而 GPU 的并行处理能力可以显著提高这些任务的计算效率。

随着 GPU 架构和技术的不断发展，GPU 的性能将继续提高。这将进一步提高并行计算的性能，从而满足人工智能领域对更高计算能力的需求。

3.6　云计算

云计算是一种基于互联网的计算方式，它通过动态易扩展且经常是虚拟化的资源，为用户提供按需即取的计算能力和服务。云计算为人工智能提供基础设施，包括通过海量数据存储平台支持结构化和非结构化数据管理；通过高性能计算资源（如 GPU 和 TPU 集群）支持大规模人工智能模型的训练。

在我们的日常生活中，离不开云计算。例如，我们每天使用的电子邮件系统，用户发送、接收的电子邮件均会保存在用户的邮箱中，每个人的邮箱都会放置在一个云数据中心中，无论到任何地方都可以通过网络访问；还有我们经常使用的云盘系统，也是典型的云计算服务模式。

关于云计算的定义，随着人们对其认识的不断深入，其内涵基本一致，但表述方式还有一些差异。

维基百科：云计算是一种新的基于互联网的计算方式，虚拟化的资源在互联网上通过服务的形式提供给用户，而用户不需要知道这些支持云计算的基础设施的具体管理方法。

亚马逊公司：云计算是一种新的计算模型，它通过互联网以及"即付即用"的模式进行资源和应用的交付。云计算服务提供商能够给用户提供快速、弹性的资源访问，用户能够简单地通过互联网访问、存储数据库和服务器等而无须了解底层架构和具体的实现细节。

IBM 公司：云计算是一种共享的网络交付信息的服务模式，用户看到的只是服务本身，可以按照实际使用量付费，不用关心实现服务的底层基础设施。

美国国家标准与技术研究院：云计算是一种计算模式，它能够按需地、便利地、可用地从可配置的计算资源共享池中获取所需要的资源。其中，这些资源主要包括网络、存储、应用软件、服务器和各种服务等，并且这些资源可以用最省力和无人干预的方式获取和释放，使得对资源的使用和管理所进行的操作与服务提供商之间的交互很少。

通俗的理解是，云计算通过一定的方式组织存在于互联网中的服务器集群上的资源，这些资源包括硬件资源和软件资源，其中硬件资源包括处理器、存储器、服务器等，软件资源包括开发平台、各种应用等。通过互联网，用户使用计算机发送需求，云服务提供商就为用户提供其所需要的资源，并通过网络返回给用户处理的结果。所有的处理都是由云计算服务提供商所提供的计算机集群来完成的，而本地计算机几乎不需要做什么。

云计算的发展历程可以追溯到 20 世纪 60 年代，当时分布式计算的概念被提出，为云计算的诞生奠定了基础。以下是云计算的主要发展阶段。

萌芽阶段（20 世纪 60 年代至 90 年代）：云计算的概念萌芽于 20 世纪 60 年代的"公用计算"理念，当时大型主机共享模式初步展示了云计算的雏形。然而，真正的云计算概念和技术框架直到 20 世纪 90 年代才逐渐清晰。1996 年，乔治·乔纳斯（George F. Johnson）提出了"网络就是计算机"的口号，预示了云计算的未来趋势。

初步发展阶段（2000 年年初）：进入 21 世纪，云计算进入了初步发展阶段。1998 年，VMware 公司成立，并引入了 x86 的虚拟技术，显著提高了资源利用率。1999 年，Salesforce 公司成立，开始提供 SaaS（软件即服务）平台，为企业提供了灵活的解决方案。2004 年，Web 2.0 会议的举行标志着互联网发展进入新阶段，推动了云计算的发展。

快速发展阶段（2006 年至今）：2006 年，亚马逊正式推出了 Amazon Web Services（AWS），提供包括弹性计算、存储和数据库在内的全套云服务，这是云计算历史上的一大里程碑。随后，Google 推出了 Google App Engine，微软则打造了 Azure 云平台，巨头们的入场极大地推动了云计算技术的发展和市场普及。这一时期，IaaS、PaaS 和 SaaS 三种云服务模式逐步成熟，企业用户可以根据自身需求灵活选用。与此同时，云计算的安全性、可靠性、灵活性和经济性得到了业界和市场的广泛认可，云计算在全球范围内实现了大规模商用部署。

近年来，云计算的应用领域日益广泛，从最初的 IT 行业延伸至金融、医疗、教育、政务等各个社会领域，甚至成为新型智慧城市、工业 4.0 的核心技术支撑。云计算与大数据、人工智能、物联网等新兴技术深度融合，孕育出一系列创新应用场景，如边缘计算、Serverless 架构、云原生应用等。随着 5G、区块链等新技术的发展，云计算正朝着更加智能化、分布化、可信化的方向发展。

云计算所提供的服务在日常网络应用中随处可见，如 Google 搜索服务、Office 365、163 邮箱、百度云盘、QQ 服务等。

3.6.1　云计算的服务模式

按照云计算的服务范围和服务对象，可以将云计算平台分为三类：公有云、私有云和混合云，如图 3-10 所示。

公有云：公有云是指云服务面向大众，由云服务提供商运行和维护，为用户提供各种 IT 资源，包括应用程序、软件运行环境、物理基础设施等。用户采用按用付费的方式使用云服务，从而以一种更为经济的方式获取自己所需的 IT 资源服务。在公有云中，用户无须知道资源底层如何实现，也无法控制物理基础设施。典型的公有云包括：Google App Engine、Amazon EC2、IBM Developer Cloud 及中国的"无锡云计算中心"。

私有云：私有云是指云服务提供商仅为本企业或组织内部提供云服务，又称为专属云。相对公有云，私有云的用户完全拥有整个云中心设施，可以控制应用程序的运行位置及决定用户的使用权限等。由于私有云的服务对象是企业或社团内部，私有云上的服务可以更少地受到公有云的诸多限制，如带宽、安全等。我国的"中化云计算"就是典型的支持 SAP 服务的私有云。

混合云：混合云是指把公有云和私有云结合在一起的方式。用户可以通过一种可控的方式实现资源部分拥有、部分与他人共享。企业可以利用公有云的成本优势，将非关键的应用运行在公有云上；同时，将安全性要求高，关键性更强的应用通过内部的私有云提供服务。典型的混合云包括荷兰的 iTrictiy 云计算中心。

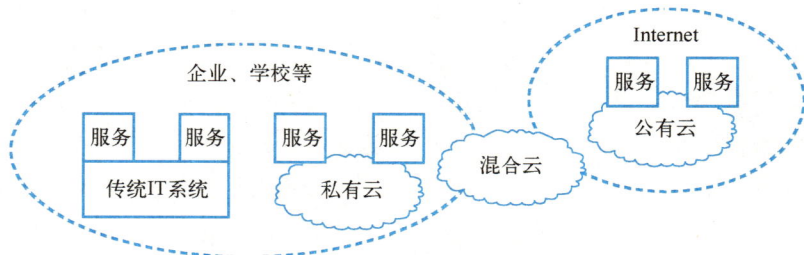

图 3-10　云计算按服务范围和对象分类

按照云计算提供的服务能力划分，云计算可划分为三个层次的服务模式，如图 3-11 所示。

软件即服务（SaaS）：服务提供商在云计算设施上运行应用程序，用户通过各种瘦客户终端设备使用这些应用程序。应用程序的各个模块可以由每个用户自己定制、配置、组装和测试，从而得到满足用户自身需求的软件系统。如 Salesforce.com 的用户关系管理服务（CRM）和 Google 的 Apps 等（包括 Gmail 电子邮箱、Offices 在线编辑软件和 Gtalk 即时聊天工具等）。

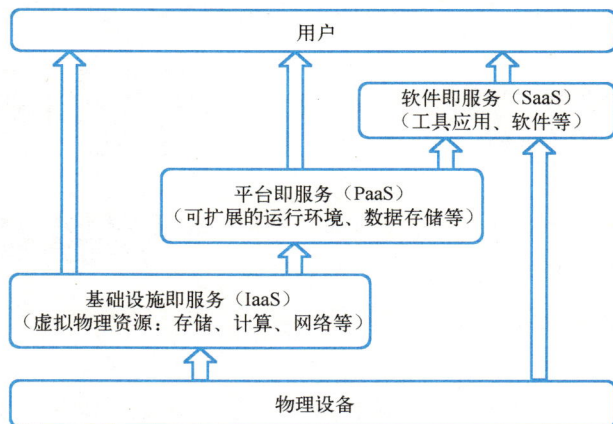

图 3-11　云计算的服务模式

平台即服务（PaaS）：用户先采用服务提供商支持的工具和编程语言创建个性化的应用，然后将其部署到云平台中运行。PaaS 给开发者提供一个透明、安全和功能强大的开发环境和运行环境，屏蔽部署和发布等应用开发细节，并且提供一些支持应用开发的高层接口和开发工具，使开发者不用关心后台服务器的工作细节。如 Google 的 App Engine、微软的 Azure 和新浪的 App Engine 等。

基础设施即服务（IaaS）：将数据中心的计算和存储资源虚拟化，以授权服务形式提供，用户按自己的意愿部署处理器、存储系统、网络、数据库等资源，自主运行操作系统和应用程序等软件。这使得中小企业部门也能够利用到原来大型企业才具备的信息基础设施，降低企业 IT 服务费用。例如，Amazon 的弹性计算云 EC2（Elastic Compute Cloud）和 IBM 的蓝云平台等。

3.6.2　云计算虚拟化技术

在计算机科学领域中，虚拟化代表着对计算资源的抽象。例如，对物理内存的抽象，产生了虚拟内存技术，使得应用程序认为其自身拥有连续可用的地址空间；对 CPU 的抽象，产生了 CPU 的虚拟化技术，可以用单 CPU 模拟多 CPU 并行，允许一个平台同时运行多个操作系统，并且应用程序都可以在相互独立的空间内运行而互不影响，从而显著提高计算机的工作效率。

虚拟化是资源的逻辑表示，这种表示不受物理资源限制的约束，主要目标是对基础设施、系统和软件等 IT 资源的表示、访问、配置和管理进行简化，并为这些资源提供标准的接口来接收输入和提供输出。

虚拟化技术最早出现在 20 世纪 60 年代的 IBM 大型机系统中。在这些大型机内，通过一种称为虚拟机监控器（Virtual Machine Monitor，VMM）的程序在物理硬件之上生成许多可以运行独立操作系统软件的虚拟机实例。

近年来，随着多核系统、集群、网格和云计算的广泛部署，虚拟化技术进入深度应用阶段，优势日益显现，其不仅可以降低 IT 成本，还增强了系统安全性和可靠性。

在云计算平台上，所谓虚拟化，就是在一台物理服务器上，运行多台虚拟服务器。这种虚拟服务器也称为虚拟机（VM）。从表面来看，这些虚拟机都是独立的服务器，但实际上，它们共享物理服务器的 CPU、内存、硬件、网卡等资源，如图 3-12 所示。

那么，谁来完成物理资源的虚拟化工作呢？这就是大名鼎鼎的超级监督器（hypervisor）。超级监督器也称为虚拟机监控器。它不是一款具体的软件，而是一类软件的统称。

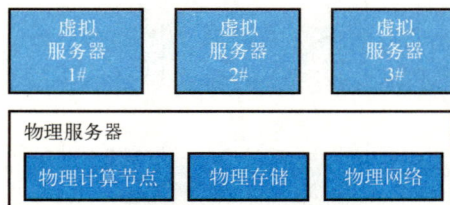

图 3-12　物理机与虚拟机的关系

hypervisor 分为两大类：第一类，hypervisor 直接运行在物理机之上，虚拟机运行在 hypervisor 之上；第二类，在物理机上安装正常的操作系统（如 Linux 或 Windows），然后在正常操作系统上安装 hypervisor，生成和管理虚拟机。目前，市场上实现虚拟化技术的典型产品包括 VMware、Xen 及 KVM 等。

虚拟化技术改变了系统软件与物理硬件紧耦合的方式，从而可以更灵活地配置和管理计算系统。图 3-13 对比了传统计算架构与虚拟化计算架构。从应用运行的角度看，两种架构没有什么区别，应用都能够通过操作系统获取所需的资源，完成相应的计算。但是，从获取资源的过程来看，二者之间存在明显的区别。在传统计算架构中，应用通过操作系统直接调度硬件资源。而在虚拟化架构中，应用通过操作系统向虚拟化管理器（VMM）申请资源，VMM 及物理机操作系统再调度物理资源，即在资源的调度上，虚拟化计算架构中增加了虚拟层。从另外一个角度也可以发现，二者之间也存在明显的区别。在虚拟化计算架构中，同一个硬件平台中可以同时支持多种类型的操作系统运行。而在传统计算架构中，同一时刻物理平台中只能支持一种操作系统。

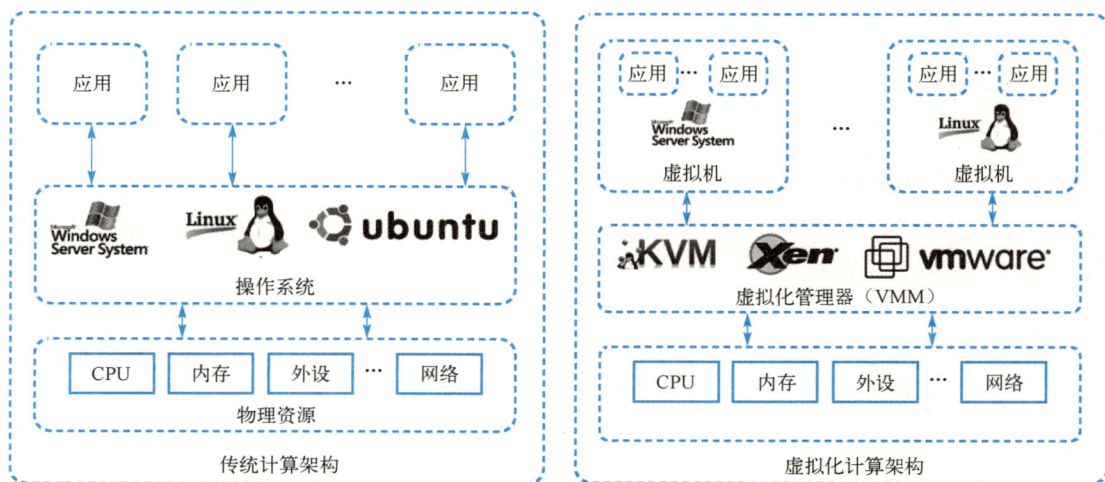

图 3-13　传统计算架构与虚拟化计算架构的比较

通过以上分析，可以看出虚拟化计算架构相对传统计算架构具有以下优势。

（1）更好的隔离性。在传统计算架构中，应用程序之间通过进程的虚拟地址空间来进行隔离，进程之间存在相互干扰。例如，某个进程出现故障会导致整个系统崩溃，从而会影响其他进程的正常运行。然而，在虚拟化计算架构中，应用程序以虚拟机为计算单元（计算粒度）进行隔离，因此，虚拟化计算架构能够提供更好的隔离性。

（2）更好的可靠性。在传统计算架构中，运行在服务器中的应用崩溃后，将有可能导致服务器的崩溃，从而会影响运行在该服务器中的其他应用。然而，在虚拟化计算架构中，宿主机中的某台服务器崩溃后，不会对宿主机中的其他虚拟机造成影响，从而能够提高应用运行的可靠性。

（3）更高的资源利用率。采用虚拟化计算架构可以将物理资源构造为资源池，实现资源池中资源的动态共享，从而提高资源利用率，特别是对于那些平均需求远低于需要为其提供专用资源的应用。

（4）更低的管理成本。采用虚拟化计算架构，可以对计算平台的软件配置环境进行动态调整，可以减少必须管理的物理资源数量，另外还可以隐藏物理资源管理的部分复杂性，从而实现负载管理的自动化，降低人工管理成本。

3.6.3　云存储技术

云存储是在云计算概念上延伸和发展出来的一个新的概念，是指通过集群应用、分布式文件系统等功能，将网络中大量各种不同类型的存储设备通过应用软件集合起来协同工作，共同对外提供数据存储和业务访问功能的一个系统。

云存储的发展推动了 NOSQL 发展。传统的关系数据库具有较好的性能，高稳定性，久经历史考验，而且使用简单，功能强大，同时也积累了大量的成功案例，为互联网的发展做出了卓越的贡献。但是到了最近几年，Web 应用快速发展，数据库访问量大幅上升，存取越发频繁，几乎大部分使用 SQL 架构的网站在数据库上都开始出现了性能问题，需要复杂的技术来对 SQL 进行扩展。新一代数据库产品应该具备分布式的、非关系型的、可以线性扩展及开源等四个特点。因此，云存储成为一种新的数据存储方式。

云存储技术并非特指某项技术，而是一大类技术的统称，具有以下特征的数据库都可以被看成云存储技术：首先是具备几乎无限扩展的能力，可以支撑几百 TB 直至 PB 级的数据；然后是采用了并行计算模式，从而获得海量运算能力；最后是高可用性，也就是说，在任何时候都能够保证系统正常使用，即便有机器发生故障。

云存储不是一种产品，而是一种服务，它的概念始于 Amazon 提供的简单存储服务（S3），同时还伴随着亚马逊弹性计算云（EC2），在 Amazon 的 S3 的服务背后，它还管理着多个商业硬件设备，并捆绑着相应的软件，用于创建一个存储池。

目前常见的符合这样特征的系统，有 Google 的 GFS（Google File System）以及 BigTable，Apache 基金会的 Hadoop（包括 HDFS 和 HBase），此外还有 Mongo DB、Redis 等等。

1. Hadoop 的概念与特点

Hadoop 是具有可靠性和扩展性的一个开源分布式系统的基础框架，被部署到一个集群上，使多台机器可彼此通信并能协同工作。Hadoop 为用户提供了一个透明的生态系统，用户在不了解分布式底层细节的情况下，可开发分布式应用程序，充分利用集群的威力进行数据的高速运算和存储。

Hadoop 的核心是分布式文件系统 HDFS 和 MapReduce。HDFS 支持大数据存储，MapReduce 支持大数据计算。

Hadoop 最核心的功能是在分布式软件框架下处理 TB 级以上庞大的数据业务，具有高可靠性、高效性、低成本、高可扩展性、高容错性及支持多编程语言等特点。

（1）高可靠性：主要体现在 Hadoop 能自动维护多个工作数据副本，并且在任务失败后能自动重新部署计算任务，因为 Hadoop 采用的是分布式架构，多副本备份到一个集群的多态机器上，所以只要有一台服务器能够工作，理论上 HDFS 就仍然可以正常运转。

（2）高效性：主要体现在 Hadoop 以并行方式处理大规模数据，能够在节点之间动态地迁移数据，并保证各节点的动态平衡，数据处理速度非常快。

（3）低成本：主要体现在 Hadoop 集群可以由廉价的服务器组成，只要一般等级的服务器就可搭建出高性能、高容量的集群，由此可以方便地组成数以千计的节点集簇。

（4）高可扩展性：Hadoop 利用计算机集簇分配存储数据并计算，通过添加节点或者集群，存储容量和计算虚拟快速扩展，使得性价比得以最大化。

（5）高容错性：Hadoop 因为其采用分布式存储数据方式，数据通常有多个副本，加上采用备份、镜像等方式保证了节点在出故障时，能够进行数据恢复，确保数据的安全准确。

（6）支持多种编程语言：Hadoop 提供了 Java、C 及 C++等编程方式。

2．Haddop 生态系统

Hadoop 是在分布式服务器集群上存储海量数据并运行分布式分析应用的一个开源的软件框架，具有可靠、高效、可伸缩的特点。先后经历了 Hadoop 1 时期和 Haddop 2 时期。

图 3-14 给出 Hadoop 2.0 生态系统。Hadoop 2 相比较于 Hadoop 1 来说，HDFS 的架构与 MapReduce 的架构都有较大的变化，并且在速度上和可用性上都有了很大的提高，Hadoop 2 中有两个重要的变更：HDFS 的名称节点（name node）可以以集群的方式部署，增强了名称节点的水平扩展能力和可用性；MapReduce 被拆分成两个独立的组件，即 YARN（Yet Another Resource Negotiator）和 MapReduce。

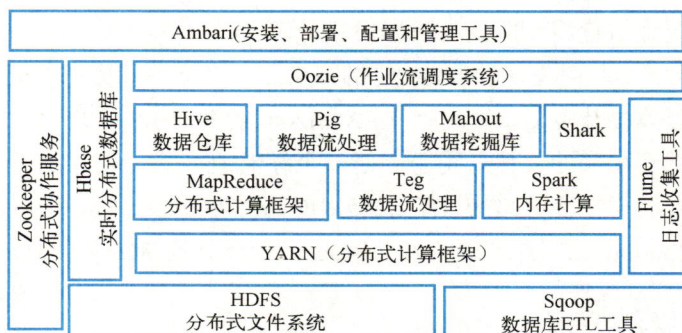

图 3-14　Hadoop 2.0 生态系统

下面首先介绍 Hadoop 1 的主要组件，然后对 Hadoop 2 新增的组件进行说明。

MapReduce 是一种分布式计算框架。它的特点是扩展性、容错性好，易于编程，适合离线数据处理，不擅长流式处理、内存计算、交互式计算等领域。MapReduce 源自 Google 的 MapReduce 论文（发表于 2004 年 12 月），是 Google MapReduce 克隆版。

Hive 定义了一种类似 SQL 的查询语言——HQL，但与 SQL 相比差别很大。Hive 是为方便用户使用 MapReduce 而在外面包了一层 SQL。由于 Hive 采用了 SQL，它的问题域比 MapReduce 更窄，因为很多问题 SQL 表达不出来，比如一些数据挖掘算法、推荐算法、图像识别算法等，这些仍只能通过编写 MapReduce 完成。

Pig 是使用脚本语言的 MapReduce，为了突破 Hive SQL 表达能力的限制，采用了一种更具表达能力的脚本语言 Pig。由于 Pig 语言强大的表达能力，Twitter 甚至基于 Pig 实现了一个大规模机器学习平台。Pig 是由 Yahoo 开源、构建在 Hadoop 之上的数据仓库。

Mahout 是数据挖掘库，是基于 Hadoop 的机器学习和数据挖掘的分布式计算框架，实现了三大类算法，即推荐（recommendation）、聚类（clustering）、分类（classification）。

Hbase 是一种分布式数据库，源自 Google 的 Bigtable 论文（2006 年 11 月），是 Google Bigtable 的克隆版。

Zookeeper 提供分布式协作服务，源自 Google 的 Chubby 论文（2006 年 11 月），是 Chubby 的克隆版。它负责解决分布式环境下数据管理问题，包括统一命名、状态同步、集群管理、配置同步等。

Sqoop 是一款开源的工具，主要用于在 Hadoop（Hive）与传统的数据库（如 MySQL、PostgreSQL 等）间进行数据的传递，可以将一个关系型数据库（如 MySQL、Oracle、Postgres 等）中的数据导入 Hadoop 的 HDFS 中，也可以将 HDFS 的数据导入关系型数据库中。

Flume 是一个高可用的、高可靠的分布式海量日志采集、聚合和传输的系统。

Apache Ambari 是一种基于 Web 的工具，支持 Apache Hadoop 集群的供应、管理和监控。Ambari 已支持大多数 Hadoop 组件，包括 HDFS、MapReduce、Hive、Pig、 Hbase、Zookeeper、Sqoop 和 Hcatalog 等，是 hadoop 的顶级管理工具之一。

下面是 Hadoop 2 新增的功能组件。

YARN 是 Hadoop 2 新增加的资源管理系统，负责集群资源的统一管理和调度。YARN 支持多种分布式计算框架在一个集群中运行。

Tez 是一个 DAG（Directed Acyclic Graph）计算框架，该框架可以像 MapReduce 一样用来设计 DAG 应用程序。但需要注意的是，Tez 只能运行在 YARN 上。Tez 的一个重要应用是优化 Hive 和 Pig 这种典型的 DAG 应用场景，它通过减少数据读/写（I/O），优化 DAG 流程使得 Hive 速度大幅提高。

Spark 是基于内存的 MapReduce 实现。为了提高 MapReduce 的计算效率，伯克利大学开发了 Spark，并在 Spark 基础上包裹了一层 SQL，产生了一个新的类似 Hive 的系统 Shark。

Oozie 是作业流调度系统。目前计算框架和作业类型繁多，包括 MapReduce Java、Streaming、HQL 和 Pig 等。Oozie 负责对这些框架和作业进行统一管理和调度，包括分析不同作业之间存在的依赖关系（DAG）、定时执行的作业、对作业执行状态进行监控与报警（如发邮件、短信等）。

3．HDFS 的体系结构

HDFS 采用主从式（master/slave）架构，由一个名称节点和一些数据节点（datanode）组成。其中，名称节点作为中心服务器控制所有文件操作，是所有 HDFS 元数据的管理者，负责管理文件系统的命名空间（namespace）和客户端访问文件。数据节点则提供存储块，负责本节点的存储管理。HDFS 公开文件系统的命名空间，以文件形式存储数据。

HDFS 先将存储文件分为一个或多个数据单元块，然后复制这些数据块到一组数据节点上。名称节点执行文件系统的命名空间操作，负责管理数据块到具体数据节点的映射。数据节点负责处理文件系统客户端的读/写请求，并在名称节点的统一调度下创建、删除和复制数据块，如图 3-15 所示。HDFS 可以通过应用程序设置存储文件的副本数量，称为文件副本系数，由名称节点管理。

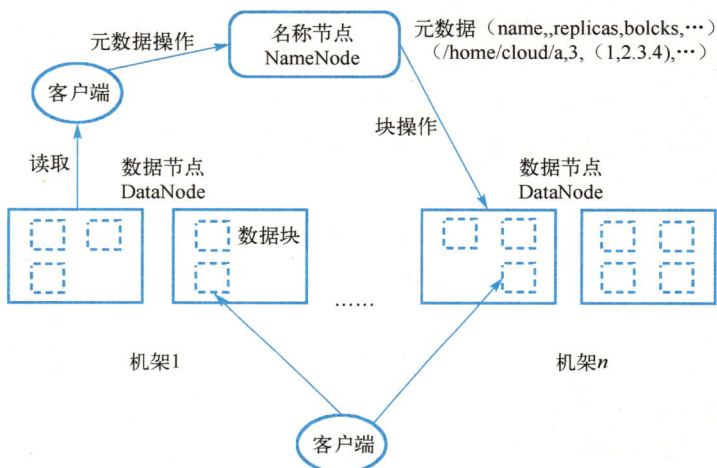

图 3-15　HDFS 的体系结构

4．HDFS 的数据组织与操作

与磁盘的文件系统采用分块的思想类似，HDFS 中的文件被分割成单元块大小为 64MB 的区块，而磁盘文件系统的单元块大小为 512B。需要注意的是，如果 HDFS 中的文件小于单元块大小，则该文件并不会占满该单元块的存储空间。HDFS 采用大单元块的设计目的是尽量减小寻找数据块的开销。如果单元块足够大，则数据块的传输时间会明显长于寻找数据块的时间。因此，HDFS 中文件传输时间基本由组成它的每个组成单元块的磁盘传输速率决定。例如，假设寻块时间为 10ms，数据传输速率为 100MBps，那么当单元块为 100MB 时，寻块时间是传输时间的 1%。

下面通过对文件读取和写入操作的分析介绍基于 HDFS 的文件系统的文件操作流程。

（1）Hadoop 文件读取

HDFS 客户端先向名称节点发送读取文件请求，名称节点返回存储文件的数据节点信息，然后客户端开始读取文件信息。具体操作如图 3-16 所示。

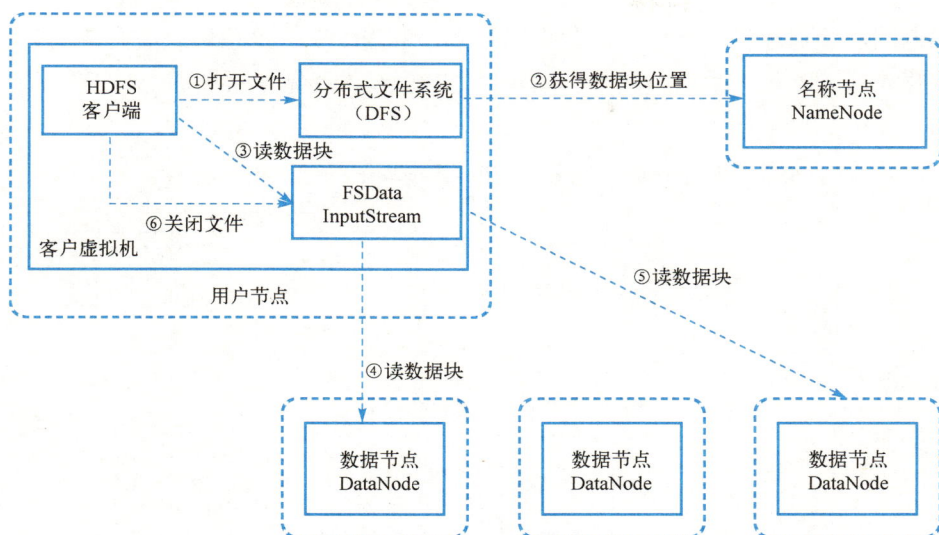

图 3-16　HDFS 文件读取的具体步骤

① 打开文件：HDFS 客户端调用 FileSyste 对象的 open()方法，打开要读取的文件。

② 获得数据块位置：分布式文件系统通过远程过程调用（RPC）来访问名称节点，以获取文件的位置。对于每个块，名称节点返回该副本的数据节点的地址。这些数据节点根据它们与客户端的距离来排序（主要根据集群的网络拓扑）。如果客户端本身就是一个数据节点，那么会从保存相应数据块副本的本地数据节点读取数据。

③ 读数据块：分布式文件系统先返回一个 FSDataInputStream 对象（该对象是支持文件定位的数据流）给客户端以便读取数据。FSDataInputStream 转而封装 DFSInputStream 对象，它管理数据节点和名称节点的 I/O。接着客户端对这个数据流调用 read()方法进行读取。

④ 读数据块：存储着文件的数据块的数据节点地址的 DFSInputStream 会连接距离最近的文件中第一个块所在的数据节点，并反复调用 read()方法将数据从数据节点传输到客户端。

⑤ 读数据块：当读到块的末尾时，DFSInputStream 关闭与前一个数据节点的连接，然后寻找下一个块的最佳数据节点。

⑥ 关闭文件：客户端的读取顺序是按打开的数据节点的顺序读取的，一旦读取完成，就对 FSDataIputStream 调用 close()方法进行读取关闭。

在读取数据时，数据节点一旦发生故障，DFSInputStream 会尝试从这个块邻近的数据节点读取数据，同时也会记住那个故障的数据节点，并把它通知给名称节点。客户端还可以验证来自数据节点的单元块数据的校验和，如果发现单元块损坏就通知名称节点，然后从其他数据节点中读取该单元块副本。

在名称节点的管理下，HDFS 允许客户端直接连接最佳数据节点并读取数据，数据传输相对均匀地分布在所有数据节点上，名称节点只负责处理单元块位置信息请求，使得 HDFS 可以扩展大量并发的客户端请求。这种处理方案不会因为客户端请求的增加而出现访问瓶颈。

（2）Hadoop 文件写入

HDFS 客户端向名称节点发送写入文件请求，名称节点根据文件大小和文件块配置情况，向客户端返回所管理数据节点信息。客户端将文件分割成多个单元块，根据数据节点的地址信息，按顺序写入到每个数据节点中。HDFS 文件写入的具体步骤如图 3-17 所示。

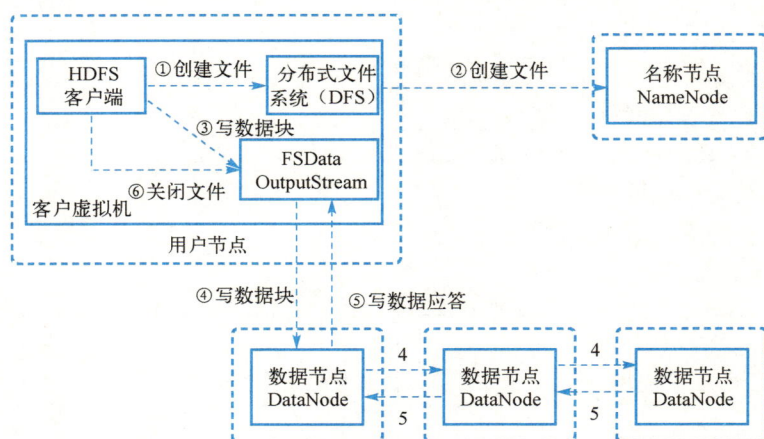

图 3-17　HDFS 文件写入的具体步骤

① 创建文件：客户端通过调用分布式文件系统 DFS 的 create()方法新建文件。

② 创建文件：分布式文件系统 DFS 对名称节点创建远程调用 RPC，在文件系统的命名空间新建一个文件，此时该文件还没有相应的数据块。

③ 写数据块：名称节点执行各种检查以确保这个文件不存在，并在客户端新建文件的权限。如果各种检查都通过，就创建这个文件；否则抛出 I/O 异常。这时，分布式文件系统向客户端返回一个 FSDataOutputStream 对象，由此客户端开始写入数据；FSDataOutputStream 会封装一个 DFSoutPutstream 对象，负责名称节点和数据节点之间的通信。

④ 写数据块：DFSOutputstream 将数据分成一个个的数据包（packet），并写入内部队列，即数据队列（data queue）；DataStreamer 处理数据队列，并选择一组数据节点，据此要求名称节点重新分配新的数据块。这一组数据节点构成管道，假设副本数是 3，说明管道有 3 个节点。DataStreamer 将数据包以流的方式传输到第一个数据节点，该数据节点存储数据包并发送给第二个数据节点，以此类推，直到最后一个数据节点。

⑤ 写数据应答：DFSOutputstream 维护一个数据包确认队列（ack queue），每个数据节点收到数据包后都会返回一个确认回执，然后放到这个 ack queue 中，待所有的数据节点确认信息后，该数据包才会从队列 ack queue 删除。

⑥ 关闭文件：完成数据写入后，对数据流调用 close()方法关闭写入过程。

在写入过程中，如果数据节点发生故障，将执行以下操作。

① 关闭管道，把队列的数据包都添加到队列的最前端，以确保故障节点下游的数据节点不会漏掉任何一个数据包。

② 为存储在另一个正常的数据节点的当前数据块指定一个新的标识，并把标识发送给名称节点，以便在数据节点恢复正常后可以删除存储的部分数据块。

③ 从管道中删除故障数据节点，基于正常的数据节点构建一条新管道。剩下的数据块写入管道中正常的数据节点。当名称节点注意到块副本数量不足时，会在另一个节点上创建一

个新的副本。后续的数据块正常接受处理。

只要写入了副本数（默认值为 1），写操作就会成功，并且这个块可以在集群中异步复制，直到达到其目的的副本数（默认值为 3）。

5. 云存储中的分块技术与去重技术

云存储中的分块技术与去重技术是优化存储效率、降低成本的关键手段。以下是对这两种技术的详细解析。

分块技术是云存储中常用的一种数据处理方式，它将文件或数据切分成多个小块，以便更高效地进行存储和管理。分块技术主要分为定长分块和变长分块两种方式。

定长分块方式将文件划分为固定长度的块。该方式在数据插入、删除后会引起后面的分块全部变化，导致分块稳定性较差，去重效果不佳。

变长分块方式是基于文件内容进行的分块方式，分块大小不固定。其优点是具有较高的分块稳定性，增加、删除、修改小部分文件内容，只影响变化部分的数据块及其周边数据块，对其他分块没有影响。因此该方式的去重率较高。

去重技术又称重复数据删除（reduplication）技术，是一种通过识别和消除数据中的重复部分，仅保存一份副本的技术。这种技术旨在减少冗余数据，优化存储利用率，从而降低存储成本。去重技术主要依赖于哈希算法，通过为文件或数据块生成独特的哈希值，作为数据的唯一标识。当存储系统接收到新数据时，会先计算其哈希值，再与已存储数据的哈希值进行比较。若哈希值相同，则视为重复数据，不再存储，仅保存指向已有数据的引用。

去重技术具有广泛的应用场景。例如，在数据备份与归档中，由于数据备份和归档通常包含大量的重复数据（如多个版本的备份文件、重复的文件副本等），数据去重技术可以显著减少存储需求（有专家经过调查，去重可以节省 80%存储空间），降低存储成本。

在虚拟机镜像存储中，由于虚拟机镜像通常包含大量的重复数据，如多个虚拟机可能使用相同的操作系统镜像、应用程序安装包等。通过数据去重技术，可以识别并删除这些重复的数据块，从而降低虚拟机镜像的存储空间需求。

综上所述，云存储中的分块技术与去重技术是提高存储效率、降低成本的重要手段。通过不断优化和创新这些技术，可以为企业创造更大的价值，推动云存储服务的持续发展和进步。

3.7　本章小结

本章首先讲解人工智能的计算平台，包括人工智能平台的硬件基础设施和软件开发环境，最基础的人工智能计算平台的系统模型和组成，以及计算机的数字化编码方法；其次讲解并行计算系统、网络计算系统和 GPU 并行计算系统的原理和结构；最后讲解云计算的基本概念、云计算的服务模式、虚拟机技术和云存储方法。

本章习题

一、选择题

1. 以下哪项不是人工智能平台硬件基础设施的关键组件？（　　）
   A. 高性能 CPU　　　B. 大容量内存　　　C. 专用 GPU　　　　　D. 传统机械硬盘

2. 冯·诺依曼体系结构的核心思想不包括（　　）。
   A. 存储程序原理　　　　　　　　　　　B. 指令和数据以二进制形式存储
   C. 程序执行自动化　　　　　　　　　　D. 单一处理单元串行处理所有任务

3. 图灵机是由（　　）提出的。
   A. 阿兰·图灵　　　B. 约翰·冯·诺依曼　C. 查尔斯·巴贝奇　　D. 比尔·盖茨

4. 下列哪种编码方式用于表示文本字符在计算机中的二进制形式？（　　）
   A. ASCII　　　　　　　B. UTF-8　　　　　C. 两者都是　　　　　D. 两者都不是

5. 并行计算系统的主要目的是（　　）。
   A. 降低硬件成本　　B. 提高计算速度　　C. 减少能源消耗　　D. 简化编程模型

6. 网络计算系统与传统的单机计算相比，其优势不包括（　　）。
   A. 资源共享　　　　B. 负载均衡　　　　C. 更低的延迟　　　D. 更高的可扩展性

7. GPU（图形处理器）在并行计算中的主要优势是（　　）。
   A. 高内存带宽　　　　　　　　　　　　B. 强大的浮点运算能力
   C. 低功耗　　　　　　　　　　　　　　D. 高效的指令集

8. 云计算的基本概念中，"云"指的是（　　）。
   A. 互联网上的服务器集群　　　　　　　B. 虚拟化的硬件资源
   C. 一种新的编程语言　　　　　　　　　D. 用户端的硬件设备

8. 下列哪项不属于云计算的服务模式？（　　）
   A. IaaS（基础设施即服务）　　　　　　B. PaaS（平台即服务）
   C. SaaS（软件即服务）　　　　　　　　D. DaaS（数据即服务）

9. 虚拟机技术允许用户在同一物理机上运行多个（　　）。
   A. 操作系统实例　　B. 应用程序副本　　C. 硬件设备模拟器　　D. 网络服务节点

10. 云存储的主要特点是（　　）。
    A. 数据存储在本地设备　　　　　　　　B. 数据不可扩展
    C. 数据访问受限于地理位置　　　　　　D. 通过互联网提供数据存储和访问服务

11. 在冯·诺依曼架构中，程序的执行是由（　　）控制的。
    A. 操作系统　　　　B. 控制器　　　　　C. 内存　　　　　　D. 输入/输出设备

12. 在 ASCII 编码表中，大写字母 A 的编码值是（　　）。
    A. 65　　　　　　　　　B. 97　　　　　　　　C. 48　　　　　　　　D. 32

13．在 GPU 并行计算中，单个 GPU 上的计算单元称为（　　）。

  A．流处理器　　　　B．核心处理器　　　　C．线程处理器　　　　D．指令处理器

14．虚拟主机技术的核心目标是实现（　　）。

  A．硬件资源的抽象和隔离　　　　　　　B．网络速度的提升

  C．软件的自动化部署　　　　　　　　　D．数据安全性的增强

15．下列哪个不是云计算在实际应用中的常见场景？（　　）

  A．在线文档编辑　　B．大数据分析　　　　C．个人电脑游戏　　　D．企业级邮箱服务

二、问答题

1．简述冯·诺依曼体系结构的主要组成部分及其功能。

2．解释 ASCII 和 UTF-8 编码的区别及其应用场景。

3．并行计算系统和网络计算系统的区别是什么？

4．简述云计算中 IaaS、PaaS 和 SaaS 三种服务模式的特点。

5．如何利用虚拟机技术实现云计算的弹性和可扩展性？

6．比较 GPU 并行计算与 CPU 并行计算在处理大规模数据时的优势和局限性。

第4章 人工智能的网络环境

人工智能的网络环境是一个复杂且不断发展的领域，它负责为人工智能提供网络通信支撑和数据获取支持，涉及计算机网络和物联网等多个领域。下面简要介绍人工智能中涉及的网络概念、体系、协议、设备和物联网数据感知技术等。

4.1　网络的概念与体系架构

计算机网络是指由多台计算机通过通信线路和通信设备连接起来，互相之间可以传递数据和共享资源的系统。

4.1.1　计算机网络的体系架构

一个完整的计算机网络需要有一套复杂的协议集合，在计算机网络中组织复杂协议的最好方式就是采用层次模型。计算机网络的层次模型和各层协议的集合就是计算机网络体系结构。计算机网络体系结构为不同的计算机之间互连和互操作提供相应的规范和标准。

为了建立一个开放的、能被大多机构和组织承认的网络互联标准，国际标准化组织（ISO）提出了开放系统互连参考模型（Open System Interconnection Reference Model），简称 OSI/RM 或 OSI 参考模型。

OSI 参考模型定义了计算机相互连接的标准框架，该框架将网络结构分为七层，如图 4-1(a) 所示，具体包括：

应用层：提供网络服务与最终用户的接口；

表示层：提供数据表示、加解密和解压缩等功能；

会话层：建立、管理和终止网络会话（即通信连接）；

传输层：定义传输数据的协议端口号，以及流量控制和差错校验功能；

网络层：进行逻辑地址寻址并实现不同网络之间的路径选择；

数据链路层：建立逻辑连接，进行硬件地址寻址、差错校验等；

物理层：建立、维护、断开物理连接。

随着技术的发展，OSI 参考模型中的会话层和表示层已经被合并到应用层中，所以，目前流行的计算机网络是五层互联网参考模型（见 4-1(b)）。

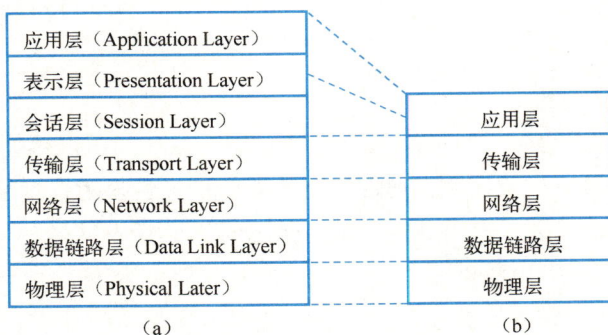

图 4-1　计算机网络的层次架构

4.1.2 计算机网络的数据封装

通过上面 OSI 参考模型的内容可以发现，计算机网络的每个层次各司其职，负责实现不同的功能。这些功能组合起来，就可以完成一次完整的数据发送或数据接收功能。数据发送时自顶向下，数据接收时自底向上。下面以五层互联网参考模型为例分别进行介绍。

1. 计算机网络节点的数据发送

在五层互联网模型中，数据发送是一个典型的应用数据封装过程。所谓数据封装就是指将每层协议数据单元（PDU）封装在一组协议头、数据和协议尾中的过程。

图 4-2 给出了计算机网络自顶向下进行数据发送时的数据封装过程。

首先，用户数据通过应用层协议，封装上应用层首部，构成应用数据；应用数据作为整体，在传输层封装上 TCP 首部，就是报文；然后，报文传输到网络层封装上 IP 首部，就是数据包；封装后的 IP 数据包作为整体传输到数据链路层，数据链路层将其封装上 MAC 头部，就是数据帧。数据帧传输到以太网卡（注意：以太网卡包含了数据链路层的功能和物理层的功能）后，通过硬件加入以太网首部，然后再在物理线路上传输。

接收方接到上述数据信息包后，从以太网卡开始依次解包，获得需要的应用数据。

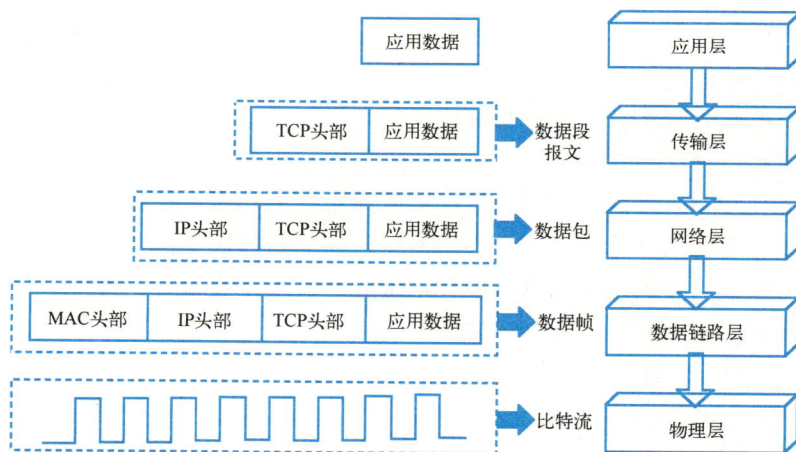

图 4-2　数据发送时的数据封装过程

具体数据发送过程如下。

（1）在应用层，首先为用户数据添加上一些控制信息（如用户数据大小、用户数据校验码等）后，形成应用数据。如果需要，则将应用数据的格式转换为标准格式（如英文的 ASCII 或标准的 Unicode 码），或进行应用数据压缩、加密等。然后发往传输层。

（2）在传输层接收到应用数据后，根据流量控制需要，分解为若干数据段，并在发送方和接收方主机之间建立一条可靠的连接，将数据段封装成报文后依次传给网络层。每个报文均包括一个数据段及这个数据段的控制信息（如端口号、数据大小、序列号等）。

（3）在网络层，先为来自传输层的每个报文首部添加上逻辑地址（如 IP 地址）和一些控制信息后，构成一个网络数据包，然后发送到数据链路层。每个数据包增加逻辑地址后，都可以通过互联网络找到其要传输的目标主机。

（4）在数据链路层，先为来自网络层的数据包的头部附加上物理地址（即网卡标识，以MAC 地址呈现）和控制信息（如长度、校验码、类型等），构成一个数据帧，然后发往物理层。需要注意的是：在本地网段上，数据帧使用网卡标识（即硬件地址）可以唯一标识每台主机，防止不同网络节点使用相同逻辑地址（即 IP 地址）而带来的通信冲突。

（5）在物理层，数据帧通过卡硬件单元增加链路标志（如 01111110B）后转换为比特流发送到物理链路。比特流的发送需要按照预先规定的数字编码方式和时钟频率进行控制。

2．计算机网络节点的数据接收

与发送方的发送数据过程相反，接收方接收数据的过程就是从以太网卡开始逐层依次解封闭的过程，如图 4-3 所示。具体过程如下。

（1）在物理层，连接到物理链路上的网络节点通过网卡上的硬件单元，使用预先规定的数字编码方式和时钟频率对物理链路信息进行读取，形成数据帧，并发往数据链路层。

（2）在数据链路层，对从物理层接收的数据帧进行校验和物理地址（MAC）比对，如果校验出错或地址比对不符，则抛弃该帧；否则，去除物理地址、帧头、帧尾和校验码后形成数据包，并发送到网络层。

（3）在网络层，比对数据包头部的逻辑地址（如 IP 地址）与本机设置的 IP 地址是否不一致，如果一致，则将数据包的 IP 头去除，形成一个数据报文并发往传输层；否则，该数据包被抛弃。

（4）在传输层收到网络层的数据报文后，提取报文中的控制信息（如报文系列号等），将每个报文去除头部信息，构成数据段后进行缓存。根据报文的系列号，将数据段组装成完整的应用数据，并发送到应用层。

（5）在应用层，应用数据根据需要进行数据格式转换、解压、解密等处理，去除一些控制信息（如数据大小、校验码等）后，转换为用户数据。至此，数据接收过程完毕。

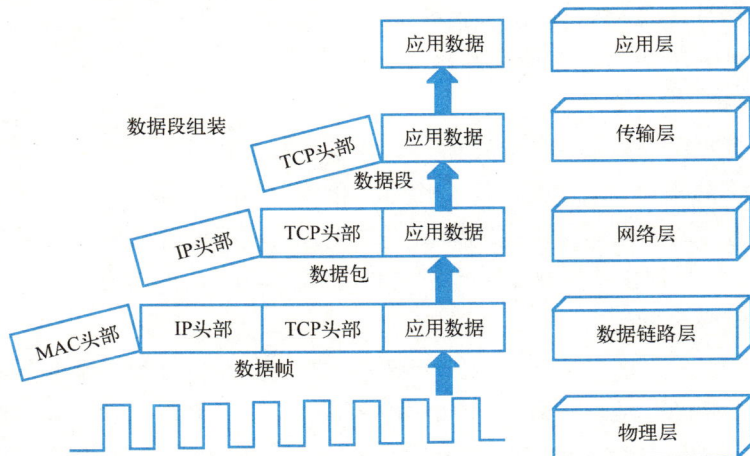

图 4-3　自底向上数据接收的解封装过程

4.2　计算机网络协议与设备

计算机网络作为一种"信息高速公路"，面临着与"公路"管理同样的难题。在公路管理中，人、车、路如何协同工作，长期面临挑战。为了解决上述挑战，不仅需要通过技术来解决，更要通过法律、法规来疏导和预防。在计算机网络中也是如此，必须通过各种规程或协议（类似于法律法规）以及网络设备来保证网络安全、稳定、高效运行。

4.2.1　计算机网络协议

计算机网络协议主要包括：网络节点身份标识协议（用来对用户违规和网络故障进行追踪和溯源等）、网络数据传输协议（保证网络节点数据正确到达目标节点）、网络资源竞争协议（保证每个网络节点均有机会使用网络传输信息等）、网络资源共享协议（保证不同组织和个人的信息可以共享和共用等）等。表 4-1 给出了公路网与互联网的关联关系比较。

表 4-1　公路网与互联网的关联关系比较

	公路通行标准	计算机网络协议	网络协议类别	网络协议实例
1	车牌、路标	物理地址、逻辑地址	网络节点身份协议	MAC、IP 等
2	各行其道、限速、禁停	帧管理、流量控制	网络数据传输协议	HDLC、TCP、UDP 等
3	有序通行、优先通行	链路轮转、链路竞争	网络资源竞争协议	令牌、CSMA/CD 等
4	共享汽车、停车场	文件、网页、图片等	网络资源共享协议	FTP、HTTP、SMTP 等

1. 网络节点身份标识协议

计算机网络的发展是从局域网发展到互联网。为了唯一标识网络中的每个节点，局域网使用了网络硬件地址（即 MAC 地址）来标识网络节点，而由多个局域网互联而成的广域网，则使用了逻辑地址（IP 地址）来标识网络节点。

（1）MAC 地址

局域网是计算机网络发展的第一个阶段。为了解决局域网中网络节点的身份标识问题，IEEE 标准规定，网络中每台设备都要有一个唯一的网络硬件标识，这个标识就是 MAC 地址。

MAC 地址的直译为媒体存取控制地址，也称为局域网地址，或以太网地址，或网卡地址，或物理地址，它是用来确认网络节点的身份（或位置），由网络设备制造商生产时写在硬件内部（一般是网卡内部）。

MAC 地址用于在网络中唯一标识一个网卡。若一台设备有多个网卡，则每个网卡都需要并有一个唯一的 MAC 地址。MAC 地址由 48 位（6 字节）组成。书写时通常在每字节之间用 "：" 或 "-" 隔开，如 08-00-20-0A-8C-6D 就是一个 MAC 地址。其中，前 3 字节是网络硬件制造商的编号，由 IEEE 分配，后 3 字节由制造商自行分配，代表该制造商生产的某个网络产品（如网卡）的系列号。

在 OSI 参考模型中，数据链路层负责 MAC 地址的管理。由于 MAC 地址固化在网卡里面，理论上讲，除非盗来硬件（即网卡），否则一般是不能被冒名顶替的。基于 MAC 地址的这种特点，局域网采用了用 MAC 地址来标识具体用户的方法。

查看网络节点的 MAC 地址的流程如下：依次单击"控制面板"→"网络和共享中心"→"本地连接"→"详细信息"按钮，即可查看物理地址。这里的物理地址就是 MAC 地址。操作过程的主要截图如图 4-4 所示。

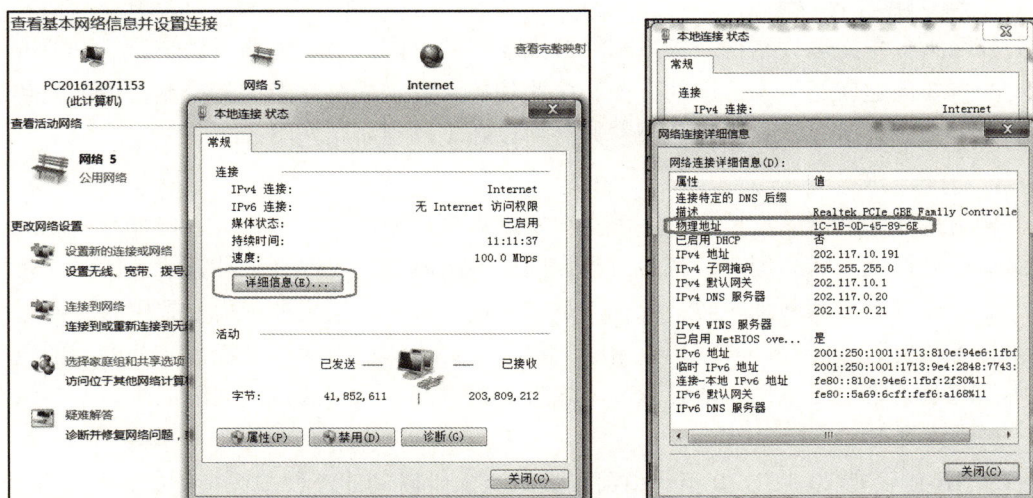

图 4-4　计算机的 MAC 地址查询方法

（2）IP 地址

随着计算机网络的快速发展，不同的局域网络连成一体，出现了互联网。为了屏蔽每个局域网络的差异性，做到不同物理网络的互联和互通，就需要提出一种新的统一编址方法，为互联网上每个子网、每个主机分配一个全网唯一的地址。

IP 地址就是为此而制定的。由于有了这种唯一的地址，才保证了用户在联网的计算机上操作时，能够高效而且方便地从千千万万台计算机中选出自己所需的对象来。IP 地址就像是我们的通信住址一样，如果你要写信给一个人，你就要知道他（她）的通信地址，这样邮递员才能把信送到。计算机发送信息就好比是邮递员，它必须知道唯一的"通信地址"才能不至于把信送错对象。只不过我们的通信地址是用文字来表示的，计算机的地址是用二进制数字表示的。

IP 地址被用来给网络上的计算机一个编号，包括 IPv4 和 IPv6 两个版本。大家日常见到的情况是每台联网的计算机上都需要有 IP 地址，才能正常通信。我们可以把"个人电脑"比作"一台电话"，那么"IP 地址"就相当于"电话号码"，而 Internet 中的路由器，就相当于电信局的"程控式交换机"。

IPv4 地址是一个 32 位的二进制数，通常被分为 4 字节，书写时用"点分十进制"表示成（a.b.c.d）的形式，其中，a、b、c、d 都是 0～255 之间的十进制整数。例如，点分十进制 IP 地址（128.0.0.9），实际上是 32 位二进制数 10000000.00000000.00000000.00001001。

IPv6 是互联网协议的第 6 版，其设计初衷是为了解决 IPv4 地址空间不足的问题，并提供了许多新的安全特性。IPv6 采用了 128 位地址长度，相比 IPv4，地址空间显著增加，几乎可以不受限制地提供 IP 地址。IPv6 地址通常使用冒分十六进制表示法，其格式为 X:X:X:X:X:X:X:X。例如，ABCD:EF01:2345:6789:ABCD:EF01:2345:6789。在这种表示法中，每个 X 的前导 0 是可以省略的。

2. 网络链路争用协议

局域网大多采用总线结构，大量网络节点需要共享同一通信链路或信道，这种情况下需要解决的首要问题就是共享信道的分配。多路访问协议（又称介质访问控制协议）是解决共享信道竞争的主要手段，它可以分为有冲突协议和无冲突协议两类。

（1）有冲突协议

在采用有冲突协议的局域网中，节点在发送数据前不需要与其他节点协调对信道的使用权，而是有数据就发送。因此，当多个节点同时发送时会产生冲突。冲突协议的优点是控制简单，在轻载时节点入网延时短；但在重载时，由于会频繁发生冲突而导致网络吞吐量大大下降。为了解决这个问题，冲突协议中必须包含冲突检测的方法以及检测到冲突后的退避策略。所谓退避策略是指系统需要设置一个随机间隔时间，只有此时间间隔期满后，各站点才能再次启动发送。

ALOHA 协议是 20 世纪 70 年代由美国夏威夷大学研制的一种冲突检测的信道争用协议，它允许各终端竞争地向中央主机发送信息，将发送冲突首次引入到实际网络中。但由于协议设计中存在缺陷，ALOHA 协议目前已经很少被采用了，取而代之的是载波监听多路访问协议（CSMA）。CSMA 协议的基本思想是网络节点在发送数据前，需要检测信道是否空闲，只有信道空闲时才能发送数据。但当两个或两个以上节点同时检测到信道空闲时，立即发送数据仍会发生冲突，因此 CSMA 也属于有冲突协议。

（2）无冲突协议

相比有冲突协议而言，采用无冲突协议的局域网中的每个节点，按照特定仲裁策略来完成发送过程，避免了数据发送过程中冲突的产生。令牌协议是一种典型的无冲突协议，基本思想是一个节点要发送数据，必须首先截获令牌（token，一种特殊的数据帧）。由于网络中只有一个令牌，因此在任何时刻只可能有一个节点发送数据，从而不会产生冲突。

令牌总线是一种在总线拓扑结构中利用"令牌"作为控制节点访问公共传输介质的确定型介质访问控制方法。在采用令牌总线方法的局域网中，任何一个节点只有在取得令牌后才能使用共享总线去发送数据。与 CSMA/CD 方法相比，令牌总线方法比较复杂，需要完成大量的环维护工作，包括环路初始化、新节点加入环、节点从环中撤出、环恢复和优先级服务等。IEEE 802.4 是令牌总线的一种标准化协议。

令牌环网是一种局域网协议，所有工作站都连接到一个环上，每个工作站只能与直接相邻的工作站传输数据。通过围绕环的令牌信息授予工作站传输权限。令牌环是 IBM 公司于 20 世纪 80 年代初开发成功的一种网络技术。之所以称为环，是因为这种网络的物理结构具有环的形状。环上有多个站逐个与环相连，相邻站之间是一种点对点的链路，因此令牌环与广播方式的以太网不同，它是一种顺序向下一站广播的局域网。相比 Ethernet，令牌环网即使负载很重，仍具有确定的响应时间。IEEE802.5 是令牌环的一种协议标准。

3. 网络节点数据传输协议

实现数据安全、可靠和高效传输是互联网的核心目标。在局域网内部，主要通过数据链路层协议来保障数据可靠传输；在广域网中，主要通过传输层协议来进一步提高数据传输的可靠性，防止链路拥堵。下面重点介绍其中的两种数据传输协议：HDLC 和 TCP 协议。

（1）HDLC 协议

1974 年，IBM 公司推出了面向比特的同步链路控制协议（SDLC）。后来，ISO 把 SDLC 修改后称为高级数据链路控制协议（HDLC）。HDLC 协议支持两种类型的传输模式：同步传输模式和异步传输模式。

异步传输模式是以字节为单位来传输数据的，并且需要采用额外的起始位和停止位来标记每个字节的开始和结束。因此，每个字节的发送都需要额外的开销。在该模式下，发送方发出数据包后，不等接收方发回响应，就可以接着发送下一个数据包。该模式可以实现点对点数据通信或多点间数据通信。在短距离串行通信系统中，一般使用异步传输模式，如计算机的串行接口 RS-232。

同步传输模式是以同定的时钟节拍来发送数据信号的。因此，在一个串行的数据流中，各信号码元之间的相对位置都是固定的，接收方为了从收到的数据流中正确地区分出一个个信号码元，必须建立准确的时钟信号，该时钟信号通常由数据通信设备（DCE）提供。在同步传输中，数据的发送一般以帧为单位，在帧的开头和结束需加上预先规定的起始序列和终止序列作为标志（如 FFH）。该模式只能支持点对点间的数据通信。在计算机网络中，一般使用的是同步传输模式（如以太网）。

（2）TCP/IP 协议

在 TCP/IP 参考模型中，TCP/IP 协议是由传输控制协议（TCP）和网际互连协议（IP）组成的。

TCP 是一种面向连接的、可靠的、基于字节流的传输层通信协议。为了使 TCP 协议能够独立于特定的网络，TCP 对报文长度有一个限定，即 TCP 传送的数据报长度要小于 64K 字节。这样，对长报文需要进行分段处理后才能进行传输。

TCP 协议不支持多播，但支持同时建立多条连接。TCP 协议的连接服务采用全双工方式。在数据传输之前，TCP 协议必须在两个不同主机的传输端口之间建立一条连接，一旦连接建立成功，在两个进程间就建立了两条相反方向的数据传输通道，可同时在两个相反方向传输字节流。TCP 建立的端到端的连接是面向应用进程的，对中间节点（如路由器）是透明的。

图 4-5 给出了两个进程建立 TCP 连接时，数据的传输过程（图中只给出了一个方向的数据传输）。由于 TCP 协议是基于字节流的，因此当上层发送进程的应用数据到达 TCP 发送缓冲后，原始数据的边界将淹没在字节流中。当 TCP 进行发送时，从发送缓冲中取一定数量的字节加上报头后组织成 TCP 报文进行发送。当 TCP 报文到达接收方的接收缓冲时，TCP 报文携带的数据也将被作为字节流处理，并提交给应用进程。这时，接收进程必须能从这些字节流中划分出原始的数据边界。

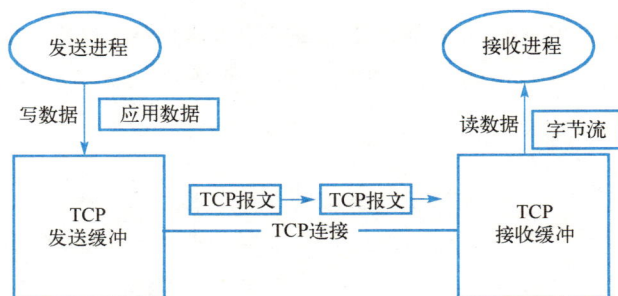

图 4-5　使用 TCP 连接进行数据传输的过程

值得注意的是，TCP 在发送报文之前，必须首先通过三次握手建立连接。在传输结束后，可以释放连接。

IP 协议是 TCP/IP 协议网络层的核心协议，它提供无连接的数据报传送机制。IP 协议只负责将分组送到目的节点，至于传输是否正确，既不做验证，又不发确认，也不保证分组的正确顺序，因此不能保证传输的可靠性。传输可靠性工作交给传输层处理。例如，如果应用层要求较高的可靠性，可在传输层使用 TCP 协议来实现。简单地说，IP 协议主要完成了以下工作：无连接的数据报传输、数据报路由（IP 路由）、分组的分段和重组。

4．网络资源共享协议

计算机网络的主要目标就是实现资源共享。可共享的资源主要包括存储资源、设备资源（如打印机）和程序资源等。针对不同的资源共享模式，由于历史原因和技术差异，导致存在多种协议共存的局面。表 4-2 给出了几种常用的网络资源共享协议的概要信息，本节只介绍其中部分协议。

表 4-6　几种常用的网络资源共享协议的概要信息

协议名称	协议内涵	协议应用背景
HTTP	超文本传输协议	用于资源搜索
FTP	文件传输协议	用于文件上传和下载
HTML	超文本标记语言	用于网页制作
SMTP	简单电子邮件传输协议	用于电子邮件的发送和邮箱间投递
POP	邮局协议	用于电子邮件的接收
Telnet	远程登录协议	用于用户远程登录主机系统

（1）HTTP 协议

超文本传输协议（HTTP）是一个客户端和服务器端请求和应答的标准。通常由 HTTP 客户端发起一个请求，建立一个到服务器指定端口（默认是 80 端口）的连接。HTTP 服务器则在指定端口监听客户端发送过来的请求，一旦收到请求，服务器向客户端发回一个响应的消息。消息体可能是请求的文件、错误消息，或者其他一些信息。客户端接收服务器所返回的信息通过浏览器显示在用户的显示屏上，然后客户机与服务器断开连接。

HTTP 协议的发展是万维网协会和 Internet 工作小组合作的结果，它们发布了一系列的

RFC 标准，其中 RFC 2616 定义了 HTTP 协议中一个现今被广泛使用的版本，即 HTTP 1.1。HTTP 1.1 能很好地配合代理服务器工作，支持以管道方式同时发送多个请求，能有效降低线路负载，提高传输速度，并且向下兼容较早的版本 HTTP 1.0。

　　HTTP 1.0 使用非持久连接，客户端必须为每一个待请求的对象建立并维护一个新的连接。因为同一个页面可能存在多个对象，所以非持久连接可能使一个页面的下载变得很缓慢。HTTP 1.1 引入了持久连接，允许在同一个连接中存在多次数据请求和响应，即在持久连接情况下，服务器在发送完响应后并不关闭 TCP 连接，而客户端可以通过这个连接继续请求其他对象，这样有助于减轻网络传输的负担。

　　（2）DNS 协议

　　为了能够正确地定位到目的主机，HTTP 协议中需要指明 IP 地址。但这种 4 字节的 IP 地址很难记忆，因此，Internet 提供了域名系统（DNS）。DNS 可以有效地将 IP 地址映射到一组用"."分隔的域名（Domain Name，DN），比如 202.117.1.13 对应的域名是 www.xjtu.edu.cn。DNS 最早于 1983 年由保罗·莫卡派乔斯（Paul Mockapetris）发明，原始的技术规范在 RFC 882 中发布。

　　Internet 中的域名空间为树状层次结构，如图 4-6 所示。最高级的节点称为"根"，根以下是顶级域名，再以下是二级域名、三级域名，以此类推。每个域名对它下面的子域名或主机进行管理。Internet 的顶级域名分为两类：组织结构域名和地理结构域名。按照组织结构划分，有 com、edu、net、org、gov、mil、int 等顶级域名，分别代表商业组织、大学等教育机构、网络组织、非商业组织、政府机构、军事单位和国际组织；按照地理结构划分，美国以外的顶级域名，一般是以国家或地区的英文名称中的两字母缩写表示，如 cn 代表中国、uk 代表英国、jp 代表日本等。一个网站的域名的书写顺序是由低级域到高级域依次通过点"."连接而成，如 www.cctv.com，www.hit.edu.cn 等。

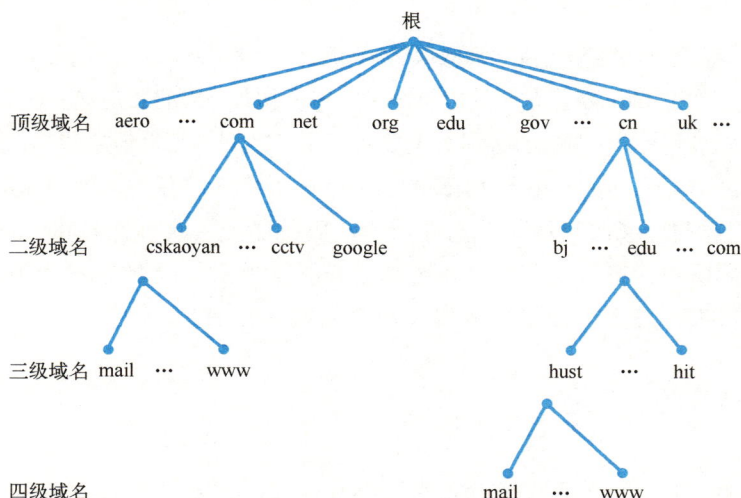

图 4-6　DNS 的域名树

相比 IP 地址，域名便于记忆，且 IP 地址和域名之间是一一对应的。DNS 查询有递归和迭代两种方式，一般主机向本地域名服务器的查询采用递归查询，即当客户机向本地域名服务器发出请求后，若本地域名服务器不能解析，则会向它的上级域名服务器发出查询请求，以此类推，最后得到结果后转交给客户机。而本地域名服务器向根域名服务器的查询通常采用迭代查询，即当根域名服务器收到本地域名服务器的迭代查询请求报文时，如果本地域名服务器中存在映射，则会直接给出所要查询的 IP 地址；否则，它仅告诉本地域名服务器下一级需要查找的 DNS 服务器，然后让本地域名服务器进行后续的查询。

（3）电子邮件服务协议

电子邮件是一种用电子手段提供信息交换的通信方式，是互联网应用最广泛的服务。我们每天都在使用电子邮箱进行交流，发送或接收各种电子邮件（E-mail）。通过网络上的电子邮件系统，用户可以以非常低廉的价格（不管发送到哪里，都只需负担网费）、非常快速的方式（几秒钟之内可以发送到世界上任何指定的目的地），与世界上任何一个角落的网络用户联系。

在电子邮件系统中，邮件发送方和接收方作为客户端，一般通过用户代理（如 Hotmail、Foxmail）来进行邮件的编辑、发送和接收，如图 4-7 所示，发送方的用户代理通过 SMTP 协议将邮件投递到发送端邮件服务器，发送端邮件服务器通过因特网投递到接收端邮件服务器，接收方的用户代理通过 POP3 协议读取邮件信息。

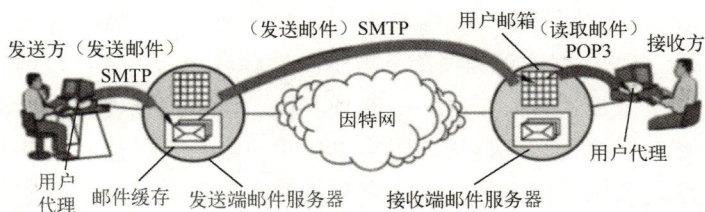

图 4-7　邮件传输模型

典型的电子邮件服务协议有以下两种。

SMTP 是简单电子邮件传输协议（Simple Mail Transfer Protocol）的英文缩写，用于电子邮件的发送。SMTP 是一种提供可靠且有效的电子邮件传输的协议。SMTP 是建立在 FTP（File Transfer Protocol）文件传输协议上的一种邮件服务，主要用于系统之间的邮件信息传递，并提供来信通知。

POP3 是邮局协议第 3 版（Post Office Protocol v3）的英文缩写，用于电子邮件的接收。POP3 是第一个离线的电子邮件协议，允许用户从服务器上接收邮件并将其存储到本地主机，同时根据客户端的操作，删除或保存在邮件服务器上的邮件。这样客户就不必长时间地与邮件服务器连接，很大程度上减少了服务器和网络的整体开销。

4.2.2　计算机网络设备

不论是局域网、城域网还是广域网，在网络互联时，一般要通过传输介质（网线）、网络接口（RJ45）和网络设备相连，这些设备可分为网内互联设备和网间互联设备，网内互联设备主要有网卡、中继器、集线器和交换机；网间互联设备主要有网桥、路由器和网关等。下面，我们首先介绍网内互联设备，然后介绍网间互联设备。

1. 传输介质与网卡

数据的传输最重要的是依靠传输介质，网络中常用的传输介质有双绞线、同轴电缆和光缆共三种。双绞线是将一对或一对以上的双绞线封装在一个绝缘外套中而形成的一种传输介质，广泛用于局域网。同轴电缆是由一根空心的外圆柱导体（铜网）和一根位于中心轴线的内导线（电缆铜芯）组成，内导线和圆柱导体及圆柱导体和外界之间用绝缘材料隔开，具有抗干扰能力好，传输数据稳定，价格便宜等优点，广泛使用于早期的计算机网络。

光缆将一定数量的光纤按照一定方式组成缆芯，外包有护套，有的还包覆外护层，它是目前广泛应用的、实现光信号传输的一种通信线路。

实际上，入射到光纤断面的光并不能全部被光纤所传输，只是在某个角度范围内的入射光才可以。这个角度就称为光纤的数值孔径。光纤的数值孔径大些对于光纤的对接是有利的。不同厂家生产的光纤的数值孔径不同。按光在光纤中的传输模式，光纤可分为单模光纤和多模光纤。

网卡是网络接口卡的简称，又称为网络适配器。网络传输的数据来源于计算机，并最终通过传输介质传送给另外的计算机，这时就需要有一个接口将计算机和传输介质连接起来，网卡起的就是这个作用。网卡根据不同的标准可以划分为以下不同的类型。

（1）100 M 网卡：传输速率为 100 Mb/s。

（2）1000 M 网卡：传输速率为 1000 Mb/s，一般传输介质采用光纤。

（3）自适应网卡：传输速率为 100 Mb/s 或者 1 000 Mb/s，根据交换机接口速率自动协商。

（3）2.5 G 高速网卡：如 InfiniBand 架构网卡的传输速率可达 2.5 Gb/s。InfiniBand 架构是一种支持多并发链接的"转换线缆"技术，每种链接都可以达到 2.5 Gb/s 的运行速度。

2. 交换机

交换机（switch）是一种在通信系统中完成信息交换功能的设备。它可以为接入交换机的任意两个网络节点提供独享的电信号通路，在同一时刻可进行多个端口对之间的数据传输。每个端口都可视为独立的网段，连接在其上的网络设备独自享有全部的带宽，无须同其他设备竞争使用。

交换机拥有一条很高带宽的背部总线和内部交换矩阵来支持每个端口的带宽独享。交换机的所有端口都挂接在这条背部总线上，控制电路收到数据包以后，处理端口会查找内存中的地址对照表以确定目的 MAC（网卡的硬件地址）的网卡挂接在哪个端口上，通过内部交换矩阵迅速将数据包传送到目的端口，若目的 MAC 不存在才广播到所有的端口，接收端口回应后交换机会"学习"新的地址，并把它添加到内部 MAC 地址表中。使用交换机也可以把网络"分段"，通过对照 MAC 地址表，交换机只允许必要的网络流量通过交换机。通过交换机的过滤和转发，可以有效地隔离广播风暴，减少误包和错包的出现，避免共享冲突。

交换机根据其在网络中的位置，可分为以下三类。

（1）接入层交换机：接入层交换机直接面向用户，将用户终端连接到网络。接入层交换机具有低成本和高端口密度特性，一般应用在办公室、小型机房和业务受理较为集中的业务部门、多媒体制作中心、网站管理中心等部门。在传输速度上，接入层交换机大都提供多个具有 10 M/100 M/1000 M 自适应能力的端口。

（2）汇聚层交换机：汇聚层交换机一般用于楼宇之间的多台接入层交换机的汇聚，它必须能够处理来自接入层设备的所有通信量，并提供到核心层的上行链路，因此汇聚层交换机与接入层交换机比较，需要更高的性能、更少的接口和更高的交换速率。

（3）核心层交换机：核心层交换机用来连接多个汇聚层交换机，其主要目的在于通过高速转发通信，提供优化、可靠的骨干传输结构，因此核心层交换机应拥有更高的可靠性、性能和吞吐量。

3. 路由器

路由和交换之间的主要区别就是交换发生在 OSI 参考模型第二层（数据链路层），而路由发生在第三层（网络层）。这一区别决定了路由和交换在传输信息的过程中需使用不同的控制信息，所以两者实现各自功能的方式是不同的。

路由器（router）是互联网络的枢纽，是一种用来连接互联网中各局域网、广域网的设备，它会根据信道的情况自动选择和设定路由，以最佳路径，按前后顺序发送信号。目前路由器已经广泛应用于各行各业，各种不同档次的产品已成为实现各种骨干网内部连接、骨干网间互联和骨干网与互联网互联互通业务的主力军。

路由器是一种具有多个输入端口和多个输出端口的分组交换设备，其基本任务是实现 IP 分组的存储转发。这就是说，IP 路由器要从各个输入端口接收 IP 分组，分析每个分组的首部，按照分组的目的地址的网络前缀（即目的网络地址）查找路由表，获得分组的下一节点地址，将分组从某个合适的输出端口转发给下一跳路由器。下一跳路由器也按照同样的方法处理分组，直到该分组到达目的网络。

无线路由器是一种用来连接有线和无线网络的通信设备，它可以通过 Wi-Fi 技术收发无线信号来与个人数码助理和笔记本等设备通信。每个无线路由器都可以设置一个业务组标识符（SSID），移动用户通过 SSID 可以搜索到该无线路由器，通过输入登录密码后可进行无线上网。SSID 是一个 32 位的数据，其值是区分英文字母大小写的。它可以是无线局域网的物理位置标识、人员姓名、公司名称、部门名称或其他自己偏好字符等。

为了进一步提高无线路由器的安全性，一种新的保护无线网络安全的 WPA 协议得到广泛应用，它包括 WPA、WPA2 和 WPA3 三个标准。无线路由器的配置对初学者来说，并不是件十分容易的事。请读者找一台无线路由器，学习配置无线路由器的方法。

4.3　物联网与数据感知

物联网是人工智能工作中的主要数据的获取来源。本节从物联网的基本概念入手，探讨物联网的主要特征、发展历程和物联网感知技术。

4.3.1　物联网的概念

物联网的英文名称为"Internet of Things"，简称 IoT。顾名思义，物联网就是一个将所有物体连接起来所组成的物-物相连的互联网络。物联网作为新技术，其定义千差万别。

一个普遍可接受的定义为：物联网是通过使用 RFID、传感器、红外感应器、全球定位系统、激光扫描器等信息采集设备，按约定的协议，把任何物品与互联网连接起来，进行信息交换和通信，以实现智能化识别、定位、跟踪、监控和管理的一种网络（或系统）。

从定义可以看出，物联网是对互联网的延伸和扩展，其用户端延伸到世界上任何的物品。在物联网中，一个牙刷、一条轮胎、一座房屋，甚至是一张纸巾都可以作为网络的终端，即世界上的任何物品都能连入网络；物与物之间的信息交互不再需要人工干预，物与物之间可实现无缝、自主、智能的交互。换句话说，物联网以互联网为基础，主要解决人与人、人与物和物与物之间的互联和通信。

除了上面的定义，物联网在国际上还有如下几个代表性描述。

国际电信联盟：从时-空-物三维视角看，物联网是一个能够在任何时间（anytime）、地点（anyplace），实现任何物体（anything）互联的动态网络，它包括了个人计算机（PC）之间、人与人之间、物与人之间、物与物之间的互联。

欧盟委员会：物联网是计算机网络的扩展，是一个实现物物互联的网络。这些物体可以有 IP 地址，嵌入到复杂系统中，通过传感器从周围环境获取信息，并对获取的信息进行响应和处理。

《中国物联网产业发展蓝皮书》：物联网是一个通过信息技术将各种物体与网络相连，以帮助人们获取所需物体相关信息的巨大网络；物联网通过使用 RFID、传感器、红外感应器、视频监控、全球定位系统、激光扫描器等信息采集设备，通过无线传感网、无线通信网络（如Wi-Fi、WLAN 等）把物体与互联网连接起来，实现物与物、人与物之间实时的信息交换和通信，以达到智能化识别、定位、跟踪、监控和管理的目的。

在物联网中，"物"的含义除了包括各种家用电器、电子设备、车辆等电子装置以及高科技产品，还包括食物、服装、零部件和文化用品等非电子类物品，甚至包括一瓶饮料、一个轮胎、一个牙刷和一片树叶等。如果再将人和信息加入到物联网中，将会得到一个集合十亿甚至万亿连接的网络。这些连接创造了前所未有的机会并且赋予沉默的物体以声音。

但是，从信息论的角度理解，物联网中的"物"都应该具有标识性、物理属性和实质上的个性，使用智能接口，实现与计算机网络的无缝整合。也就是说，物联网中的"物"必须是通过 RFID、无线网络、广域网或者其他通信方式互联的可读、可识别、可定位、可寻址、可控制的物品，其中，可识别是最基本要求。不能识别的物品或物体都不能视作物联网的要素。

为了实现"物"的自动识别，需要对物品进行编码，该编码必须具有唯一性。同时，为了便于数据的读取和传输，需要有可靠的数据传输的通路以及遵循统一的通信协议。另外，在一些智能嵌入系统中，还要求"物"具有一定的存储功能和计算能力，这就需要"物"包含中央处理器和必要的系统软件（如操作系统）。

今天，"物联网"时代正在走入"万物互联"（Internet of Everything，IoE）的时代，所有的东西将会获得语境感知、增强的处理能力和更好的感应能力。

万物互联将人、机、物有机融合在一起，给企业、个人和国家带来新的机遇和挑战，并带来更加丰富的个体生活体验和前所未有的经济发展机遇。随着越来越多的人、机、物与数据及互联网连接起来，互联网的功能爆发式增长， 并由此深入到社会生活的各个方面，改变着人们的社会生活方式。

4.3.2 物联网的主要特征

尽管对物联网概念还有其他一些不同的描述，但内涵基本相同。经过近十年的快速发展，物联网展现出了与互联网、无线传感网不同的特征。物联网主要特征包括：全面感知、可靠传递、智能处理和广泛应用四个方面。如图 4-8 所示。

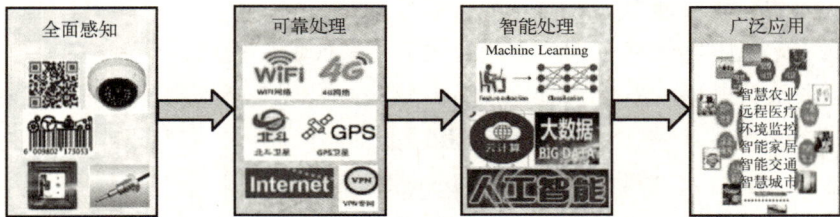

图 4-8　物联网的主要特征示意图

（1）全面感知

"感知"是物联网的核心。物联网是由具有全面感知能力的物品和人所组成的，为了使物品具有感知能力，需要在物品上安装不同类型的识别装置。例如：电子标签（tag）、条形码与二维码等，或者通过传感器、红外感应器等感知其物理属性和个性化特征。利用这些装置或设备，可随时随地获取物品信息，实现全面感知。

（2）可靠传递

数据传递的稳定性和可靠性是保证物-物相连的关键。由于物联网是一个异构网络，不同的实体间协议规范可能存在差异，需要通过相应的软、硬件进行转换，保证物品之间信息的实时、准确传递。为了实现物与物之间信息交互，将不同传感器的数据进行统一处理，必须开发出支持多协议格式转换的通信网关。通过通信网关将各种传感器的通信协议转换成预先约定的统一的通信协议。

（3）智能处理

物联网的功能是对各种物品（包括人）进行智能化识别、定位、跟踪、监控和管理等。这就需要智能信息处理平台的支撑，通过云（海）计算、人工智能等智能计算技术，对海量数据进行存储、分析和处理，针对不同的应用需求，对物品实施智能化的控制。由此可见，物联网融合了各种信息技术，突破了互联网的限制，将物体接入信息网络，实现了"物-物相连的互联网"。物联网支撑信息网络向全面感知和智能应用两个方向拓展、延伸和突破，从而影响国民经济和社会生活的方方面面。

（4）广泛应用

用户的应用需求促进了物联网的发展。早期的物联网只是在零售、物流、交通和工业等应用领域使用。近年来，物联网已经渗透到智能农业、远程医疗、环境监控、智能家居、自动驾驶等与老百姓生活密切相关的应用领域之中。物联网的应用正向广度和深度两个维度发展。特别是大数据和人工智能技术的发展，使得物联网的应用向纵深方向发展，产生了大量的基于大数据深度分析的物联网应用系统。

4.3.3　物联网的起源与发展

物联网的起源可以追溯到 1995 年。比尔·盖茨在《未来之路》一书中对信息技术未来的发展进行了预测。其中，描述了物品接入网络后的一些应用场景，这可以说是物联网概念最早的雏形。但是，由于受到当时无线网络、硬件及传感器设备发展水平的限制，并未能引起足够的重视。

1998 年，麻省理工学院（MIT）提出基于 RFID 技术的唯一编号方案，即产品电子代码（EPC），并以 EPC 为基础，研究从网络上获取物品信息的自动识别技术。在此基础上，1999 年，美国自动识别技术（AUTO-ID）实验室首先提出"物联网"的概念。研究人员利用物品编码和 RFID 技术对物品进行编码标识，再通过互联网把 RFID 装置和激光扫描器等各种信息传感设备连接起来，实现物品的智能化识别和管理。当时对物联网的定义还很简单，主要是指把物品编码、RFID 与互联网技术结合起来，通过互联网络实现对物品的自动识别和信息共享。

2005 年，国际电信联盟 ITU 发布《ITU 互联网研究报告 2005：物联网》，描述了网络技术正沿着"互联网—移动互联网—物联网"的轨迹发展，指出无所不在的"物联网"通信时代即将来临，信息与通信技术的目标已经从任何时间、任何地点连接任何人，发展到连接任何物品的阶段，而万物的连接就形成了物联网。

2007 年 1 月，欧盟委员会发布了《物联网战略研究路线图》研究报告，提出物联网是未来 Internet 的一个组成部分。2009 年，IBM 提出了"智慧地球"的设想，即把感应器嵌入和装备到电网、铁路、桥梁、隧道、公路、建筑、供水系统、大坝、油气管道等各种物体中，并且被普遍连接，形成物联网。

在中国，1999 年中国科学院启动了传感网的研究。2009 年 8 月，明确要求尽快建立中国的传感信息中心，或者称为"感知中国"中心。2010 年 3 月，国务院首次将物联网写入两会政府工作报告。2010 年 6 月，教育部开始设立"物联网工程"本科专业。2017 年 1 月，工业和信息化部发布《物联网发展规划（2016—2020 年）》，明确提出要加快发展 NB-IoT。2020 年 5 月，工业和信息化部发布了《关于深入推进移动物联网全面发展的通知》，提出建立 NB-IoT（窄带物联网）、4G 和 5G 协同发展的移动物联网综合生态体系。

1.　物联网推动工业 4.0

2011 年 4 月的汉诺威工业博览会上，德国政府正式提出了工业 4.0（Industry 4.0）战略。工业 4.0 的核心就是物联网，其目标就是实现虚拟生产和与现实生产环境的有效融合，提高企业生产率。

从 18 世纪中叶以来，人类历史上先后发生了三次工业革命，主要发源于西方国家，并由他们所创新并主导。中国第一次有机会在第四次工业革命中与世界同步，并立于浪潮之上。

图 4-9 给出了四次工业革命的发展示意图。

图 4-9　四次工业革命的发展示意图

（1）第一次工业革命

第一次工业革命是指 18 世纪 60 年代从英国发起的技术革命，人类社会开始从农耕文明向工业文明过渡。1733 年，机械师凯伊发明了"飞梭"，大大提高了织布的速度。1764 年，织工哈格里夫斯发明了"珍妮纺织机"，揭开了工业革命的序幕。从此，在棉纺织业中出现了螺丝机、水力织布机等先进机器。不久，在采煤、冶金等许多工业部门，也都陆续有了机器生产。**蒸汽机的发明和使用是第一次工业革命的主要标志。**1765 年，瓦特运用科学理论，发明了设有与汽缸壁分开的凝汽器的蒸汽机，并于 1769 年取得了英国的专利。1785 年，瓦特制成的改良型蒸汽机投入使用，提供了更加便利的动力，迅速得到推广，大大推动了机器的普及，人类社会由此进入了"蒸汽时代"。

（2）第二次工业革命

第二次工业革命的标志是电的发明和使用，人类社会开始从工业文明向社会文明过渡。1866 年，德国工程师西门子发明了世界上第一台大功率发电机，这标志着第二次工业革命的开始。电器开始用于代替机器，成为补充和取代以蒸汽机为动力的新能源。随后，电灯、电车、电影放映机相继问世，人类进入了"电气时代"。**以煤气和汽油为燃料的内燃机的发明和使用，是第二次工业革命的另一个标志。**1862 年，法国科学家罗沙对内燃机热力过程进行理论分析之后，提出提高内燃机效率的要求，这就是最早的四冲程工作循环。1876 年，德国发明家奥托（Otto）运用罗沙的原理，创制成功第一台以煤气为燃料的往复活塞式四冲程内燃机。"电气时代"的到来，使得电力、钢铁、铁路、化工、汽车等重工业兴起，石油成为新能源，并促使交通的迅速发展，世界各国的交流更为频繁，并逐渐形成一个全球化的国际政治、经济体系，人类生活更加便捷、生活水平快速提高。

（3）第三次工业革命

第三次工业革命是以原子能、电子计算机、空间技术和生物工程的发明和应用为主要标志，涉及信息技术、新能源技术、新材料技术、生物技术、空间技术和海洋技术等诸多领域的一场信息技术革命。**电子计算机的发明和使用是第三次工业革命的主要标志。**1946 年，世界上第一台电子计算机——"电子数字积分计算机"（ENIAC）在宾夕法尼亚大学问世。1971 年，世界上第一台微处理器的诞生，1981 年，IBM 个人计算机出现，开创了微型计算机时代，计算机开始进入千家万户。**空间技术的利用和发展也是第三次工业革命的一大成果。**1957 年，苏联发射了世界上第一颗人造地球卫星。1969 年，美国实现了人类登月的梦想。1970 年以来，中国宇航空间技术迅速发展，现已跻身于世界宇航大国之列。目前，第三次工业革命风起云涌，还在全球扩散和传播。

（4）第四次工业革命

前三次工业革命使得人类发展进入了空前繁荣的时代，与此同时，也造成了巨大的能源、资源消耗，付出了巨大的环境代价、生态成本，急剧地扩大了人与自然之间的矛盾。进入 21 世纪，人类面临空前的全球能源与资源危机、全球生态与环境危机、全球气候变化危机等多重挑战，由此引发了第四次工业革命，即绿色的工业革命。物联网技术的出现是第四次工业革命的主要标志。21 世纪发动和创新的第四次绿色工业革命，中国第一次与美国、欧盟、日本等发达国家站在同一起跑线上，并在某些领域引领世界。

2. 物联网支撑智能制造

最近几年，在物联网与人工智能等新一代信息技术的支撑下，中国制造取得了辉煌成就。

（1）空中造楼机

武汉某中心项目预计建筑高度有 635 米（后调整为 500 米），面对超高建筑的挑战，建造者们使用了一个神奇的机器，这台足有 4.5 层楼高的红色巨型机器，正是中国最新一代的空中造楼机，也就是武汉绿地项目的智能顶升平台。智能顶升平台是集成诸多传感器与控制器的空中造楼机，拥有 4000 多吨的顶升能力，使用它在高空进行施工作业毫无难度。而且它还能在八级大风中平稳进行施工，四天一层的施工速度更是让国内外惊艳，这台空中造楼机完美地展现了中国超高层建筑施工技术，在全世界处于领先的地位。

（2）穿隧道架桥机

近些年，中国高铁的发展速度令世人瞩目，逢山开路、遇水架桥，中国速度的背后，离不开一种独一无二的机械装备——穿隧道架桥机。穿隧道架桥机的前后左右共有上百个传感器，具有转向、防撞、测速等功能。工作人员根据这些传感器数据，可以判断架桥机的运行情况，进行精准控制。穿隧道架桥机让中国高铁桥梁的建设不断提速。2018 年刚刚通车的渝贵铁路，全长约为 345 公里，桥梁 209 座，历时 5 年修建完成，如果没有穿隧道架桥机，工期可能延长 50%以上。

（3）隧道掘进机

2015 年 12 月，中国首台自主研制的双护盾硬岩隧道掘进机研制成功，该机器具有掘进速度快、适合较长隧道施工的特点。每台隧道掘进机上包括使用物联网技术的探测系统和控制系统，如激振系统、接收传感器、破岩震源传感器、噪声传感器等。现代盾构掘进机采用了类似机器人的技术，如控制、遥控、传感器、导向、测量、探测、通信技术等，集机、电、液、传感、信息技术于一体，具有开挖切削土体、输送土渣、拼装管片、隧道衬砌、测量导向纠偏等功能，是目前最先进的隧道掘进设备之一。

显然，随着物联网的发展，中国智能制造技术不断被激发，呈现出蓬勃生机。

4.3.4　基于物联网的人工智能数据感知技术

人工智能算法需要大量的数据进行训练和学习，以提高模型的准确性和泛化能力，物联网感知技术提供的海量数据正好满足了这一需求。具体体现在以下几个方面。

（1）物联网通过各种传感器、智能设备等将物理世界的各种物体连接起来，形成了一个庞大的网络。这些设备能够实时采集和传输数据，为人工智能算法提供了丰富的数据源。

（2）物联网能够实时地感知和响应物理世界的变化，采集的数据具有实时性和动态性。这对于人工智能算法的训练和优化至关重要，因为算法需要不断适应和学习新的数据模式。

（3）物联网设备种类繁多，采集的数据也呈现出多样性和复杂性。这些数据涵盖了文本、图像、语音、视频等多种类型，为人工智能算法提供了丰富的训练样本和测试环境。

（4）为了确保人工智能模型的可靠性，数据的质量至关重要。物联网设备采集的数据通常具有较高的真实性和准确性，因为它们是直接从物理世界中获取的。

传感与检测技术是实现物联网数据采集的基础。传感是把各种物理量转变成可识别的信号量的过程，而检测是指对物理量进行识别和处理的过程。例如，我们用湿敏电容把湿度信号转变成电信号，这就是传感；我们对传感器得来的信号进行数字化处理的过程就是检测。

1. 传感检测模型

图 4-10 给出的是将物理信号转换为数字信号的传感检测与反馈控制模型。该模型由传感器部件、信号处理部件和反馈控制部件（可选）三大部分组成。

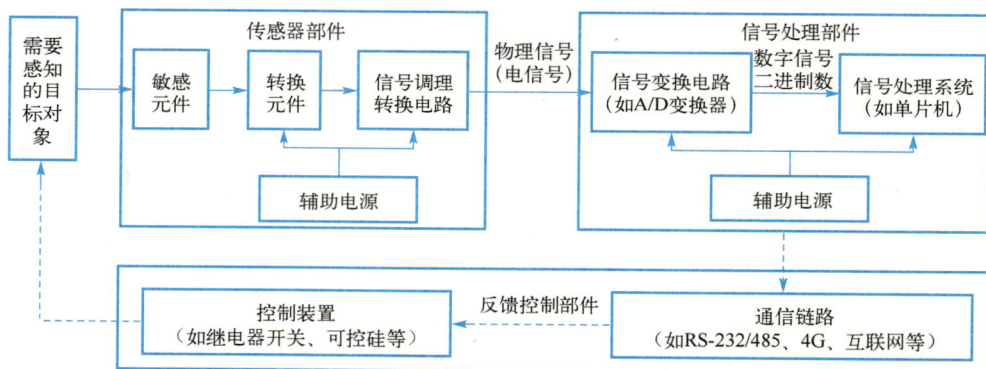

图 4-10　传感检测与反馈控制模型的功能结构

（1）传感器部件

传感器部件由敏感元件、转换元件和信号调理转换电路组成。敏感元件是指传感器中能直接感受或响应被测对象的部分；转换元件是指传感器中能将敏感元件感受或响应的被测量转换成适于传输或测量的电信号的部分。

由于传感器输出信号一般都很微弱（毫伏级），因此还需要一个信号调理转换电路对微弱信号进行放大或调制等，使得其达到信号变换电路（如 A/D 变换器）能够识别的范围（伏特级）。此外传感器的工作必须有辅助电源，故电源也作为传感器组成的一部分。

随着半导体器件与集成技术在传感器中的应用，传感器的信号调理转换电路与敏感元件和转换元件通常会被集成在同一芯片上，并安装在传感器的壳体里。传感器部件的输出电量有很多种形式，如电压、电流、电容、电阻等，输出信号的形式由传感器的原理确定。

（2）信号处理部件

信号处理部件通常由信号变换电路和信号处理系统及辅助电源构成。

信号变换电路负责对传感器输出的电信号进行数字化处理（即转换为二进制数据），一般由模数转换电路（即 A/D 变换器）构成。A/D 转换器简称 ADC，通常是指一个将模拟信号转变为数字信号的电子元件，其功能是将一个输入的电压信号转换为一个输出的数字信号。由于数字信号本身不具有实际意义，因此其仅仅表示一个相对大小。故任何一个 A/D 转换器都需要一个参考模拟量作为转换的标准，比较常见的参考标准为最大的可转换信号大小。而输出的数字量则表示输入信号相对于参考信号的大小。

A/D 转换一般要经过采样、量化和编码等几个步骤。采样是指用每隔一定时间的信号样值序列来代替原来在时间上连续的信号，也就是在时间上将模拟信号离散化；量化是用有限个幅度值近似原来连续变化的幅度值，把模拟信号的连续幅度变为有限数量的有一定间隔的离散值；编码则是先按照一定的规律，把量化后的值用二进制数字表示，然后转换成二值或多值的数字信号流。这样得到的数字信号方便计算机进行处理或进行远程传输。

信号处理系统一般由单片机或微处理器组成，按照某种规则或算法将二进制数据转换为用户容易识别的信息（如温度、湿度、压力等）。单片机又称单片微控制器，已广泛应用到智能仪表、实时工控、通信设备、导航系统、家用电器等设备中。在单片机中，主要包含微处理器（CPU）、只读存储器（ROM）和随机存储器（RAM）等。在新一代单片机中，也开始集成 A/D 转换器、D/A 转换器等功能，这样，单片机的功能更加强大，所构造的系统更加小型化。

（3）反馈控制部件

反馈控制部件包括通信链路和控制装置两部分。检测的信号如果需要反馈到目标对象进行控制，则由信号处理部件的信号处理系统形成决策，决策结果通过通信链路（如有线链路 RS232/485、无线链路 4G 等）发送到控制装置，由控制装置对目标对象进行实时反馈控制。需要说明的是，由于反馈控制不是每个物联网系统都需要的，因此在图中使用虚线表示。

2. 传感器的分类

传感器是实现自动检测和自动控制的首要环节，如果没有传感器对原始参数进行精确可靠的测量，那么无论是信号转换或信息处理，数据显示或精确控制都是不可能实现的。

传感器一般是根据物理学、化学、生物学等特性、规律和效应设计而成的，其种类繁多，往往同一种被测量可以用不同类型的传感器来测量，而同一原理的传感器又可测量多种物理量，因此传感器有许多种分类方法。

根据被测对象划分，常见的有温度传感器、湿度传感器、压力传感器、位移传感器、加速度传感器和光学传感器。

（1）温度传感器：是利用物质各种物理性质随温度变化的规律将温度转换为电信号的传感器。温度传感器是温度测量仪表的核心部分，种类繁多。按测量方式可分为接触式和非接触式两大类，按照传感器材料及电子元件特性可分为热电阻和热电偶两大类。

（2）湿度传感器：是能感受气体中水蒸气含量，并将其转换成电信号的传感器。湿度传感器的核心器件是湿敏元件，它主要有电阻式、电容式两大类。湿敏电阻的特点是在基片上覆盖一层用感湿材料制成的膜，当空气中的水蒸气吸附在感湿膜上时，元件的电阻率和电阻值都会发生变化，利用这一特性即可测量湿度。湿敏电容则是用高分子薄膜制成的电容。常用的高分子材料有聚苯乙烯、聚酰亚胺、醋酸纤维等。

（3）压力传感器：是能感受压力并将其转换成可用输出信号的传感器，主要是利用压电效应制成的。压力传感器是工业实践中最为常用的一种传感器，广泛应用于各种工业自控环境，涉及水利水电、铁路交通、智能建筑、生产自控、航空航天、军工、石化、油井、电力、船舶、机床、管道等众多行业。

（4）位移传感器：又称为线性传感器，它分为电感式位移传感器、电容式位移传感器、光电式位移传感器，超声波式位移传感器、霍尔式位移传感器。电感式位移传感器是属于金属感应的线性器件，接通电源后，在开关的感应面将产生一个交变磁场，当金属物体接近此感应面时，先在金属中产生涡流而吸收了振荡器的能量，使振荡器输出幅度线性衰减，然后根据衰减量的变化来完成无接触检测物体。

（5）加速度传感器：是一种能够测量加速度的电子设备。加速度计有两种：一种是角加速度计，是由陀螺仪（角速度传感器）改进的；另一种是线加速度计。

（6）光学传感器：是依靠光与物质之间的相互作用来检测环境变化的设备。它们通常由光源（如 LED 或激光器）和光电探测器组成，光电探测器将接收到的光转换为电信号。通过测量光的强度、波长或偏振的变化，光学传感器可以确定物体的存在、距离或属性。光学传感器在工业自动化、轨道交通、环境监测和医疗设备等领域有着广泛的应用。

摄像头（视觉传感器）是一种使用光学传感器件来获取物体图像的设备，它能够将物体图像转化为数字信号，并且可以对图像进行处理和分析。通过使用摄像头，可以使机器或设备具有类似于人眼的感知能力，从而实现更高效、精确和自动化的操作。

3. 手机中的传感器

随着智能手机硬件配置不断提高，内置的传感器种类越来越多，如图 4-11 所示。这些传感器不仅提高了手机的智能，还让手机的功能越来越强大，并且产生海量的各类数据，这些数据为人工智能技术的发展提供了有力的支持，是大数据驱动人工智能发展的核心。那么，手机中有哪些传感器呢？它们有什么作用呢？正是这些传感器，让手机具备良好的人机交互性。下面介绍手机中常见的几种传感器的功能及其应用场景。

（1）重力传感器

重力传感器是一种运用压电效应实现的可测量加速度的电子设备，所以又称为加速度传感器。重力传感器内部的重力感应模块由一片重力块和压电晶体组成。当手机发生动作时，重力块会和手机受到同一个加速度，这样重力块作用于不同方向的压电晶体上的力也会改变，这样输出的电压信号也就发生改

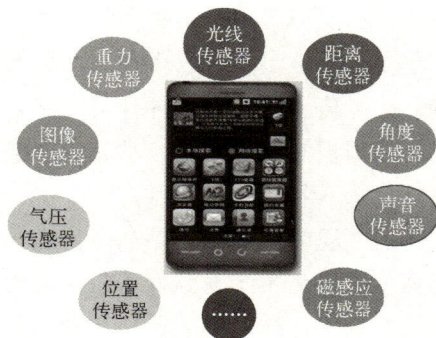

图 4-11　手机中的传感器

变，根据输出电压信号就可以判断手机的方向了。这种重力感应装置常用于自动旋转屏幕以及一些游戏。例如，我们晃动手机就可以完成赛车类游戏的转弯动作，主要就是靠重力传感器。

（2）光线传感器

光线传感器可能是我们最为熟悉的元件了，它是控制屏幕亮度的传感器。在阳光下，光线传感器就会让手机变亮，从而让我们能在任何环境下都可以清晰地看清手机屏幕上面的字。光线感应器由投光器和受光器组成，投光器先将光线聚焦，再传输至受光器，最后通过感应器接收变成电信号。

（3）距离传感器

距离传感器就是用来测量距离的，距离传感器会向外发射红外光，物体能反射红外光，所以当物体靠近时，物体反射的红外光就会被元件监测到，这时就可以判断物体靠近的距离。例如，当拿起手机接电话时，手机会黑屏，以防止我们误操作，这种功能的实现就是靠的距离传感器。

（4）角度传感器

角度传感器主要通过陀螺仪来实现。陀螺仪是一种用于测量角度和维持方向的设备，原理是基于角动量守恒原理。陀螺仪主要应用于手机摇一摇，或者在某些游戏中可以通过移动手机改变视角，如 VR。另外，当我们进入隧道后，卫星定位系统很可能没有信号，而这时导航系统仍能继续工作，其功能也是靠陀螺仪实现的。

（5）磁感应传感器

磁感应传感器是可以测量地磁场的传感器，由各向异性磁制电阻材料构成，当这些材料感受到微弱的磁场变化时，会导致自身电阻发生变化，输出的电压就会改变，就可以以此判断地磁场的朝向。磁感应传感器主要用于手机指南针、辅助导航系统，而且使用前需要手机旋转或者摇晃几下才能准确指示磁场方向。

（6）位置传感器

手机中的位置传感器主要集成在手机的空间定位模块中，包括 GPS 模块、北斗卫星定位模块等。定位模块的主要功能是获取手机的位置信息，接收来自至少四颗 GPS 卫星的信号，这些信号包含时间戳和卫星的位置信息。通过测量信号从卫星到接收器（即手机）所需的时间，GPS 模块能够计算出手机与每颗卫星之间的距离，并结合这些信息使用三角测量法确定手机在地球上的精确位置。目前，空间定位模块已经升级为 A-GPS（辅助全球定位系统）。

（7）气压传感器

气压传感器主要用于检测大气压，通过对大气的检测，据此判断海拔和高程。其主要用于辅助导航定位系统和显示楼层高度。尽管之前的手机上面并没有这个传感器，但是现在上市的手机大部分都配备了这个传感器。

（8）声音传感器和图像传感器

声音传感器用来支持手机语言录制和语音通话，图像传感器用来拍照和录制视频。这两种传感器是手机中使用最早、也是应用最广泛的。

4.4 本章小结

本章介绍了人工智能的计算网络环境，包括计算机网络的概念与体系架构、网络数据的封装过程、计算机网络协议和设备；讲述了人工智能的数据感知环境，包括物联网的概念与特征、物联网的起源与发展、物联网感知技术等。

本 章 习 题

一、选择题

1. 计算机网络的主要功能是（　　）。
   A. 数据共享　　　　B. 资源共享　　　　C. 信息传递　　　　D. 以上都是

2. OSI 模型（开放系统互联模型）共有（　　）层。
   A. 4　　　　　　　B. 5　　　　　　　C. 7　　　　　　　D. 9

3. 数据在网络中传输时，首先被封装在（　　）。
   A. 物理层　　　　B. 数据链路层　　　C. 网络层　　　　D. 传输层

4. 在 TCP/IP 协议栈中，负责可靠数据传输的是（　　）。
   A. 链路层　　　　B. 网络层　　　　C. 传输层　　　　D. 应用层

5. 下列哪项不是常见的网络设备？（　　）
   A. 路由器　　　　B. 交换机　　　　C. 打印机　　　　D. 调制解调器

6. HTTP 属于 OSI 模型的（　　）。
   A. 表示层　　　　B. 会话层　　　　C. 传输层　　　　D. 应用层

7. 物联网的英文缩写是（　　）。
   A. IoE　　　　　B. IoT　　　　　C. IoV　　　　　D. IoF

8. 物联网的起源可以追溯到（　　）。
   A. 工业革命　　　B. 信息时代　　　C. 蒸汽时代　　　D. 互联网时代

9. 以下哪项不是物联网的特征？（　　）
   A. 全面感知　　　B. 可靠传输　　　C. 智能处理　　　D. 单向通信

10. IP 地址的作用是（　　）。
    A. 标识网络设备　　　　　　　　　B. 确保数据安全
    C. 加快数据传输速度　　　　　　　D. 提高网络覆盖范围

11. 计算机网络体系架构的核心思想是（　　）。
    A. 模块化　　　　B. 集中化　　　　C. 标准化　　　　D. 分布式

12. 数据链路层通过（　　）来识别不同的设备。

    A. IP 地址 　　　　　B. MAC 地址 　　　　C. 域名 　　　　　D. 端口号

13. 物联网技术最早在（　　）领域得到广泛应用。

    A. 军事 　　　　　　B. 教育 　　　　　　C. 医疗 　　　　　D. 农业

14. TCP 协议通过（　　）来保证数据传输的可靠性。

    A. 确认应答与超时重传 　　　　　　B. 数据加密

    C. 数据压缩 　　　　　　　　　　　D. 流量控制

15. 以下哪项技术主要用于通过接收卫星信号来确定地球上某一位置的精确坐标？（　　）

    A. 蓝牙技术 　　　　　　　　　　　B. 北斗卫星定位系统

    C. 近场通信（NFC） 　　　　　　　D. 无线电广播

16. 手机中的（　　）可以帮助设备检测其相对于地面的方向变化，如倾斜或旋转。

    A. 加速度传感器 　　　　　　　　　B. 陀螺仪（角度传感器）

    C. 光线传感器 　　　　　　　　　　D. 距离传感器

17. （　　）在手机中用于自动调节屏幕亮度和节省电池电量。

    A. 磁感应传感器 　　B. 光线传感器 　　C. 压力传感器 　　D. 温度传感器

18. 手机中的（　　）通常用于检测用户是否正在接近屏幕。

    A. 指纹识别传感器 　　　　　　　　B. 重力传感器

    C. 距离传感器 　　　　　　　　　　D. 湿度传感器

19. 手机中的（　　）用于检测设备的运动状态，如加速和减速。

    A. 光线传感器 　　　B. 加速度传感器 　　C. 磁感应传感器 　D. 距离传感器

20. 手机中的（　　）用于检测用户正在手写文字。

    A. 压力传感器 　　　B. 指纹识别传感器 　　C. 温度传感器 　D. 距离传感器

二、问答题

1. 简述计算机网络体系架构的作用。

2. 描述数据在网络中从源到目的地的封装和解封装过程。

3. 列举并解释三种常见的计算机网络协议。

4. 简述物联网的概念。

5. 简述物联网的发展对社会有哪些主要影响。

6. 简述物联网中的标识技术有哪些重要作用。

7. 简述物联网的起源及其发展过程中的重要里程碑。

8. 简述在物联网系统中，感知层的主要功能是什么。

第 5 章　人工智能的基本技术

　　人工智能的基本技术范畴非常大，如传统人工智能中的搜索与剪枝、进化计算、专家系统等，现代人工智能中的神经网络、机器学习和深度学习等。本章主要讲解传统人工智能中的专家系统，现代人工智能中的 BP 神经网络和深度神经网络。

5.1　专家系统

专家系统是一种典型的早期人工智能技术，它主要关注的是如何使机器模拟、延伸和扩展人类的智能行为，特别是那些在过去需要人类智能才能完成的任务。这些技术通常涉及算法、数据结构、计算模型和编程方法等多个方面，旨在实现机器的智能决策、学习和推理等功能。

5.1.1　专家系统的概念

专家系统是一种模拟人类专家决策过程的计算机程序，它利用规则和知识库来模仿人类专家的推理过程。按照专家系统的奠基人——斯坦福大学的费根鲍姆（E. A. Feigenbaum）教授的定义，专家系统是一种智能的计算机程序，它运用知识和推理来解决只有专家才能解决的复杂问题。也就是说，专家系统是一种模拟专家决策能力的计算机系统。

专家系统能够在特定领域内运用领域专家多年积累的经验和专业知识，求解需要专家才能解决的困难问题。专家系统在医疗诊断、化学分析、计算机系统配置等领域取得了显著成果。尽管专家系统在特定领域取得了一定成功，但它们在处理复杂、不确定环境时的能力有限，并且难以适应动态变化的环境。

1. 专家系统的发展历程

专家系统的发展历程大致可以分为以下三个阶段。

（1）初创期（1971 年前）

1965 年，斯坦福大学成功研制了 DENRAL 专家系统。该系统具有丰富的化学知识，可根据质谱数据帮助化学家推断分子结构，标志着专家系统的诞生。这一阶段的专家系统主要依赖于领域专家的感官和专业经验，只能做简单的数据处理。虽然具有高度的专业化水平和对专门问题的求解能力，但结构、功能不完整，移植性差，缺乏解释功能。

（2）成熟期（1972—1977 年）

到 20 世纪 70 年代中期，专家系统逐步成熟起来，其观点逐渐被人们接受，并先后出现了一批卓有成效的专家系统。其中最具代表性的是肖特立夫等人的 MYCIN 系统，该系统用于诊断和治疗血液感染及脑炎感染，可给出处方建议。另一个非常成功的专家系统是 PROSPCTOR 系统，它用于辅助地质学家探测矿藏，是第一个取得明显经济效益的专家系统。

这一阶段的专家系统以单学科专业型专家系统为主，可以以信号处理为依托，应用传感器技术和远程控制技术、实现远程技术支持。该阶段的专家系统结构完整，功能较全面，移植性好，具有一定的推理解释功能，能够进行启发式推理和不精确推理。

（3）发展期（1978 年至今）

20 世纪 80 年代中期以后，专家系统在应用上发展最明显的特点是出现了大量的投入商业化运行的系统，并为各行业产生了显著的经济效益。例如，DEC 公司与卡内基梅隆大学合作开发的 XCON-R1 专家系统，每年可为 DEC 公司节省数百万美元。

随着人工智能和信息技术的进步，专家系统的研究快速发展，应用也日益增多。专家系统已经发展出了多种类型的系统，如解释专家系统、预测专家系统、诊断专家系统、设计专家系统、规划专家系统、监视专家系统、控制专家系统、修理专家系统和教学型专家系统等。

综上所述，专家系统作为一种基于知识的智能程序系统，已经经历了从初创期到成熟期再到发展期的演变过程。随着技术的不断进步和应用领域的不断拓展，专家系统将在未来继续发挥重要作用。

2. 专家系统的分类

专家系统可以根据不同的分类标准进行分类，以下是一些主要的分类方式及其对应的类别。

（1）按知识表示技术分类

基于逻辑的专家系统：这类系统使用逻辑形式表示知识和推理规则，通过逻辑推理来解决问题。例如，利用机器证明应用题，实现简单人机对话等。这一阶段的技术和系统主要基于知识库和推理引擎的计算机程序。

基于规则的专家系统：以产生式规则作为知识的基本表示形式，通过规则匹配和推理来解决问题。这些系统通常依赖于领域专家的知识和经验来制定规则，并在特定领域内提供决策支持。基于规则的系统在多个领域得到了应用，如金融风险评估、工业控制等。然而，随着问题的复杂性和不确定性增加，基于规则的系统可能变得难以管理和维护。

基于语义网络的专家系统：使用语义网络来表示知识，其中节点表示概念或实体，边表示关系或属性。基于语义网络的专家系统通过语义网络来表示和组织知识，利用推理机制进行问题求解和决策支持。在推理过程中，系统会根据用户输入的问题或情境在知识库中查找相关的节点和关系，通过推理规则推导出答案或建议。

（2）按体系结构分类

集中式专家系统：知识和控制机制都集中在一个系统或模块中，结构相对简单，易于实现和维护。

分布式专家系统：由多个物理上独立的专家系统节点通过网络连接而成，共同协作以解决复杂问题。

神经网络专家系统：利用神经网络模拟人类专家思维过程，进行知识表示、推理和决策。

符号系统与神经网络相结合的专家系统：融合了符号逻辑和神经网络技术的智能系统，旨在结合两者的优势以提供更全面、高效和智能的问题解决方案。

5.1.2 专家系统的构成

专家系统作为一种计算机系统，继承了计算机快速、准确的特点，在某些方面比人类专家更可靠、更灵活，可以不受时间、地域及人为因素的影响。所以，专家系统的专业水平能够达到甚至超过人类专家的水平。

专家系统是一种模拟人类专家决策能力的计算机系统，其主要组成如图 5-1 所示。

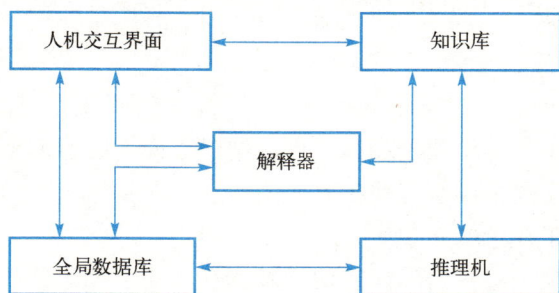

图 5-1　专家系统的基本架构

知识库：主要用于存储领域专家提供的专门知识。包括存储和管理专家知识和经验，供推理机使用，具有存储、检索、编辑、增删和修改等功能。知识库中的知识来源于知识获取机构，同时它又为推理机提供求解问题所需的知识。

人机交互界面：知识工程师采用"专题面谈""记录分析"等方式获取知识，先经过整理后，再输入知识库，它是专家系统中最重要的部分，帮助用户与专家系统进行通信的界面。知识的获取主要通过人机接口与领域专家及知识工程师进行交互，然后更新、完善、扩充知识库中存储的知识。

全局数据库：用来存储系统推理过程中用到的控制信息、中间假设和中间结果。

推理机：用于利用知识进行推理，求解专门问题，具有启发推理、算法推理；正向、反向或双向推理等功能。

解释器：用于向用户解释系统的行为，包括解释"系统是怎样得出这一结论的""系统为什么要提出这样的问题来询问用户"等用户需要解释的问题。

这些组成部分共同协作，使得专家系统能够模拟人类专家的决策过程，解决需要人类专家处理的复杂问题。

专家系统的核心是知识库和推理机，其工作过程是根据知识库中的知识和用户提供的事实进行推理，不断地由已知的事实推出一些结论（即中间结果）并将中间结果放到数据库中，作为新的事实进行推理。在专家系统的运行过程中，会不断地通过人机接口与用户进行交互，向用户提问，并向用户做出解释。

推理机的功能是模拟领域专家的思维过程，控制并执行对问题的求解。它能根据当前综合数据库中的已知事实，利用知识库中的知识，按一定的推理方法和控制策略进行推理，直到得出相应的结论为止。

5.1.3　专家系统的应用

典型的专家系统是模糊智能控制系统。在日常生活中，经常要遇到有关模糊智能控制的问题，其中最典型的例子莫过于用桶装水。一般地，人们用桶装水时总是有意无意地这样做。

- 当水桶是空的或有很少的水时，将水龙头开到最大。
- 当水桶中的水较多时，把水龙头拧小一些。
- 当水桶里的水快满时，将水龙头拧到很小。
- 当水桶满时，关掉水龙头，以节约用水。

上述规则就是我们控制装自来水的经验知识，它们是用语言来表达的。在这里，"很少""比较多""快满了"等均为模糊词，可以把模糊词定义为模糊集合。在模糊智能控制中，规则起关键作用，它是模糊智能控制系统的核心。在实际应用中，我们可以将这些轨迹组合起来，构成一个用于决策的知识库。

获取的知识不外乎理论联系实际，密切联系群众，其主要途径有三条：其一是获取从事控制系统设计的专家的经验；其二是提炼系统操作者的经验；其三是对系统进行理论分析。三者相辅相成，不可分割。

首先，通过了解从事控制系统设计的专家设计思想，结合自己的控制经验，从已有的控制系统中挖掘出有益的东西，经过提炼，从而获得系统的有关控制经验或方法。

操作者利用手工控制对象的经验也十分重要，它是实现一个工业自动控制系统必须获得的知识之一，它们有一套完整的经验和方法来保证系统的有效运行，是设计模糊智能控制系统的控制规则的知识重要来源。另外，控制软件设计者本身对控制对象的熟悉程度也是设计模糊智能控制系统的重要知识来源。

在获得了控制的经验知识后，就必须将这些知识用某种方法表示出来。一条规则通常由两部分组成，即前件（如果部分）和后件（结论部分）。前件和后件都可以包含很多条件子句。知识是组成知识库的基本构件，这些基本构件开始很不完善，必须对它们进行理论分析，并适当进行调整、补充、完善与优化，从而生成知识库的控制规则。建立一个知识库的一般步骤如图 5-2 所示。

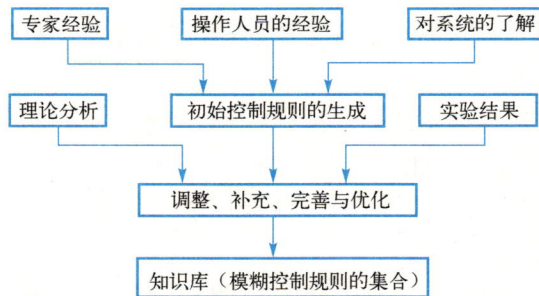

图 5-2　建立一个知识库的一般步骤

图 5-3 是一个典型二阶惯性系统的过渡过程，我们将其划分为四个阶段来分析。这四个阶段是：上升段 AB，超调段 BC，回调段 CD 以及下降段 DE。

对于上升段 AB，控制的首要目标是使系统的采样值快速接近设定值而稳定地下来，使超调尽量少。该段是过程控制中最关键的部分。通常，若测量值偏离设定值较远，必须加大控制量，使上升速度加快；若接近设定值，必须使控制量减少，以防止由于惯性而超调。在模糊智能控制中，对 AB 段的控制规则包括：

如果偏差较大，则加大控制量，使温度加速上升；

如果偏差中等，而上升速度较大，则稍微减小上升速度；

如果偏差中等，而上升速度较小，则保持上升速度不变；

如果偏差中等，而上升速度近零，则稍微增加上升速度；

如果偏差较小，而上升速度较大，则较大减小上升速度；

如果偏差较小，而上升速度较小，则稍微减小上升速度；

如果偏差较小，而上升速度近零，则使上升速度为零，利用惯性接近设定值；

如此等等。

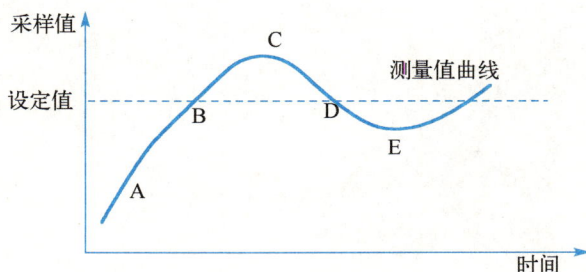

图 5-3　一个典型二阶惯性系统的过渡过程

对于超调段 BC，由于实际值超过设定值，这时的控制目标是使实际值回调到设定值。一般需要减少控制量。

对于回调段 CD，其控制方法与上升段相似，也就是要保证回调速度快而稳定，并且不出现继续下降温度的趋势。其控制规则与 AB 的类似，但力度要稍微减弱。

对于下调段 DE，由于控制系统的控制量不能维持实际值在设定值附近或之上，而使得温度下降到了设定温度下。这时应该稍微增加控制量，维持温度回稳是必须的。该段的控制规则与 CD 段的有些类似，但是控制变化点的力度要稍微减弱。

通过对上述二阶惯性系统的分析，可以生成一组初始控制规则。进一步的试验和理论分析可以完善这些规则。

尽管一些复杂的专家系统取得了很好的进展，但仍然存在许多问题，无法长期使用。主要原因在于专家数据匮乏而昂贵，也就是知识获取成了问题。因此，目前专家系统研制的目的不是研制人工智能专家代替人类专家，而是研制人类专家的人工智能助手。

5.2　神经网络

生物神经网络的工作模式启发科学家开展了人工神经网络模型研究。人工神经网络模型的发展，极大地推动了人工智能的发展。下面首先简要介绍生物神经网络，然后介绍几种典型的神经网络模型。

5.2.1　生物神经网络

生物神经网络（biological neural networks）一般指生物的大脑神经元，细胞、触点等组成的网络，用于产生生物的意识，帮助生物进行思考和行动。生物神经网络是由大量的生物神经元构成的。每个神经元由细胞体（soma）、树突（dendrites）、轴突（axon）、突触（synapse）、细胞核和髓鞘等组成，如图5-4所示。

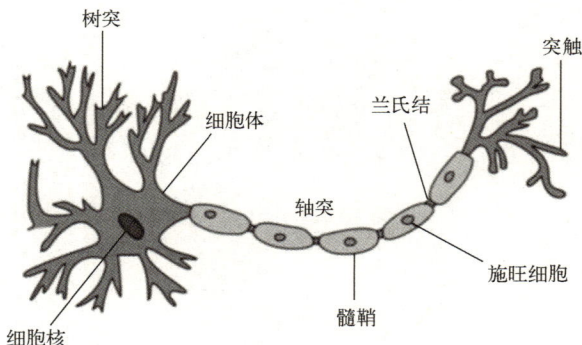

图 5-4　典型的生物神经元

在生物神经网络中，生物神经元的主体部分为细胞体。细胞体由细胞核、细胞质、细胞膜等组成。神经元还包括树突和一条长的轴突。由细胞体向外伸出的最长的一条分支称为轴突即神经纤维。轴突末端部分有许多分枝，称为轴突末梢。一个神经元通过轴突末梢与十到十万个其他神经元相连接，组成一个复杂的神经网络。轴突是用来传递和输出信息的，其端部的许多轴突末梢为信号输出端子，将神经冲动传给其他神经元。由细胞体向外伸出的其他许多较短的分支称为树突。树突相当于细胞的输入端，树突的全长各点都能接收其他神经元的冲动。神经冲动只能由前一级神经元的轴突末梢传向下一级神经元的树突或细胞体，不能进行反向传递。

神经元具有两种常规工作状态：兴奋与抑制，即满足"0-1"律。当传入的神经冲动使细胞膜电位升高超过阈值时，细胞进入兴奋状态，产生神经冲动并由轴突输出；当传入的神经冲动使膜电位下降低于阈值时，细胞进入抑制状态，没有神经冲动输出。

在人类大脑中，约有 10^{11} 多个神经元，每个神经元又与1000多个其他神经元进行连接，这样，大脑就是一个内有 10^{14} 个连接的生物神经网络系统。人的思想、智慧和行为都是由这些高度互联的生物神经网络产生的。

在生物神经网络中，每个神经元的树突接受来自之前多个神经元输出的电信号，并将其组合成更强的信号。如果组合后的信号足够强，超过阈值，那么这个神经元就会被激活并且也会发射信号，信号则会先沿着轴突到达这个神经元的终端，再传递给接下来更多的神经元的树突。

生物神经网络的理论研究为人工智能的实现提供了一条全新的思路。如果能够构造一种仿造人类大脑结构的复杂网络系统，那么机器智能将向前迈出了一大步。科学家们经过不断尝试，开创了人工神经网络的研究。人工神经网络是一个用大量简单处理单元经广泛连接而组成的人工网络，是对人脑或生物神经网络若干基本特性的抽象和模拟。

5.2.2　人工神经网络

人工神经网络（Artificial Neural Networks，ANN）是一种模仿动物神经网络行为特征，进行分布式并行信息处理的算法数学模型。它由大量节点（或称神经元）和节点间的相互连接构成。每个节点代表一种特定的输出函数，称为激励函数（或称为激活函数）。每两个节点间的连接都代表一个对于通过该连接信号的加权值，称为权重，这相当于人工神经网络的记忆。网络的输出则根据网络的连接方式、权重值和激励函数的不同而不同。

人工神经网络具有以下三个显著特征。

（1）自学习功能：人工神经网络能够通过对输入数据的训练和学习自动调整网络中的权重和激励函数，从而实现对新数据的预测和分类。

（2）联想存储功能：人工神经网络能够通过输入的部分信息，联想并输出完整的信息。这种能力使人工神经网络在图像识别、语音识别等领域具有广泛的应用。

（3）快速寻找优化解的能力：对于复杂的问题，人工神经网络能够通过并行处理的方式，快速找到优化解。这种能力使得人工神经网络在优化问题、决策问题等领域具有显著的优势。

1．工作原理

人工神经网络的工作原理是基于节点和连接构成的网络结构。节点接收输入信号、加权求和，并通过激活函数产生输出。网络通过学习和训练调整权重来优化性能，包括前向传播和反向传播过程。

（1）前向传播：输入信号通过网络逐层传递并产生输出的过程。在这个过程中，每层的神经元都接收来自上一层神经元的输出作为输入，并计算自己的输出。最终，输出层的神经元产生网络的最终输出结果。

（2）反向传播：根据输出误差通过梯度下降等优化算法来更新权重的过程。在这个过程中，网络会根据输出数据和实际数据之间的差异来计算误差，并通过链式法则将误差传播回网络中的每一层。然后，通过梯度下降等优化算法来更新权重，以减小误差并提高性能。

人工神经网络是一种强大的工具，它能够模拟人类大脑的工作方式，进行分布式并行信息处理。通过不断的学习和优化，人工神经网络已经在多个领域取得了显著的成果，并将继续在未来的科技发展中发挥重要作用。

2．主要分类

人工神经网络可以按照不同的标准进行分类，以下是一些主要的分类方式。

（1）按性能分类

连续型网络：该网络的输出可以取任意连续值。

离散型网络：网络的输出是离散的，通常用于分类任务。

确定型网络：对于相同的输入，网络的输出是确定的。

随机型网络：网络的输出具有一定的随机性，通常用于处理不确定性问题。

（2）按拓扑结构分类

前向网络（前馈神经网络）：网络中各个神经元接收前一级的输入，并输出到下一级，网络中没有反馈。典型网络包括自适应线性神经网络（Adaline）、单层感知器、多层感知器（MLP）、BP 神经网络等。广泛应用于分类、回归、模式识别等领域，如手写数字识别、房价预测等。

反馈网络：网络内神经元间有反馈，可以用一个无向的完备图表示。典型网络包括 Hopfield 网络、Hamming 网络、BAM 网络等。这种神经网络的信息处理是状态的变换，可以用动力学系统理论处理。系统的稳定性与联想记忆功能有密切关系。

（3）按学习方法分类

有监督学习网络：从问题中取得训练样本（包括输入和输出变量值），并从中学习输入与输出变量两者之间的关系规则。可以在新样本中输入变量值，进而推知其输出变量值。典型网络包括感知机网络、倒传递网络（BP 神经网络）、概率神经网络、学习向量量化网络等。

非监督学习网络：从问题中取得训练样本（仅包括输入变量值），并从中学习输入变量的分类规则。可以在新样本中输入变量值，从而获得分类信息。

联想式学习网络：从问题中取得训练样本（仅包括状态变量值），并从中学习内在记忆规则。可以应用于新的（不完整的状态变量值）安全样本，从而推知其完整的状态变量值。

（4）按功能和特性分类

前馈神经网络（Feedforward Neural Networks，FNN）：其结构由输入层、多个隐藏层和输出层组成。数据从输入层经过隐藏层传递到输出层，每层的神经元与前一层的神经元全连接，但神经元之间没有反馈连接。其特点是简单易懂、易于实现和训练，适用于线性和非线性问题，但容易过拟合，尤其是在数据量较小的情况下。

卷积神经网络（Convolutional Neural Networks，CNN）：其结构由卷积层、池化层和全连接层组成。其特点是能够自动提取图像特征，无须手动设计特征；参数共享减少了模型的参数数量；具有平移不变性，对图像的平移、旋转等变化具有较好的鲁棒性；但训练和推理速度相对较慢，对于非图像数据的性能可能不如其他类型的神经网络。

循环神经网络（Recurrent Neural Networks，RNN）：其结构由输入层、隐藏层和输出层组成，隐藏层的神经元之间存在反馈连接，使得网络能够记住之前的状态。其特点是具有短期记忆功能，能够处理序列数据，捕捉时间序列数据中的动态特征，但容易受到梯度消失或梯度爆炸的影响，导致训练困难，特别是对于长序列数据，短期记忆能力有限。

深度神经网络（Deep Neural Networks，DNN）：其结构是具有多个隐藏层的神经网络，可以是前馈神经网络、卷积神经网络或循环神经网络的扩展。其特点是能够学习更复杂的特征表示，在大规模数据集上具有更好的性能和泛化能力，但需要大量的计算资源和训练时间，容易过拟合，故需要使用正则化、dropout 等技术进行控制。

3. 多层感知机

多层感知机（Multilayer Perceptron，MLP）是一种前馈型人工神经网络模型，主要用于解决非线性分类和回归问题。它的结构包含多个相互连接的层，如图 5-5 所示，具体层如下。

输入层（input layer）：接收原始输入数据（如 $x_1, x_2, x_3, x_4,$），这一层的每个节点（或称为神经元）对应输入数据的一个特征。

隐藏层（hidden layers）：位于输入层和输出层之间，至少有一个或多个隐藏层。每个隐藏层中的神经元对上一层所有神经元的输出进行加权求和，并将这个加权和传递给一个激活函数以产生新的输出，这一过程允许网络对输入进行复杂的变换和抽象表示。

输出层（output layer）：生成最终的预测结果。对于分类任务，输出层的神经元数量通常与类别数量相同（如 $\hat{y}_1, \hat{y}_2, \hat{y}_3$）；对于回归任务，输出层通常只有一个神经元。

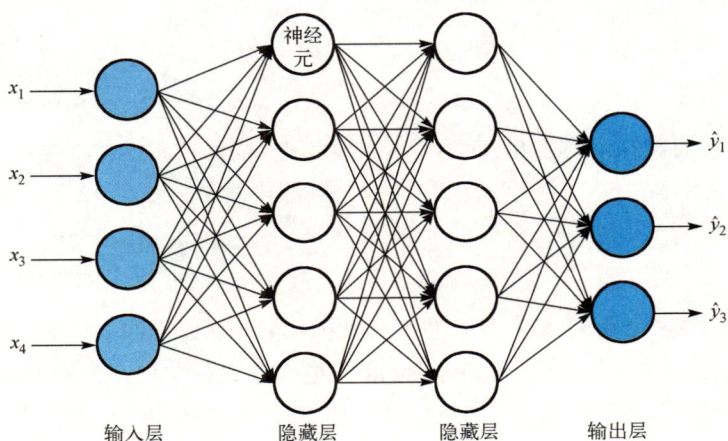

图 5-5　多层感知机的结构

多层感知机的工作原理主要包括前向传播和反向传播两个过程。

（1）前向传播：输入数据依次通过每一层，最后生成输出。在每个神经元中，首先进行线性变换，即加权求和并加上偏置项，然后通过激活函数引入非线性，得到神经元的输出。常用的激活函数包括 ReLU、Sigmoid 和 Tanh 等。每层的输出作为下一层的输入，以此类推，直到输出层生成最终结果。

（2）反向传播：通过计算损失函数对每个参数的梯度来指导参数进行更新。损失函数用于衡量模型预测值与真实值之间的差异，常用的损失函数包括均方误差（MSE）用于回归任务，交叉熵损失（cross-entropy loss）用于分类任务。反向传播使用链式法则计算每个参数对损失函数的偏导数，然后使用梯度下降法更新参数。通过多次迭代训练，模型的参数逐步优化，使损失函数逐渐减少。

多层感知机具有强大的表达能力，能够高效处理大规模数据，并且易于实现和调整。然而，它也容易过拟合，需要大量的参数调整和计算资源。

以下是一个使用 Tensorflow 库中的多层感知机（MLP）进行图像分类的示例代码。

```
import Tensorflow as tf
from Tensorflow.keras.datasets import mnist
```

```
from Tensorflow.keras.models import Sequential
from Tensorflow.keras.layers import Dense, Flatten
from Tensorflow.keras.optimizers import Adam
# 加载 MNIST 数据集
(x_train, y_train), (x_test, y_test)= mnist.load_data ()
# 数据预处理
x_train = x_train / 255.0
x_test = x_test / 255.0
# 构建多层感知机模型
model = Sequential ()
model.add (Flatten (input_shape=(28, 28))) # 将输入图像展平为一维向量
model.add (Dense (128, activation='relu')) # 添加一个具有 128 个神经元的全连接层
model.add (Dense (10, activation='softmax')) # 添加一个具有 10 个神经元的输出层
# 编译模型
model.compile (optimizer=Adam (), loss='sparse_categorical_crossentropy',
metrics=['accuracy'])
# 训练模型
model.fit(x_train,y_train,epochs=5,batch_size=32,validation_data=(x_test,
y_test))
# 在测试集上评估模型
test_loss, test_acc = model.evaluate (x_test, y_test)
    print ("测试集准确率:", test_acc)
```

上述代码首先加载 MNIST 数据集，并进行数据预处理，先将像素值归一化到 0 到 1 之间。然后构建一个多层感知机模型，使用 Sequential 模型来堆叠各个层。接着编译模型，指定优化器、损失函数和评估指标。最后使用训练集训练模型，并在测试集上评估模型的准确率。

5.3 BP 神经网络

BP（Back Propagation）神经网络是一种多层前馈神经网络，其训练过程使用反向传播算法。

5.3.1 BP 神经网络的结构与工作过程

BP 神经网络是按照误差逆向传播算法训练的多层前馈神经网络，是应用最广泛的神经网络模型之一。BP 神经网络通常包括输入层、隐藏层和输出层。其中，输入层负责接收外部数据，隐藏层负责对输入数据进行特征提取和转换，输出层则输出网络的最终结果。

1. BP 神经网络的结构

BP 神经网络由输入层、隐藏层、输出层、神经元与连接、激活函数和反向传播算法组成。

（1）输入层

输入层接收外部输入的特征向量或样本数据。输入层的神经元个数通常与输入数据的特征数量相对应，不进行任何计算，仅作为数据输入的接口。输入层是神经网络与外界的接口，

负责将原始数据输入到网络中。

（2）隐藏层

隐藏层对输入信号进行非线性变换，是神经网络的核心部分，负责学习输入与输出之间的复杂映射关系。隐藏层可以包含多个层次，每个层次可以有若干个节点。隐藏层的数量和每层的神经元数量是网络的超参数，需要根据具体问题和数据的特点进行调整。使用多层隐藏层可以增加网络的复杂度和学习能力，但也会增加训练难度和计算量。

隐藏层中的神经元通过带有权重的连接相互连接，并通过激活函数产生输出。

（3）输出层

输出层是神经网络的最后一层，负责将隐藏层学习到的特征映射到最终的输出空间，给出网络的输出结果，通常用于分类或预测。输出层的神经元个数取决于问题的输出需求。

（4）神经元与神经元连接

神经元是神经网络的基本处理单元，神经元的基本结构如图 5-6 所示。每个神经元都包含一组权重（w_i，用于连接前一层的神经元）和一个偏置项（b，用于调整神经元的激活阈值）。神经元的输出是其输入信号的加权 $\left(\sum\limits_{i=1}^{n}[x_i w_i + b] \right)$ 和经过激活函数处理后的结果 $\left(y = f\left(\sum\limits_{i=1}^{n}[x_i w_i + b] \right) \right)$。神经元之间通过带有权重的连接相互关联。这些连接表示了神经元之间的相互作用的关系。

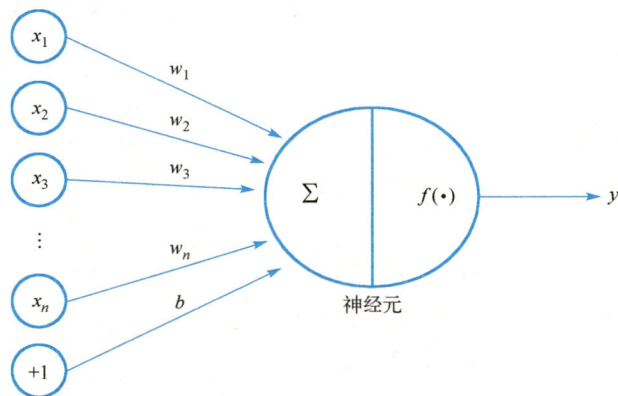

图 5-6　神经元的基本结构

（5）激活函数

激活函数为神经网络引入了非线性因素，使得神经网络能够学习和表示复杂的映射关系。在图 5-6 中，$f(\cdot)$ 表示激活函数，激活函数就是对神经元接收的所有输入加权和进行判断，并用于判断是否激活该神经元。x_1、x_2、x_3 就好比手部、脚部、脸部的皮肤神经，如果敲打这些部分，这些神经单元则进行加权求和，如果求和达到阈值，则激活痛觉。w 则代表不同部位不同的痛觉敏感度，其值越大则代表这部分越容易产生痛觉。

常用的激活函数包括：Sigmoid 函数、ReLU 函数（Rectified Linear Unit，修正线性单元）、

Tanh 函数等。这些函数具有不同的特性和应用场景。

（6）反向传播算法

反向传播算法用于训练 BP 神经网络，通过调整网络中的连接权重和偏置项来减小网络输出与期望输出之间的误差。具体过程包括：首先，计算网络输出与期望输出之间的误差，然后，利用链式法则计算误差关于各层权重的梯度，即误差信号在各层之间的反向传播；最后通过梯度下降法更新权重，使误差逐步减小。

2. BP 神经网络的训练过程

BP 神经网络的训练过程主要包括信号正向传播、误差反向传播两个过程，其具体工作过程如图 5-7 所示。

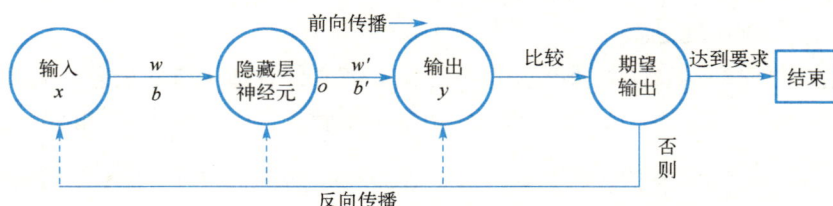

图 5-7　BP 神经网络的工作过程

（1）信号前向传播

前向传播是信号在网络中从输入层向输出层传播的过程。输入数据从输入层进入网络，经过隐藏层的处理，最终到达输出层，生成预测值。每层的输出都是下一层输入的来源。在前向传播过程中，神经元的输出计算方式是通过调整权重和偏置来实现的。

在隐藏层，每个神经元接收输入，计算加权和并应用激活函数（如 ReLU、Sigmoid 或 Tanh）得到输出。常见的激活函数引入了非线性因素，使得网络能够学习到非线性关系。

BP 神经网络的前向传播公式主要涉及将输入通过各层神经元进行计算，最终得到输出结果。这个过程可以通过数学公式来表达，具体到每一层，前向传播的计算可以描述为：

① 输入层到隐藏层的计算：假设有一个输入向量 $x = \{x_1, x_2, \cdots x_n\}$，权重向量 $w = \{w_1, w_2, \cdots w_n\}$ 和偏置 b，那么隐藏层的输出可以通过以下公式计算：

$$o'_j = f\left(\sum_i w_i x_i + b\right)$$

其中，o'_j 是隐藏层的第 j 个神经元的输出，f 是激活函数（如 Sigmoid 函数），$\sum_i w_i x_i$ 表示权重向量与输入向量的点积，b 是偏置项。

② 隐藏层到输出层的计算：从隐藏层到输出层的计算与上面类似，只是输入变成了隐藏层的输出，权重和偏置可能不同，即 $y' = f\left(\sum_j w'_j o'_j + b'\right)$。其中，$y'$ 是网络的预测输出，w' 是输出层的权重矩阵，b' 是输出层的偏置。

③ 损失函数：在前向传播过程中，还需要计算损失函数，通常用于衡量网络的预测输出 y' 与真实输出 y 之间的差异。损失函数的选择取决于具体任务，例如，对于分类问题，可能会使用交叉熵损失；对于回归问题，可能会使用均方误差等。

通过上述公式，我们可以看到 BP 神经网络前向传播的基本原理。需要注意的是，这里的描述是基于一个简化的神经网络结构。在实际应用中，神经网络的层数、每层的神经元数量、激活函数的选择及损失函数的设计都会根据具体任务进行调整和优化

（2）误差反向传播

如果输出层的预测值与实际值之间存在误差，则转入反向传播阶段。当误差传播到每个神经元时，会根据该神经元的输出和激活函数的导数计算误差项。反向传播利用链式法则将输出层的误差逐层传播回隐藏层和输入层，计算各个权重的梯度，使用梯度下降算法更新网络的权重和偏置，通过多次迭代，不断调整权重和偏置，使得损失函数的值逐渐减小，进而使网络的预测能力不断提高。

反向传播的计算过程可以描述为如下过程。

① 计算误差：比较实际输出与期望输出的差异，得到误差信号。

② 误差反向传播：从输出层开始，将误差反向传递给每个连接的神经元。具体利用链式法则计算损失函数关于权重的偏导数（梯度），然后根据这些梯度来更新权重和偏置。更新权重的公式通常表示为 $w = w - \eta \dfrac{\partial L(w,b)}{\partial w}$ 。其中，η 是学习率，$L(w,b)$ 是损失函数，$\dfrac{\partial L(w,b)}{\partial w}$ 是损失函数相对于权重的梯度，通常用 ∇L_w 表示梯度 $\dfrac{\partial L(w,b)}{\partial w}$ 。

BP 神经网络通过这两个过程的不断迭代，逐步调整网络的权重和偏置，以最小化网络输出与期望输出之间的误差。这个过程是 BP 神经网络学习和适应数据的过程，通过大量的训练数据，BP 神经网络可以学习从输入到输出的映射关系，从而实现对新数据的预测和分类等任务。

5.3.2　BP 神经网络的激活函数

引入激活函数的目的是在模型中引入非线性。如果没有激活函数（相当于激活函数是 $f(x) = x$ ），那么无论神经网络有多少层，最终都是一个线性映射，那么神经网络的逼近能力就相当有限，单纯的线性映射无法解决线性不可分问题。正因为上面的原因，引入非线性函数作为激活函数，使得神经网络的表达能力就更加强大。

在 BP 神经网络中，激活函数负责将神经元的输入映射到输出端，并引入非线性因素，使得神经网络能够学习和理解复杂的非线性函数。BP 神经网络中常用的激活函数包括 Sigmoid 函数、ReLU 函数、Tanh 函数和 Softmax 函数等。

1. Sigmoid 函数

Sigmoid 函数也称为 S 型生长曲线，是在逻辑回归中把回归值映射到区间(0,1)内的非线性变换函数，其表达式为

$$\text{Sigmoid}(x) = \frac{1}{1 + e^{-x}}$$

Sigmoid 函数是传统神经网络中使用频率最高的激活函数之一。它平滑且便于求导，但

存在梯度消失的问题，即当输入值非常大或非常小时，函数的梯度接近于 0，这会导致在反向传播过程中权重更新缓慢。此外，Sigmoid 函数的输出值恒大于 0，不是 0 中心，这可能会使得模型训练的收敛速度变慢。

2. Tanh 函数

Tanh 函数和 Sigmoid 函数类似，也是使用指数进行非线性变换，其表达式为

$$\text{Tanh}(x) = \frac{e^x - e^{-x}}{e^x + e^{-x}}$$

Tanh 函数解决了 Sigmoid 函数非 0 中心的问题，其输出值在区间[−1,1]内。然而，Tanh 函数仍然存在梯度消失和幂运算的问题。

3. ReLU 函数

为了解决 Sigmoid 函数梯度消失的问题，引入了 ReLU 函数，ReLU 函数是一个分段函数，其表达式为

$$\text{ReLU}(x) = \max(0, x) = \begin{cases} x, & x \geq 0 \\ 0, & x < 0 \end{cases}$$

ReLU 函数在正区间内解决了梯度消失问题，并且计算速度快、收敛快。但是，ReLU 函数不是 0 中心函数，并且存在神经元坏死问题，即某些神经元可能永远不会参与计算，从而无法更新权值。这通常是由于参数初始化不当或学习率过高导致的。

4. Leaky ReLU 函数

Leaky ReLU 函数是 ReLU 函数的一种改进，其表达式为

$$\text{LeakyReLU}(x) = \max(\alpha x, x)$$

其中，α 是一个小的常数。Leaky ReLU 函数是为了解决神经元坏死问题而提出的。它允许当 $x < 0$ 时有一个小的梯度 α，从而避免神经元永远不更新的情况。然而，实际效果可能并不总是优于 ReLU 函数。

5. Softmax 函数

Softmax 函数是多分类问题中常用的一种激活函数。它能够将一个含任意实数的向量映射成一个每个元素都在区间(0, 1)内且所有元素之和为 1 的向量，这个向量可以被解释为概率分布。

对于一个给定的向量 $z = [z_1, z_2, \cdots, z_n]$，Softmax 函数将其映射为另一个向量 $\sigma(z) = [\sigma(z)_1, \sigma(z)_2, \cdots, \sigma(z)_n]$，其中每个元素 $\sigma(z)_1$ 的计算公式为

$$\sigma(z)_1 = \frac{e^{z_i}}{\sum_{j=1}^{n} e^{z_j}}$$

其中，e^{z_i} 是 z_i 的指数函数，分母是所有元素指数函数的和。

Softmax 函数的输出可以被解释为概率分布，即每个类别的预测概率。这使得 Softmax 函数在多分类问题中特别有用；Softmax 函数的输出总是非负的，因为每个元素都是指数函数除以正数（所有指数函数的和）；Softmax 函数的输出向量的所有元素之和为 1，满足概率分布的性质；Softmax 函数在其输入空间内是单调递增的（对于每个分量而言），即如果 $z_i > z_j$，则有 $\sigma(z)i > \sigma(z)j$（在严格意义上可能不成立，因为指数函数会放大差异，但大致趋势如此）。

然而，这并不意味着 Softmax 函数在整个输入空间上是单调的，因为不同分量之间会相互影响。例如，当输入向量中的某个元素远大于其他元素时，Softmax 函数会倾向于将该元素映射为接近 1 的概率值，而其他元素则映射为接近 0 的概率值。这可能会导致数值稳定性问题，尤其是在训练深度神经网络时。

Softmax 函数通常应用于交叉熵损失函数中，该损失函数是衡量预测概率分布与真实标签分布之间差异的一种常用方法。在训练过程中，通过最小化交叉熵损失函数来更新神经网络的权重参数。

图 5-8 给出了四种典型激活函数的图形表示。

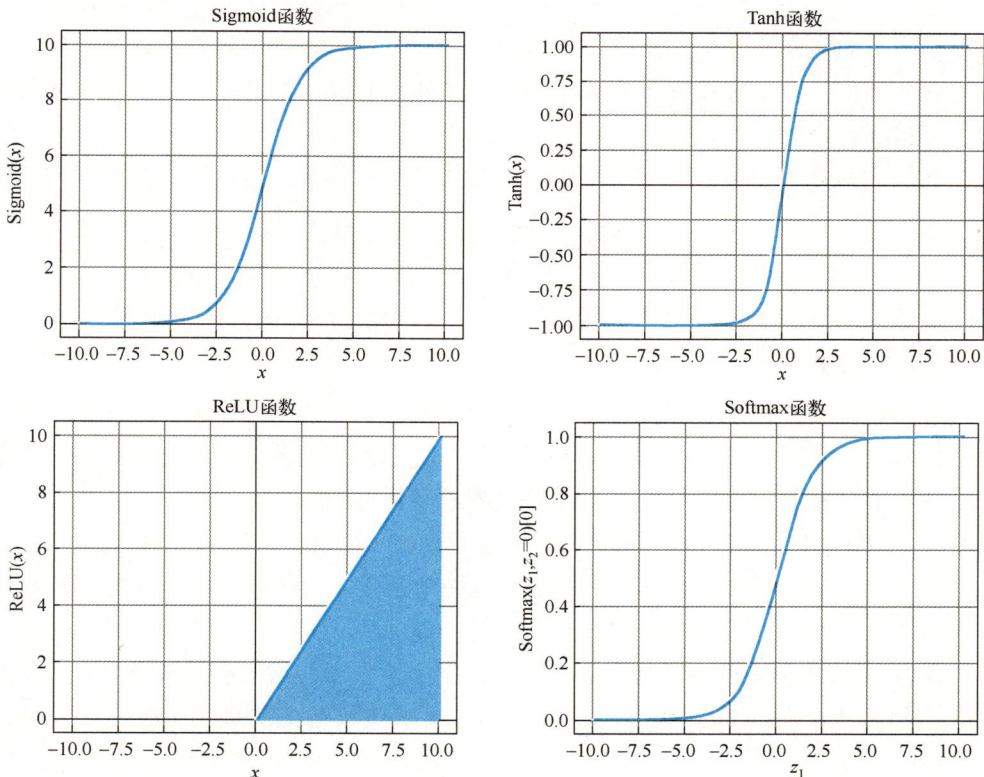

图 5-8　四种典型激活函数的图形

在 BP 神经网络中，选择哪种激活函数取决于具体的问题和数据集。例如，对于二分类问题，Sigmoid 函数是一个很好的选择；对于多分类问题，Softmax 函数则更为合适；而对于隐藏层神经元，ReLU 函数及其变体因其高效性和良好的性能而备受青睐。在实际应用中，可能需要通过实验和验证来选择最适合的激活函数。

5.3.3   BP 神经网络的损失函数

在机器学习中，损失函数被用来度量模型预测结果与真实结果之间的差异，以便调整模型参数，使其能够更好地拟合训练数据。损失函数的选择通常取决于问题的性质和模型的设计。

在神经网络中，常见的损失函数包括均方误差损失函数、交叉熵损失函数等。这些损失函数的计算和梯度的计算对于训练神经网络至关重要。例如，均方误差损失函数的梯度计算涉及对损失函数进行求导，得到关于权重的偏导数，进而用于更新权重。

通过计算损失函数关于权重的梯度，可以知道权重应该如何调整以最小化损失函数。这个过程涉及对损失函数进行求导，得到其关于权重的梯度。然后，利用这个梯度信息来更新权重，使损失函数值逐渐减小，从而达到优化模型的目的。

1. 均方差（Mean Squared Error, MSE）

均方差损失函数是神经网络中一种常用的损失函数，在回归问题中有广泛应用。回归问题是指预测一个或多个连续值的问题，如房价预测、股票价格预测等。在这些问题中，均方差损失函数能够准确地衡量模型预测值与实际值之间的差异，并通过最小化这个差异来提高模型的预测精度。

均方差损失函数用于衡量模型预测值与实际值之间的差异。其计算公式为

$$\text{MSE} = \frac{1}{N} \sum_{i=1}^{N} (y_i - y_i')^2$$

其中，N 是样本总数，y_i 是第 i 个样本的真实值，y_i' 是第 i 个样本的模型预测值。

均方差损失函数的特点与性质如下。

（1）对大误差敏感：由于均方差损失函数计算的是误差的平方，因此它对大的误差给予更大的惩罚。这意味着如果模型的某些预测结果与实际值相差较大，均方差损失函数值会迅速增大，从而促使模型更关注这些大误差并试图最小化它们。

（2）均方差损失函数是一个光滑、可导的函数：这一性质使得它非常适合用于优化算法，如梯度下降。因为梯度下降等优化算法需要计算损失函数关于模型参数的导数（梯度），而均方差损失函数的可导性使得这一计算变得简单且高效。

（3）均方差损失函数的度量单位是原始数据单位的平方：这可能导致解释上不够直观，因为均方差损失函数值可能非常大或非常小，取决于原始数据的规模。然而，这并不影响 MSE 作为损失函数的有效性，因为它仍然能够准确地反映模型预测值与实际值之间的差异。

（4）对异常值敏感：由于均方差损失函数计算的是误差的平方，因此它对异常值（即与实际值相差极大的值）非常敏感。如果数据中存在异常值，均方差可能会受到很大影响，导致模型的性能评估不准确。为了解决这个问题，可以考虑使用其他鲁棒性更强的损失函数，如平均绝对误差（MAE）损失函数。

均方差损失函数除在神经网络中用于回归问题的训练外，还常用于时间序列预测和图像

处理等任务中。在时间序列预测中，均方差损失函数用于衡量模型在预测未来数据时的误差大小；在图像处理中，均方差损失函数常用于衡量两幅图像之间的差异，如在图像压缩和重建中评估压缩图像与原始图像之间的差异。

2. 交叉熵（Cross Entropy）

交叉熵损失函数是神经网络中实施分类问题的常用损失函数，它衡量的是模型预测的概率分布与真实标签的概率分布之间的差异。下面给出二分类和多分类问题的交叉熵损失函数的定义。

（1）二分类

对于一个二分类问题，给定一个样本 x，其真实标签为 $y \in \{0, 1\}$，模型的预测概率为 $y' = P\left(y = \dfrac{1}{x}\right)$，则交叉熵损失函数定义为

$$L(y, y') = -[y \log(y') + (1 - y) \log(1 - y')]$$

当 $y = 1$ 时，损失函数为 $L(y, y') = -\log(y')$。如果 y' 接近 1（即预测正确），则损失值将很小；如果 y' 接近 0（即预测错误），则损失值将很大。

当 $y = 0$ 时，损失函数为 $L(y, y') = -\log(1 - y')$。如果 $1 - y'$ 接近 1（即预测正确），则损失值将很小；如果 $1 - y'$ 接近 0（即预测错误），则损失值将很大。

（2）多分类

对于多分类问题，如果有 n 个类别，给定一个样本 x，其真实标签为 $y \in \{1, 2, \cdots, n\}$（通常表示为 one-hot 编码向量），模型的预测概率分布为 $y' = [y_1', y_2', \cdots, y_n',]$，则交叉熵损失函数为

$$L(y, y') = \sum_{i=1}^{n} [y_i \log(y_1')]$$

注意，在多分类问题中，真实标签向量 y 通常是 one-hot 编码的，即 $y_n = 1$ 当且仅当 $n =$真实类别，否则 $y_n = 0$。因此，损失函数被简化为

$$L(y, y') = \log(y'_{\text{真实类别}})$$

在多分类情况下，损失函数衡量的是模型预测的概率分布与真实标签分布之间的差异。如果模型对真实类别的预测概率很高，则损失值将很小；如果预测概率很低，则损失值将很大。

交叉熵损失函数广泛应用于各种分类任务，包括图像分类、文本分类、语音识别等。在深度学习框架（如 Tensorflow、PyTorch）中，交叉熵损失函数通常作为内置函数，方便用户使用。

在模型训练中，每次迭代都会计算一次交叉熵损失函数，并将其作为反向传播的信号，用于更新网络参数，从而使得网络在下一次迭代中能够更准确地预测标签。通过优化交叉熵损失函数，神经网络可以学习到更加准确的分类边界，从而提高分类性能。

3. 损失函数在 BP 神经网络中的应用

在实际应用中，需要根据具体问题和数据集的特点选择合适的损失函数。例如，在分类问题中常用交叉熵损失函数；在回归问题中常用均方差损失函数。在计算损失函数和梯度时，

需要注意数值稳定性问题。例如，在使用交叉熵损失函数时，需要确保预测概率值在(0, 1)区间内，以避免对数运算出现无穷大或负无穷大的情况。为了防止过拟合，可以在损失函数中加入正则化项来限制权重的大小。常见的正则化方法包括 L1 正则化和 L2 正则化。

损失函数的具体应用方法如下。

（1）前向传播：在 BP 神经网络中，输入信号首先通过前向传播得到网络的预测输出。然后将预测输出与实际输出进行比较，计算损失函数的值。

（2）反向传播：首先根据损失函数计算每个权重和偏置的梯度（即损失函数相对于这些参数的偏导数），然后通过链式法则将梯度从输出层传递到隐藏层，最后根据梯度调整网络的权重和偏置，以最小化损失函数。

（3）重复训练：不断重复前向传播、计算损失、反向传播和参数更新的过程，直到满足设定的终止条件（如最大迭代次数或损失函数值小于某个阈值）。

具体而言，神经网络会先根据训练数据中的输入特征和标签计算出预测标签，并将预测标签与真实标签一起输入到交叉熵损失函数中，计算出当前迭代下的损失值，再通过反向传播的方式更新网络参数，从而使得网络能够逐渐逼近真实标签，提高其分类准确率。总之，通过选择合适的损失函数并不断优化网络参数，可以提高神经网络的预测准确性和泛化能力。

5.3.4 BP 神经网络的权重更新

BP 神经网络的权重更新公式基于梯度下降法，其核心思想是通过计算损失函数对权重的偏导数来更新权重，以最小化损失函数。

梯度下降法是一种优化算法，其核心思想是沿着损失函数的负梯度方向更新模型参数，以最小化损失函数（目标函数），进而提高模型的预测性能。以下是梯度下降法在 BP 神经网络权重更新中的详细解释。

1. 梯度下降法的基本原理

梯度下降法是 BP 神经网络进行优化的基本思想，其利用梯度搜索技术，以使实际输出值和期望输出值的误差均方差为最小值。梯度下降法的核心在于计算梯度并确定步长，步长的选择决定了在每次迭代时参数更新的幅度、算法的收敛速度和稳定性。梯度下降法通过不断地迭代更新参数（如权重），使得损失函数（或目标函数）逐渐减小，直到达到局部最小值点或满足某个停止条件。需要注意的是，由于初始点和函数特性的影响，梯度下降法可能找到的只是局部最小值，而不一定是全局最小值。在 BP 神经网络中，损失函数通常是模型预测值与真实值之间的误差。梯度下降通过计算损失函数相对于模型参数的导数（梯度）来决定每一步该如何调整参数，以逐步逼近最优解。

梯度下降法主要包括以下两个步骤。

（1）梯度计算：梯度表示函数在某点处的方向导数，负梯度方向是函数下降最快的方向。通过在负梯度方向上进行小步更新，可以逐步逼近最优解。

（2）参数更新：梯度下降法通过更新公式来调整模型的参数。更新公式通常表示为

$$\theta = \theta - \eta \times \nabla(\theta)J(\theta)$$

其中θ是模型的参数，η是学习率（控制每次参数更新的步长），$\nabla(\theta)J(\theta)$是损失函数$J(\theta)$的梯度。

2．梯度下降法的分类

在实际应用中，梯度下降法有多种变体，以适应不同的训练需求和场景。

（1）批量梯度下降（Batch Gradient Descent，BGD）法：用于计算整个数据集的梯度，但只进行一次更新。这种方法在处理大型数据集时速度较慢且难以控制。

（2）随机梯度下降（Stochastic Gradient Descent，SGD）法：每次仅使用一个样本来计算梯度并更新网络参数。这种方法具有计算量小、速度快的优点，尤其适用于在线学习和大规模数据处理场景。但随机梯度下降法的更新频率较高，可能导致参数间具有高方差，损失函数波动较大。

（3）小批量梯度下降法：对每个批次中的n个训练样本进行一次更新。这种方法结合了批量梯度下降法和随机梯度下降法的优点，减少了参数更新的波动，提高了收敛的稳定性和效率。

下面重点介绍批量梯度下降法和随机梯度下降法。

批量梯度下降法是一种在机器学习和优化问题中常用的优化算法，用于最小化成本函数（cost function）或最大化目标函数（objective function）。

该算法的基本原理是在每次迭代中，计算所有样本的梯度，并朝着梯度的反方向更新参数，以达到最小化损失函数的目的。

批量梯度下降法的步骤通常包括以下几个阶段。

（1）初始化模型参数：使用随机值初始化模型参数，如权重和偏差。

（2）计算成本函数：在整个训练数据集上评估成本函数或目标函数。

（3）计算梯度：计算成本函数相对于每个模型参数的梯度。

（3）更新参数：通过从当前参数值中减去梯度的一部分来调整模型参数。这部分由学习率（learning rate）确定，它控制每次迭代中的步长。假设损失函数为$J(\theta)$，其中θ是模型参数，批量梯度下降法的数学模型公式可以表示为$\theta(t+1)=\theta(t)-\eta*\nabla J(\theta(t))$。其中，$\theta(t+1)$是下一次迭代后的模型参数，$\theta(t)$是当前迭代的模型参数，$\eta$是学习率，$\nabla J(\theta(t))$是损失函数$J(\theta)$对于模型参数$\theta(t)$的梯度。

（4）重复迭代：重复步骤（2）至（3），直到满足停止标准。这个标准可以是最大迭代次数，或达到一定的收敛水平，或其他特定于问题的条件。

批量梯度下降法的优点是能够保证对于凸误差曲面收敛到全局最小值，并且对于非凸曲面收敛到局部最小值。该算法在每次迭代中使用整个训练数据集来计算梯度，可以确保更准确地估计梯度。但是，利用该算法在处理大规模数据时，计算量较大，导致训练时间过长。主要是因为每次迭代都需要使用整个训练数据集，因此在大规模数据集上可能会面临计算资源和时间限制的问题。

随机梯度下降法是一种用于优化机器学习模型的算法，特别适用于大规模数据集。该算法是一种迭代算法，用于最小化一个函数（通常是损失函数），通过找到该函数的最小值来优化模型参数，其步骤如下。

（1）参数初始化：首先，随机初始化模型参数（如权重和偏置）。

（2）迭代更新：在每次迭代中，从训练集中随机选择一个样本或一个小批量的样本（mini-batch）。

（3）梯度计算：基于所选样本或小批量样本，计算损失函数关于模型参数的梯度。

（4）参数更新：使用计算出的梯度来更新模型参数。更新的方式是：参数 = 参数 − 学习率 × 梯度。

（5）重复迭代：重复步骤（1）至（4），直到达到预定的迭代次数或损失函数的值收敛到满意的范围内。

随机梯度下降法的核心思想是：在每次迭代中仅使用一个样本或一个小批量样本来估计梯度，从而大大减少每次更新时的计算量。此外，随机梯度下降法的随机性也有助于算法跳出局部最小值，更有可能找到全局最小值。

随机梯度下降法的参数更新公式为

$$\theta(t+1) = \theta(t) - \eta \times \nabla f_i(\theta(t))$$

其中，θ 表示模型参数，t 表示当前迭代次数；η 是学习率，用于控制步长的大小。学习率是一个超参数，需要仔细调整以确保算法收敛。f_i 是损失函数，针对第 i 个数据点或数据批次。在随机梯度下降法中，每次迭代只使用一个数据点或一个小批量的数据来计算梯度。$\nabla f_i(\theta(t))$ 表示在参数 $\theta(t)$ 下，损失函数 f_i 关于 θ 的梯度。在这个公式中，每次迭代时先计算当前参数 $\theta(t)$ 下的梯度 $\nabla f_i(\theta(t))$，然后沿梯度的反方向更新参数，以减小损失函数的值。

随机梯度下降法的优点是每次只使用一个样本或小批量样本计算梯度，计算速度快，适合大规模数据集，效率高；由于每次只需存储一个样本或小批量样本，因此内存需求较低；随机梯度下降法的随机性避免陷入局部最优解，从而获得更好的模型泛化性。

然而，由于随机梯度下降法梯度计算的随机性，收敛过程可能不稳定，容易出现振荡；学习率的选择对随机梯度下降法的性能有很大影响，需要仔细调整以确保算法收敛；每次仅使用一个样本，计算的梯度噪声较大。尽管存在这些缺点，随机梯度下降法在机器学习领域仍有广泛的应用，特别是在训练神经网络时。其变种如带动量的随机梯度下降法、自适应学习率的随机梯度下降法（如 AdaGrad、RMSprop、Adam 等）也在实际应用中取得了良好的效果。

总之，随机梯度下降法是一种高效且适用于大规模数据集的优化算法。通过随机选择样本或小批量样本来估计梯度并更新模型参数，随机梯度下降法能够逐步最小化损失函数并优化模型性能。然而，在使用随机梯度下降法时需要注意学习率的选择和算法的收敛性。

5.3.5　BP 神经网络的梯度计算

损失函数的梯度计算方法主要涉及梯度下降法的应用，它用于寻找损失函数的最小值。梯度下降法通过模拟小球滚动的方法来得到函数的最小值点，即先通过计算损失函数关于权重的梯度，然后沿着梯度的反方向更新权重，以达到减小损失函数值的目的。

下面先通过迷路人员下山的场景来描述梯度下降算法的基本思想，再从数学上解释梯度下降算法的原理，说明为什么要使用梯度，最后讲解一个简单的梯度下降算法实例。

1. 迷路人员的下山过程

梯度下降法的基本思想可以类比为一个迷路人员的下山过程。如果一个人上山后被困在山顶，而且山上的雾很大，可见度非常低，无法确定自己的下山方向和路径。这时，人们便可利用梯度下降算法来帮助自己下山。

具体方法是：首先以自己当前所处的位置为基准，寻找这个位置最陡峭的地方，然后朝着下降方向走一步，再继续以当前位置为基准，然后找最陡峭的地方再走，直到最后到达一个最低处，也就是某个山脚下。显然，这种方法可能无法走到山底。

在这里，寻找最陡峭的地方就是通过感官判断斜率最大的方向，也就好比计算一个曲线的梯度下降最大的方向。

2. 梯度下降过程

梯度下降的基本过程和迷路人员的下山场景非常类似。如图 5-9 所示，在梯度下降过程中，需要对每个坐标点求导数，其中，$\dfrac{\partial f}{\partial x_3}$ 是对 $f(x_3)$ 求导，即得到该点的斜率（见图 5-9 中的切线）。

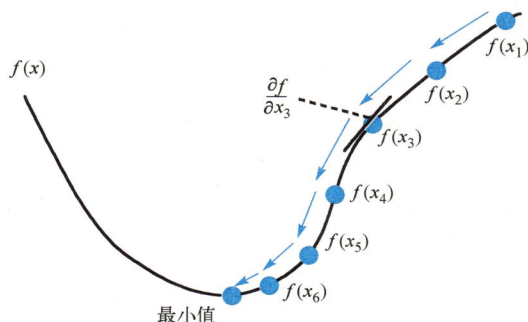

图 5-9　梯度下降算法工作过程的示例

梯度下降过程为：首先，假设有一个可微分的函数 $f(x)$。这个函数就代表着一座山。我们的目标就是找到这个函数的最小值，也就是山脚。根据下山的场景描述，最快的下山的方式就是找到当前位置最陡峭的方向，然后沿着此方向往下走，对应到函数中，就是找到给定点的梯度（即求导），然后朝着梯度相反的方向，即能让函数值下降最快的方向。因为梯度的方向就是函数下降最快的方向。所以，我们重复利用这个方法，反复求取梯度，最后就能到达局部的最小值，这就类似于我们下山的过程。

因为求取梯度就是为了确定最陡峭的方向，也就是"下山场景"中测量方向的手段。所以，梯度计算是关键。那么，为什么梯度的方向就是最陡峭的方向呢？首先需要理解微分（求导）的概念。在函数图像中，微分的含义就是某点的切线的斜率函数的变化率。对于单变量函数，只需要对这一个变量求微分；对于多变量函数，需要分别对每个变量求微分。例如，

如果函数 $y = \theta^2 + 5$，则 $\dfrac{\partial y}{\partial \theta} = 2\theta$；如果函数 $y = x^2 + 2\theta^3$，则 $\dfrac{\partial y}{\partial x} = 2x$，$\dfrac{\partial y}{\partial \theta} = 6\theta^2$。

根据上面的描述，梯度实际上就是多变量的微分操作。例如，如果损失函数 $L(x, y, z) = 5x + 6y - 7z$，那么函数 $L(x, y, z)$ 梯度为 $\nabla L(x, y, z) = <\dfrac{\partial L}{\partial x}, \dfrac{\partial L}{\partial y}, \dfrac{\partial L}{\partial z}> = <5, 6, -7>$。

从中可以看到，梯度就是先分别对每个变量求微分，然后用逗号分隔开，梯度是用 $< >$ 括起来的一个向量。

在单变量的函数中，梯度其实就是函数的微分，代表着函数在某个给定点的切线的斜率。在多变量函数中，梯度是一个向量，向量有方向，梯度的方向就指出了函数在给定点的上升最快的方向。这也就说明了为什么我们需要千方百计地求取梯度。这就像我们需要到达山脚，就需要在每一步都观测到此时最陡峭的地方，梯度就恰巧告诉了我们这个方向。

由于梯度的方向是函数在给定点上升最快的方向，那么梯度的反方向就是函数在给定点下降最快的方向，这就是我们所需要的梯度下降。所以我们只要沿着梯度的方向一直走，就能走到局部的最低点。

3. 梯度下降的迭代计算

梯度下降的迭代计算可以用数学公式表示为

$$\theta^{t+1} \leftarrow \theta^t - \eta \nabla L(\theta)$$

其中，L 是关于 θ 的一个函数，t 是一个时间轴，$t = 0, 1, 2, \cdots, n-1$。如果当前所处的位置为 t 时刻的点 θ^t，要从这个点走到 L 的最小值点，也就是山脚，则首先我们先确定前进的方向，也就是梯度的反方向，然后以 η 为步长走一段距离，就可到达了 θ^{t+1} 这个点，以此类推，直到走到山脚。

在该式中，η 被称作梯度下降算法中的学习率或步长，意味着我们可以通过 η 来控制每一步走的距离，以保证不要步子跨的太大（即走太快），错过了最低点。同时也要保证不要走得太慢，导致太阳下山了，还没有走到山脚。所以 η 的选择在梯度下降法中往往是很重要的。

在上面的公式中，梯度前面加了一个负号（"−"），这意味着要朝着梯度相反的方向前进。我们在前面已经提到，梯度的方向实际就是函数在此点上升最快的方向。而实际上，因为我们需要朝着下降最快的方向走，所以就是负的梯度方向，故需要加上负号。如果我们需要上山，就要用梯度上升算法，此时当然就不需要添加负号了。

4. 梯度下降算法的计算实例

前面已经对梯度下降算法的计算过程进行了介绍，接下来看几个梯度下降算法的计算实例。首先从单变量的函数开始，然后介绍多变量的函数。

我们假设有一个单变量函数 $L(\theta) = \theta^2 + 6$，则通过对函数求导就可以得该函数的微分，即 $L'(\theta) = \dfrac{\partial L}{\partial \theta} = 2\theta$。如果假设起点 $\theta = 1$，学习率 $\eta = 0.4$，则根据梯度下降公式，可以得到

$$\theta^1 \leftarrow \theta^0 - \eta\nabla(\theta^0) = 1 - 0.4 \times 2 \times 1 = 0.2$$

$$\theta^2 \leftarrow \theta^1 - \eta\nabla(\theta^1) = 0.2 - 0.4 \times 2 \times 0.2 = 0.04$$

$$\theta^3 \leftarrow \theta^2 - \eta\nabla(\theta^2) = 0.04 - 0.4 \times 2 \times 0.04 = 0.008$$

$$\theta^4 \leftarrow \theta^3 - \eta\nabla(\theta^3) = 0.008 - 0.4 \times 2 \times 0.008 = 0.0016$$

$$\theta^5 \leftarrow \theta^4 - \eta\nabla(\theta^4) = 0.0016 - 0.4 \times 2 \times 0.0016 = 0.00032$$

由此可见，经过上述五次运算，也就是走了五步，梯度下降就基本抵达了函数的最低点，也就是到达了山脚。

对于多变量函数的梯度下降，首先需要假设一个目标函数，然后通过梯度下降法计算这个函数的最小值。计算方法与上面的多变量计算方法类似。这里不再赘述，读者可以通过网络进行进一步的学习。

总之，梯度下降法在 BP 神经网络的权重更新中起着至关重要的作用。通过计算损失函数的梯度并沿着负梯度方向更新权重，可以逐步逼近最优解，提高模型的预测性能。同时，结合不同的变体和优化技巧，可以进一步提高梯度下降法的效率和稳定性。

5.4 深度神经网络

深度神经网络（Deep Neural Network，DNN）是机器学习的一种复杂形式，属于广义的人工神经网络（Artificial Neural Network，ANN）的范畴。

深度神经网络用来模仿人类大脑的处理方式，通过多层（即深度）的神经元结构处理数据，从而解决各种复杂的数据驱动问题。这些网络通过多个隐藏层连接输入层和输出层，每层都包含多个神经元，这些神经元之间通过权重连接，并通过激活函数处理信号。

深度神经网络的关键特点在于它包含多个隐藏层，这些隐藏层位于输入层和输出层之间。输入层负责接收输入数据，隐藏层负责对从前一层接收到的数据进行处理，并将结果传递到下一层，输出层的神经元数量取决于特定任务的需求（如分类问题中的类别数量）。非线性激活函数是深度神经网络中至关重要的一部分，因为它们允许网络学习和模拟复杂的、非线性的数据模式。

深度神经网络主要包括以下四种类型。

（1）前馈神经网络（Feedforward Neural Network，FNN）：这是最基本的神经网络形式，信息从输入层流向输出层，不形成闭环。FNN 适用于简单的分类和回归任务，但在处理复杂数据时可能表现不佳。

（2）卷积神经网络（Convolutional Neural Network，CNN）：CNN 通过卷积层提取局部特征，并通过池化层降低特征图的维度，减少计算量并提取重要信息。CNN 在图像处理领域特别有效，如图像分类、目标检测、面部识别等。

（3）循环神经网络（Recurrent Neural Network，RNN）：RNN 能够处理序列数据，允许数据在网络中"记忆"过去的信息。RNN 适用于时间序列分析和自然语言处理任务，如语音识别、机器翻译、情感分析等。

（4）长短期记忆网络（Long Short-Term Memory，LSTM）：LSTM 是 RNN 的一种变体，通过输入门、遗忘门和输出门控制信息的传输，有效缓解梯度消失问题。LSTM 特别适合处理和预测时间序列中间隔和延迟较长的重要事件。

此外，还有一些其他类型的深度神经网络，如生成对抗网络（Generative Adversarial Network，GAN）、自动编码器（AutoEncoder）、图神经网络（GNN）和变换器（Transformer）等。这些网络在各自的领域都有广泛的应用，并展现出强大的数据处理和学习能力。

综上所述，深度神经网络是一种具有多层结构的复杂神经网络模型，通过模仿人类大脑的处理方式来解决各种复杂的数据驱动问题。其主要类型包括 FNN、CNN、RNN 和 LSTM 等，每种类型都有其独特的优势和适用范围。

5.4.1　卷积神经网络

卷积神经网络（CNN）是一种专门用于处理具有网格结构数据（如图像、音频信号等）的深度学习模型。CNN 在计算机视觉、自然语言处理（针对特定任务）、语音识别等领域取得了显著的成功，特别是在图像识别、图像分类、物体检测、图像生成等方面表现突出。

CNN 的核心思想是通过卷积、池化等操作来提取特征，先将输入数据映射到一个高维特征空间中，再通过全连接层对特征进行分类或回归。CNN 的主要特点是权值共享和局部连接，这使得它在处理具有网格结构的数据（如图像）时非常有效。

CNN 发展过程中产生了如下几种网络模型。

（1）neocognitron 模型：它是日本学者福岛邦彦提出的，属于 CNN 的前身，主要模仿生物的视觉皮层设计。

（2）LeNet：全称为 LeNet-5，是由 Yann LeCun 等人在 1998 年提出的一种经典的 CNN。LeNet 的架构包括卷积层、池化层和全连接层，是第一个成功应用于实际任务的 CNN，它的成功应用为 CNN 的进一步发展奠定了基础。

（3）AlexNet：2012 年，在 ImageNet 竞赛中，Alex Krizhevsky、Ilya Sutskever 和 Geoffrey Hinton 提出的 AlexNet 取得了突破性的成绩，大幅提升了图像识别的准确率。AlexNet 使用了多个卷积层和池化层，以及 ReLU 激活函数和 Dropout 防止过拟合。AlexNet 的成功标志着深度学习时代的开始。

（4）ZF Net：2013 年，Matthew D. Zeiler 和 Rob Fergus 提出的 ZF Net 对 AlexNet 进行了改进，通过可视化技术更好地理解了 CNN 的工作原理。

（5）VGG Net：2014 年，由 Simonyan 和 Zisserman 提出的 VGG Net 通过使用更小的卷积核和更深的网络结构，进一步提高了图像识别的准确性。VGG Net 证明了通过增加网络的深度可以提升性能。

（6）GoogLeNet：2014 年，GoogLeNet 引入 Inception 模块，通过不同尺寸的卷积核和池化层并行处理，提高了网络的效率和性能。这种网络结构减少了参数数量，加快了计算速度。

（7）ResNet（残差网络）：由微软研究院的 Kaiming He 等人于 2015 年提出。它在多个视觉识别任务中取得了当时的最佳性能，并在深度学习领域产生了深远的影响。ResNet 通过引入残差学习解决了深层网络训练中的梯度消失问题，使得网络能够达到前所未有的深度（超过 100 层），ResNet 在多个图像识别任务上取得了当时最好的性能。

（8）EfficientNet：2019 年，Google AI 提出了 EfficientNet，这是一种基于复合缩放规则的新架构，通过调整深度、宽度和分辨率来优化网络性能。EfficientNet 实现了更好的效率和准确性平衡。

1．卷积神经网络的基本组成

CNN 的基本组成包括卷积层、池化层、全连接层和批归一化层。

卷积层：卷积层是 CNN 的核心部分，通过一组可训练的卷积核对输入图像进行卷积运算，得到一组特征图。每个卷积核在图像上滑动，将覆盖区域的像素值与卷积核的权重相乘并求和，最终得到一个标量，这个标量称为卷积核在当前位置的响应值，也可以看成特征图上对应像素的值。卷积运算可以有效地提取图像的局部特征，同时通过共享权重减少了模型的参数量。

池化层：池化层用于降低特征图的大小，减少计算量和内存占用，同时提高模型的鲁棒性。通常采用最大池化和平均池化两种方式，它们分别以局部区域中的最大值和平均值作为池化后的值，引入一些不变性，如平移不变性和轻微旋转不变性。

全连接层：全连接层将特征提取和分类/回归阶段联系起来，将多维特征展开成一维向量，并进行线性变换和激活操作，生成最终的输出。全连接层的参数量较大，容易过拟合和计算量过大，所以在 CNN 中使用较少。

批归一化层：该层可以提高神经网络的训练速度和稳定性，减少过拟合的风险。它在每一层的输出之前都进行归一化操作，保证输入的稳定性。

这些组成部分共同协作，使得 CNN 能够有效地处理图像等具有空间结构的数据，通过学习数据的局部特征和空间层次结构，实现对输入信息的平移不变分类

2．卷积神经网络的张量

CNN 中的张量主要指的是输入到网络中的图像数据，这些数据在 CNN 中被视为多维数组或矩阵，具有特定的形状和维度。在 CNN 中，张量的输入形状和特征图的处理是理解 CNN 工作原理的关键部分。

张量的基本属性包括阶、轴和形状。这些属性在 CNN 中非常重要，因为它们直接关系到如何处理图像数据。例如，图像可以被视为一个三维张量，其中两个维度对应图像的高度和宽度，第三个维度对应颜色通道（如 RGB）。

张量的尺寸在 CNN 中也是一个关键因素。例如，AlexNet 网络的输入图像尺寸是 $227 \times 227 \times 3$，这表明它接收的是 227×227 像素的彩色图像（3 个颜色通道）。在网络的不同层中，通过卷积层和池化层的处理，张量的尺寸会发生变化，这些变化反映了网络如何逐步提取和抽象图像特征。

在 CNN 中，卷积层用来从输入张量上提取特征，这个过程不仅减少了参数的数量，还使得 CNN 对于输入数据的微小变化·（如平移、缩放和旋转）具有一定的不变性。这种特性

使得 CNN 特别适合处理图像和视频等具有空间结构的数据。

由此可见，CNN 中的张量不仅是图像数据的数学表示，还是网络处理和分析这些数据的基础。通过理解和操作这些张量，CNN 能够从原始图像中学习并提取有用的特征，进而实现图像分类、目标检测等任务。

3. 卷积神经网络的工作流程

CNN 的工作流程涉及数据预处理、网络建模、前向传播、反向传播、参数更新及模型评估和应用等多个环节。

（1）数据预处理

数据预处理是 CNN 训练的第一步，主要包括数据清洗、数据增强、归一化等操作。

数据清洗：去除数据集中的噪声、异常值和无关信息，以提高模型的泛化能力。常见的数据清洗方法包括去除缺失值、填充缺失值、去除重复数据等。

数据增强：通过一定的技术手段增加训练数据的数量和多样性，以提高模型的泛化能力。常见的数据增强方法包括旋转、缩放、翻转、裁剪、颜色变换等。

归一化：将输入数据的数值范围调整到一个较小的范围内，以加快模型的收敛速度。常见的归一化方法包括最小-最大归一化、Z-score 归一化等。

此外，还需要将图像大小调整为网络能够处理的大小，并将图像转化为由像素值构成的矩阵，作为网络的输入。

（2）网络建模

网络建模是 CNN 设计的核心环节，主要包括确定网络结构以及选择卷积层、池化层、全连接层等组件。

确定网络结构：根据具体应用需求，选择合适的 CNN 结构。CNN 的基本结构通常包括输入层、卷积层、池化层、全连接层和输出层。

选择卷积层：卷积层是 CNN 中最基本的结构，主要用于提取图像的局部特征。卷积层由多个卷积核（或滤波器）组成，每个卷积核负责提取图像中的一种特征。卷积操作包括滑动窗口、加权求和和激活函数三个步骤。

选择池化层：池化层主要用于降低卷积层输出特征图的空间维度，以减少计算量和参数数量。常见的池化操作包括最大池化（max pooling）和平均池化（average pooling）。

选择全连接层：全连接层是 CNN 中的普通神经网络层，主要用于将卷积层和池化层提取的特征进行整合和分类。全连接层的神经元数量通常与类别数量相同。

（3）前向传播

前向传播是指从输入数据到输出结果的计算过程，包括数据输入、卷积操作、确定激活函数、池化操作、全连接层处理和输出结果等步骤。

数据输入：将预处理后的图像数据输入到 CNN 中。输入数据通常是一个三维矩阵，其中第一维表示图像的高度，第二维表示图像的宽度，第三维表示图像的颜色通道（如 RGB）。

卷积操作：将卷积核在输入数据上进行滑动窗口操作，计算加权求和，得到特征图。卷积核的数量决定了输出特征图的数量。

确定激活函数：在卷积操作后对特征图进行非线性变换，以增强模型的表达能力。常见的激活函数包括 ReLU、Sigmoid、Tanh 等。

池化操作：在激活函数后对特征图进行降维操作，以减少计算量和参数数量。池化操作通常在卷积层和激活函数之后进行。

全连接层处理：将池化后的特征图展平，并通过全连接层进行处理，得到分类结果或其他输出。

输出结果：通过输出层得到最终的分类结果或其他输出。输出层通常使用 Softmax 函数对不同类别的概率进行估计。

（4）反向传播与参数更新

反向传播是指从输出结果到输入数据的误差传播过程，包括计算梯度、更新参数等步骤。

计算梯度：根据损失函数（loss function）和输出结果计算模型参数的梯度。损失函数用于衡量模型预测结果与真实标签之间的差异，常见的损失函数包括均方误差（MSE）、交叉熵（Cross-Entropy）等。

更新参数：根据梯度和学习率（learning rate）对模型参数进行更新，以减小损失函数的值。常见的参数更新方法包括梯度下降（gradient descent）、随机梯度下降（Stochastic Gradient Descent, SGD）、Adam 等。学习率可以根据经验进行选择，并通过实验调整来找到合适的值。

（5）模型评估与应用

模型评估：在训练过程中，使用验证数据集对模型进行评估，计算模型的准确率、召回率、F1 分数等指标，以监控模型的性能并调整网络结构和参数。

模型应用：训练完成后，将模型应用于实际任务中，如图像分类、物体检测、人脸识别等。在实际应用中，可能需要对模型进行微调以适应特定的数据集和任务需求。

综上所述，CNN 的工作流程是一个复杂而有序的过程，涉及数据预处理、网络建模、前向传播、反向传播、参数更新及模型评估和应用等多个环节。通过不断优化这些环节，可以提高 CNN 的性能和应用效果。

4．卷积神经网络中的神经元计算

假设我们有一个输入图片，其大小为 227 × 227 像素，且为三通道（RGB）图像。这个图像将被一个大小为 11 × 11 × 3 的卷积核进行特征提取。这里，11 × 11 是卷积核的空间维度，3 代表颜色通道数。

在 CNN 中，卷积核与神经元的对应关系如下。

（1）一个卷积核对应一个神经元：在这个例子中，一个 11 × 11 × 3 的感受野（即卷积核的大小）对应一个神经元。这个神经元会对输入图片中的局部区域进行特征提取。

（2）特征图的大小：经过卷积操作后，生成的特征图的大小取决于卷积核的大小、步长（stride）和填充（padding）等参数。在这个例子中，假设步长为 1，填充为 0，并且输入图片的大小与卷积核的大小能够整除，则特征图的大小为(227−11+1) × (227−11+1)=217 × 217。但通常，为了简化计算，我们会选择适当的填充使得输出特征图的大小为整数，并且保持一定的空间分辨率。在这个简化的例子中，假设输出特征图的大小为 55 × 55 像素（这是一个假

设值，实际计算中可能需要根据具体的卷积参数来确定）。

下面是神经元的计算过程。

（1）输入加权求和：神经元接收来自输入图片的局部区域的信号（即卷积核覆盖的区域），并将这些信号与卷积核的权重相乘后求和。这个过程可以表示为

$$输出 = \sum(输入 i × 权重 i) + 偏置$$

其中，输入 i 表示卷积核覆盖区域内的像素值；权重 i 表示卷积核中对应的权重值；偏置是一个可训练的参数，用于调整神经元的输出。

（2）应用激活函数：加权求和后的结果通过激活函数进行处理，以引入非线性特性。常用的激活函数包括 Sigmoid、ReLU 等。在这个例子中，假设使用 ReLU 激活函数，则神经元的输出可以表示为：

$$输出 = \max(0，加权求和结果)$$

（3）生成特征图：卷积核在输入图片上滑动，对每个局部区域都进行上述计算，从而生成一个特征图。这个特征图包含了输入图片在不同位置上的特征表示。

（3）参数数量计算：一个卷积核的参数数量是卷积核的大小为 $11 × 11 × 3$ 加上一个偏置项，即 $11 × 11 × 3 + 1$。如果有多个卷积核（如 96 个），则多个卷积核的总参数数量为 $(11 × 11 × 3 + 1) × 96$。

在这个实例中，我们展示了 CNN 中一个神经元如何通过卷积核对输入图片进行特征提取的过程。这个过程包括输入加权求和、应用激活函数及生成特征图等步骤。通过多个卷积核的应用，可以提取输入图片中的多种特征，为后续的分类、识别等任务提供有力的支持。

需要注意的是，这个实例是一个简化的说明，实际的 CNN 中可能包含多个卷积层、池化层、全连接层等复杂结构，并且每个层的参数和计算过程也可能有所不同。

5. LeNet 的网络结构

LeNet 的网络结构相对简单，如图 5-10 所示，但它具有里程碑式的意义。它主要由输入层、卷积层、池化层、全连接层和输出层等几部分组成。

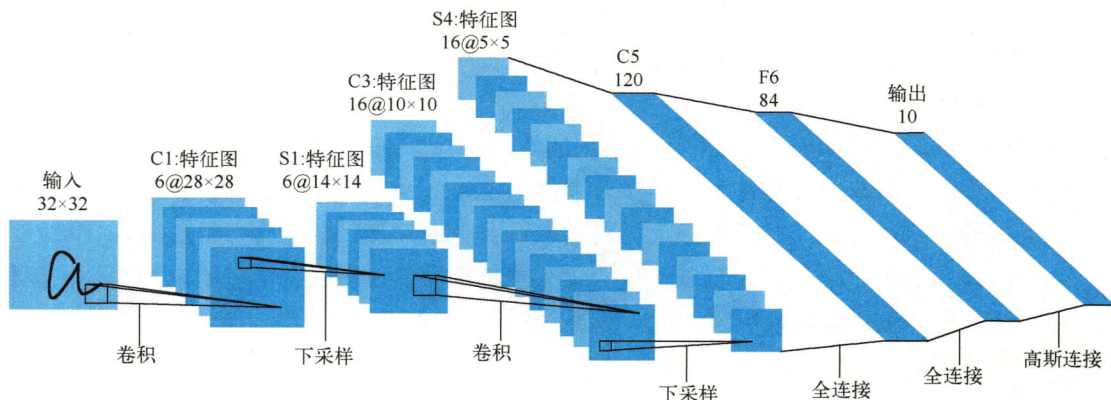

图 5-10　LeNet 的网络结构

（1）输入层

输入层接收大小为 32 × 32 像素的灰度图像。在实际应用中，如 MNIST 数据集的手写数字识别任务中，输入图像的大小为 28 × 28 像素，但在 LeNet-5 的原始设计中，为了保持卷积层输出尺寸的一致性，通常会对输入图像进行填充（padding）处理，使其大小变为 32 × 32 像素。

（2）卷积层

卷积层包括 C1 层和 C3 层。C1 层使用 6 个大小为 5 × 5 的卷积核，步幅为 1，生成大小为 28 × 28 像素的特征图（由于进行了填充，输出尺寸与输入尺寸相同）。C3 层使用 16 个大小为 5 × 5 的卷积核，步幅为 1，给出大小为 10 × 10 像素的输出特征图（由于未进行填充，输出尺寸会减小）。

（3）池化层

池化层的 S2 层对 C1 层的输出进行平均池化，内核大小为 2 × 2，步幅为 2，将特征图缩小到 14 × 14 像素。S4 层对 C3 层的输出进行平均池化，同样使用 2 × 2 的内核和步幅，得到大小为 5 × 5 像素的特征图。

（4）全连接层

C5 层实际上是一个全连接卷积层，有 120 个神经元，每个神经元都连接到 S4 层的所有特征图，其大小为 5 × 5 像素。F6 层是第一个全连接层，有 84 个神经元。

（5）输出层

输出层是第二个全连接层，有 10 个神经元，用于分类 10 种手写数字（如 0~9）。

LeNet 首次在神经网络中引入了卷积层和池化层，这两个组件成为后续 CNN 的标准配置。在 LeNet-5 中，卷积层和全连接层通常使用 Sigmoid 或 Tanh 作为激活函数，以增强模型的非线性。尽管 LeNet-5 的结构相对简单，但它在手写数字识别等任务中取得了显著的成功。

随着深度学习技术的不断发展和进步，CNN 也在不断更新和迭代。与后续的一些 CNN（如 AlexNet、VGGNet、GoogLeNet、ResNet 等）相比，LeNet-5 在结构和算法上略显简单。然而，它在 CNN 的发展历程中具有里程碑式的意义，其思想和算法为后续的 CNN 发展提供了重要的基础和支持。

5.4.2 循环神经网络

RNN 是一种专门设计用于处理序列数据的神经网络。与传统的前馈神经网络（FNN）不同，RNN 可以通过循环连接来处理序列数据中的时序信息，从而在处理序列数据时具有优势。

RNN 的核心在于其循环连接，即网络的输出会作为下一个时间步的输入，这使得网络能够保持对之前信息的记忆。在 RNN 中，无论序列的长度如何，使用的权重和参数是共享的。RNN 能够记住序列中的信息，这使得它在处理时间序列数据、自然语言处理等领域表现出色。

在 RNN 中，权重参数是共享的，即每个时间步都使用相同的权重矩阵。这种权重共享机制可以确保不同时间步的数据都使用相同的模型进行处理，从而保持模型的参数数量相对较小。同时，权重共享也使得 RNN 能够处理任意长度的序列数据，因为无论序列长度如何变化，模型的结构和参数都保持不变。

1. 循环神经网络的发展历程

1986 年，Elman 等人提出了用于处理序列数据的 RNN。这一创新解决了传统神经网络在处理序列信息方面的局限性。早期 RNN 主要基于简单的循环结构和激活函数，存在梯度消失和梯度爆炸等问题，难以处理长序列数据。

1997 年，Hochreiter 和 Schmidhuber 提出了长短时记忆单元（LSTM），用于解决标准 RNN 时间维度的梯度消失问题。LSTM 型 RNN 用 LSTM 单元替换标准结构中的神经元节点，LSTM 单元使用输入门、输出门和遗忘门控制序列信息的传输，从而实现较大范围的上下文信息的保存与传输。

1998 年，Williams 和 Zipser 提出了名为随时间反向传播（Backpropagation Through Time，BPTT）的 RNN 训练算法。BPTT 算法的本质是按照时间序列将 RNN 展开，然后采用反向误差传播方式对神经网络的连接权值进行更新。

2001 年，Gers 和 Schmidhuber 提出了具有重大意义的 LSTM 型 RNN 优化模型，在传统的 LSTM 单元中加入了窥视孔连接（peephole connections），进一步提高了 LSTM 单元对具有长时间间隔相关性特点的序列信息的处理能力。

近年来，研究者还在探索将 RNN 与其他模型结合，如与 CNN 结合的工作原理主要基于其独特的循环结构和参数共享机制。

随着深度学习技术的不断发展，RNN 在各个领域的应用也越来越广泛。在自然语言处理领域，RNN 被广泛应用于文本生成、机器翻译、情感分析等任务；在语音识别领域，RNN 能够有效地处理语音信号中的时间依赖性，提高语音识别的准确率；在时间序列分析领域，RNN 也被用于处理各种具有时间依赖性的数据，如股票价格、交通流量等。

2. 循环神经网络的基本结构

RNN 的基本结构主要由输入层、隐藏层（也称为循环层）和输出层组成，如图 5-11 所示。

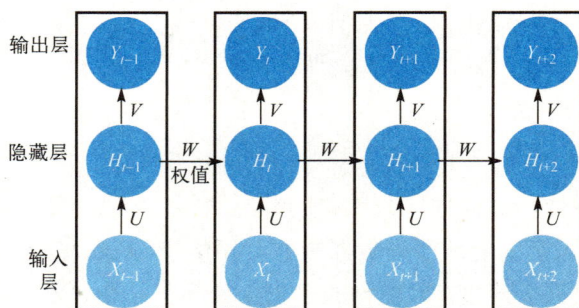

图 5-11　RNN 的基本结构

（1）输入层

接收当前时间步的输入数据 X_t。这里的 X_t 可以代表序列数据中的一个元素，如文本中的一个单词、音频信号的一个片段或时间序列数据中的一个观测值。其特点是输入层在 RNN 的每个时间步都会接收数据，并将这些数据传递给隐藏层。

（2）隐藏层

计算当前时间步的隐藏状态 H_t，这个状态不仅依赖于当前的输入 X_t，还依赖于前一个时间步的隐藏状态 H_{t-1}。这种依赖关系使得 RNN 能够捕获序列中的时间依赖性，即能够利用历史信息来影响当前和未来的输出。

隐藏层的计算通常可以表示为 $H_t=\sigma(W_{hh}\times H_{t-1}+W_{xh}\times X_t+b_h)$，其中 W_{hh} 是上一隐藏层到当前隐藏层的权重，W_{xh} 是输入层到隐藏层的权重，b_h 是隐藏层的偏置项，σ 是激活函数（如 Sigmoid、Tanh 等）。

每个时间步的隐藏层都会接收当前时间步的输入和前一个时间步的隐藏状态作为输入，并计算出新的隐藏状态，这个新的隐藏状态又会作为下一个时间步隐藏层的输入之一，这也是 RNN 的循环性的主要体现。

（3）输出层

根据当前时间步的隐藏状态 H_t 计算输出 Y_t。输出 Y_t 可以是序列的预测结果（如文本生成中的下一个单词），也可以是隐藏状态 H_t 本身（用于后续处理）。

输出层的计算通常可以表示为 $Y_t=\sigma(W_{hy}\times H_t+b_o)$，其中，$W_{hy}$ 是隐藏层到输出层的权重，b_o 是输出层的偏置项，σ 是激活函数（对于分类问题，常使用 Softmax 函数）。

3. 循环神经网络的工作原理

RNN 的工作原理可以概括为以下几个步骤。

（1）初始化状态：在序列的开始，RNN 会有一个初始隐藏状态，通常是一个零向量或通过某种方式初始化的向量。

（2）序列处理：对于序列中的每个元素，RNN 会计算当前时间步的隐藏状态。这通常通过一个激活函数（如 Tanh 或 ReLU）来完成。隐藏状态的计算包括将当前时间步的输入数据和前一个时间步的隐藏状态传递给激活函数，从而生成新的隐藏状态。

（3）信息传递：隐藏状态会传递到下一个时间步，与新的输入一起更新。这个传递过程使得 RNN 能够保持对之前信息的记忆。

（4）输出生成：在每个时间步，RNN 可以生成一个输出，这通常通过另一个激活函数来完成。输出可以是序列中的下一个元素（如文本生成任务中的下一个词）或序列的某种表示（如文本分类任务中的类别标签）。

（5）序列结束：当序列结束时，RNN 可以输出最终的隐藏状态，或者通过一个额外的输出层来生成最终的预测。

尽管 RNN 在处理序列数据方面表现出色，但它也存在一些局限性，如难以训练和难以捕捉长距离依赖关系。为了解决这些问题，研究人员提出了多种 RNN 的变体，其中最具代表性的是长短期记忆网络（LSTM）和门控循环单元（GRU）。LSTM 通过引入遗忘门、输入门和输出门等结构来控制信息的传递和遗忘过程，从而有效地缓解了梯度消失和梯度爆炸的问题。GRU 则是 LSTM 的一种简化版本，它通过引入更新门和重置门等结构来控制信息的更新和重置过程，同样能够在一定程度上缓解梯度消失问题，并在保持较好性能的同时提高计算效率。

4. 长短期记忆网络

LSTM 是一种特殊的 RNN，用于解决长序列数据的建模问题。相较于传统的 RNN，LSTM 通过引入三个门控结构，即输入门、输出门和遗忘门，能够更好地控制信息的输入和输出，有效地避免了梯度消失和梯度爆炸的问题。LSTM 在语音识别、自然语言处理、机器翻译等领域得到广泛应用。LSTM 的基本原理是将过去的信息存储在细胞状态（cell state）中，并根据当前的输入和门控信息，决定哪些信息需要保留，哪些信息需要遗忘。具体来说，LSTM 的每个单元包含四个主要部分：输入门、遗忘门、输出门和细胞状态。其中，输入门控制新的信息进入细胞状态，遗忘门控制旧的信息从细胞状态中被遗忘，输出门决定从细胞状态中输出哪些信息。LSTM 的工作原理图如图 5-12 所示。

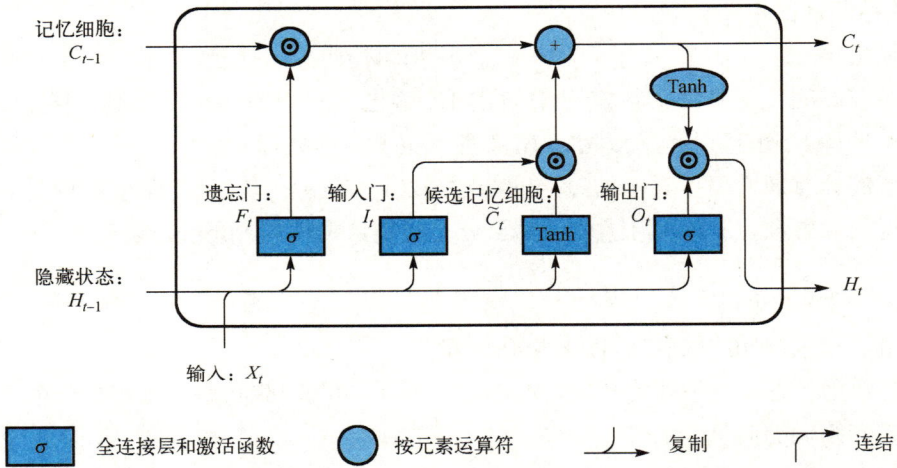

图 5-12　LSTM 的工作原理图

遗忘门输入是前一时刻的隐藏层状态 H_{t-1}，当前时刻的输入为 X_t，遗忘门的输出 F_t 为

$$F_t = \sigma(W_f[H_{t-1}, X_t] + b_f)$$

计算记忆门的输入与遗忘门的相同，记忆门的输出是记忆门的值 i_t 和临时细胞状态 $\hat{C}_t$，计算公式分别为

$$i_t = \sigma(W_i[H_{t-1}, X_t] + b_i)$$

$$\hat{C}_t = \text{Tanh}(W_C[H_{t-1}, X_t] + b_C)$$

计算当前时刻的细胞状态的输入是记忆门的值 I_t、遗忘门的输出值 F_t、临时细胞状态 $\hat{C}_t$ 和上一时刻的细胞状态 C_{t-1}，输出是当前时刻的细胞状态 C_t，计算公式为

$$C_t = F_t \times C_{t-1} + I_t \times \hat{C}_t$$

最后计算输出门，输入是前一时刻的隐藏层状态 H_{t-1}，当前时刻的输入 X_t 以及当前的细胞状态 C_t，输出是输出门的输出值 O_t，以及当前隐藏层对应状态的输出 H_t，计算公式为

$$O_t = \sigma(W_O[H_{t-1}, X_t] + b_O)$$

$$H_t = O_t \times \text{Tanh}(C_t)$$

5. 双向长短期记忆网络（Bi-LSTM）

Bi-LSTM 是双向长短期记忆网络，相比于 LSTM 的优势在于能够处理文本序列的前向和后向双向上下文信息，而不是只能处理单向。

Bi-LSTM 的结构包括两个 LSTM，一个前向 LSTM 和一个后向 LSTM。前向 LSTM 按照时间步的顺序依次读取序列中的词向量，而后向 LSTM 则按照时间步的相反顺序读取。具体而言，前向 LSTM 从第一个时间步开始，依次读取每个时间步的输入，同时更新状态和输出，直到最后一个时间步。而后向 LSTM 则从最后一个时间步开始，依次读取每个时间步的输入，同时更新状态和输出，直到第一个时间步。

在每个时间步，LSTM 单元会接收当前时刻的输入和上一时刻的状态，并计算出新的状态和输出。具体来说，每个 LSTM 单元包括三个门（输入门、遗忘门和输出门）和一个记忆单元。输入门控制输入信息的流入，遗忘门控制上一时刻状态的遗忘，输出门控制新的状态信息的输出。记忆单元则负责记忆历史信息，并根据输入和遗忘门的控制，更新当前时刻的状态。

在 Bi-LSTM 中，前向 LSTM 和后向 LSTM 的输出被连接起来，形成了一个新的特征表示，称为 Bi-LSTM 的输出。

6. 注意力机制

注意力机制（attention mechanism）是一种人工智能技术，它可以让神经网络在处理序列数据时，专注于关键信息的部分，同时忽略不重要的部分。在自然语言处理、计算机视觉、语音识别等领域，注意力机制已经得到了广泛的应用。

注意力机制的主要思想是，在对序列数据进行处理时，通过给不同位置的输入信号分配不同的权重，使得模型更加关注重要的输入。例如，在处理一句话时，注意力机制可以根据每个单词的重要性来调整模型对每个单词的注意力。这种技术可以提高模型的性能，尤其是在处理长序列数据时。

在深度学习模型中，注意力机制通常是通过添加额外的网络层实现的，这些层可以学习如何计算权重，并将这些权重应用于输入信号。常见的注意力机制包括自注意力机制（self-attention）和多头注意力机制（multi-head attention）等。

注意力机制通过给予不同位置的输入数据不同的权重，使模型能够更加关注重要的信息点来提高模型的性能。通过对输入的序列数据赋予权重，并将这个注意力权重作为加权系数进行加权求和，得到最终的特征向量。注意力机制可以使得模型更加关注输入序列中重要的信息点，在保证模型性能的同时提高泛化能力。

注意力机制的作用是帮助本文的模型能够更好地关注时序特征中的重要部分，在应用流行度分类任务上使用注意力机制，能提高模型对时序特征提取的效果并提高 Bi-LSTM 模型的一个表征能力。在引入注意力机制后，模型能够根据当前的输入和隐藏状态自适应地调整权重，使模型更关注序列特征数据中的一些重要信息。

在自然语言处理中，引入注意力机制是为了更好地理解句子中单词的含义和上下文。在流行度分析中，会有一些序列输入问题，这类输入数据的序列具有一定的长度，其中会有一些关键的信息点，注意力机制就是进行这些信息的有效利用。

自注意力机制也称为内注意力机制，是一种将单个序列的不同位置联系起来以计算序列表示的注意力机制。例如，在做自然语言处理时，我们期望机器能够像人一样看到全局，但是又要聚焦到重点信息上。因为句子中的一个词往往不是独立的，与它的上下文相关，但是与上下文中不同的词具有相关性的词是不同的，所以在处理这个词时，机器在看到它的上下文的同时，也要更加聚焦与它相关性更高的词。这就是自注意力机制的一种应用。

多头注意力机制是注意力机制的一种扩展形式，可以在处理序列数据时更有效地提取信息。在标准的注意力机制中，我们计算一个加权的上下文向量来表示输入序列的信息。而在多头注意力机制中，我们使用多组注意力权重，每组权重可以学习到不同的语义信息，并且每组权重都会产生一个上下文向量。最后，这些上下文向量会被拼接起来，再通过一个线性变换得到最终的输出。

7. 门控循环单元

GRU 是一种简化版的 RNN，由 Cho 等人于 2014 年提出。GRU 通过引入门控机制，简化了 LSTM 的结构，同时保留了捕捉长时间依赖关系的能力。这种网络具有较少的参数，更易于训练，并且在许多应用中表现与 LSTM 的能力相当甚至更好。GRU 的设计旨在解决 RNN 中存在的梯度消失或梯度爆炸问题，这些问题在处理长期依赖关系时尤为明显。GRU 通过引入重置门和更新门这两个门控机制来优化 RNN 的性能。

重置门：用于捕获序列中的短期依赖关系，帮助模型在处理序列时忽略不相关信息，专注于重要的部分。

更新门：用于捕获序列中的长期依赖关系，它决定多少先前的信息应该被保留在当前状态中，从而帮助模型记住长期的信息。

GRU 的网络结构包括输入层、隐藏层和输出层，其中隐藏层是 GRU 的核心部分，通过重置门和更新门的控制，实现信息的选择性和记忆性。这种结构使得 GRU 能够在许多任务中达到与 LSTM 相似甚至更好的性能，同时降低了模型的复杂性和缩短了训练时间。因此，GRU 作为一种轻量级的 RNN 变体，在自然语言处理、时间序列预测等领域得到了广泛应用。

总之，RNN 基于其循环结构和参数共享机制，通过逐步处理序列中的每个元素并传递隐藏状态来捕捉序列中的上下文信息。尽管 RNN 存在一些局限性，但其变体如 LSTM 和 GRU 等已经在一定程度上解决了这些问题，并使得 RNN 在处理复杂序列数据方面更加有效和可靠。RNN 与 CNN 相结合，可以用于图像描述生成；RNN 与图神经网络（Graph Neural Network，GNN）结合用于推荐系统等。

5.4.3　残差神经网络

残差神经网络（Residual Neural Network，ResNet）是一种特殊的深度神经网络架构，旨在解决深度神经网络训练中的梯度消失或梯度爆炸问题。

ResNet 的产生和发展历程可以追溯至深度学习领域的不断探索和进步。以下是对其产生背景、发展历程及重要里程碑的详细梳理。

　　在 ResNet 出现之前，深度卷积神经网络（CNN）在图像识别等领域取得了显著成果。然而，随着网络层数的增加，出现了梯度消失或梯度爆炸的问题，导致深层网络训练变得困难。为了解决这一问题，研究人员开始探索新的网络结构和训练方法。

　　残差连接的思想起源于中心化，即将数据减去均值以加快系统的学习速度。这一思想后来被拓展到梯度的反向传播中，形成了跳层连接技术（shortcut connection）。1998 年，有研究者提出了将网络分解为 biased 和 centered 两个子网络的思想，通过并行训练两个子网络来降低学习难度和提升训练速度。随后，有研究更加细致地研究了跳层连接技术对模型能力的影响，发现这样的技术提高了随机梯度下降算法的学习能力和模型的泛化能力。2015 年，何凯明等人在论文 *Deep Residual Learning for Image Recognition* 中正式提出了 ResNet。他们简化了之前网络结构中的形式，引入了残差块（residual block），使得网络能够更容易地学习和训练深层结构。ResNet 在 ImageNet 大规模视觉识别竞赛中取得了优异的成绩，随后被广泛应用于各种图像处理任务中。

　　ResNet 通过引入残差连接（或称为跳跃连接、快捷连接）来解决深度网络训练中的退化问题。退化问题是指随着网络层数的增加，网络的性能并不是持续提升的，而是在达到一定深度后，性能会趋于饱和，甚至出现下降。这种现象与实际相悖，因为一般来说，更多的层意味着网络有更强的学习能力，应该能够学习更复杂的函数映射。然而，在实际应用中，深层网络往往难以训练，容易出现梯度消失或梯度爆炸的问题，导致性能下降。

　　随着研究的深入和应用的拓展，出现了许多 ResNet 的改进版本。如 ResNet V2、Wider-ResNet、Dilated ResNet 等。这些改进版本在性能上有了进一步的提升，并推动了 ResNet 在不同领域的应用和发展。

1. 残差神经网络的结构

　　ResNet 与普通神经网络的在结构上的区别如图 5-13 所示。图 5-13（a）中虚线框中的普通神经网络部分需要直接拟合出映射 $f(x)$，而图 5-13（b）中的残差网络部分的虚线框则需要拟合出有关恒等映射的残差映射 $f(x)-x$。

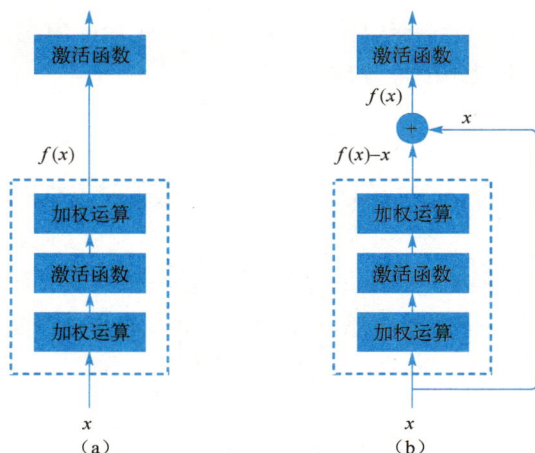

图 5-13　ResNet 与普通神经网络的区别

ResNet 的工作过程主要依赖于其核心思想：引入残差模块。具体通过学习残差而非直接映射，实现更深层次的网络结构。这种结构由两个主要部分组成：卷积层和跳跃连接层（skip connection）。跳跃连接层将输入直接与卷积层的输出相加，形成残差连接，从而允许网络学习输入与输出之间的差异，即残差。这种设计解决了深度神经网络中常见的梯度消失和梯度爆炸问题，使网络能够更容易地学习到输入与输出之间的映射关系，尤其是在网络深度增加时。

具体来说，残差模块的输出 $H(x)$ 可以表示为原始输入 x 与卷积层的输出 $F(x)$ 之和，即 $H(x)=F(x)+x$。这里的 $F(x)$ 代表卷积层或其他层的输出，而 x 则是通过跳跃连接直接传递的原始输入。这种设计允许网络在训练过程中，不仅学习输入到输出的映射，还学习输入与输出之间的差异。这种设计不仅简化了网络的学习目标，还使得网络在增加深度时仍然能够保持较好的性能。

ResNet 的结构由多个残差模块堆叠而成，每个模块内部可以包含不同数量的卷积层以及不同的卷积核大小和步长。此外，ResNet 中还可以包含池化层、全连接层和激活函数。通过这种方式，ResNet 能够有效地处理复杂的视觉任务，如图像分类和物体识别等，同时在 ImageNet 大规模视觉识别竞赛中取得了优异的成绩。

ResNet 的作用主要体现在以下三个方面。

（1）解决深度网络退化问题：随着神经网络层数的增加，训练深层网络会遇到退化问题，即网络层数增加并不能提高性能，甚至导致训练误差变大。残差网络通过引入残差连接，使得网络能够更容易地训练深层网络，从而有效地解决了退化问题。

（2）提高模型性能：通过增加网络的深度，残差网络能够提高模型的性能和准确率，这在图像分类、目标检测、语音识别等多个任务中得到了验证。

（3）缓解梯度问题：残差连接通过"捷径"将输入直接传递到后面的层，缓解了深度网络训练中的梯度消失和梯度爆炸问题，使得网络更容易优化。

ResNet 的意义在于提供了一种有效的解决方案来训练更深的神经网络，从而提升模型的性能和准确率。这种架构的提出，不仅解决了深度神经网络在训练过程中的优化难题，也为深度学习领域的发展做出了重要贡献。此外，ResNet 的成功应用也推动了深度学习在计算机视觉、自然语言处理等多个领域的广泛应用和发展

2. 残差神经网络的工作原理

ResNet 的工作原理是基于其独特的残差块结构和残差学习机制。以下是对其工作原理和工作过程的详细描述。

（1）残差块结构：残差神经网络的基本组成单元是残差块（residual block）。残差块是 ResNet 的核心组成单元，每个残差块都包含多层网络（通常是两层或三层卷积层），以及一个跳跃连接。跳跃连接允许输入直接跳过一些层，并将其与后续层的输出相加，从而形成一个残差映射。

（2）残差学习：残差学习的核心思想是让网络去拟合残差映射，而不是让其他层去学习底层的映射。这意味着网络只需要学习输入和输出之间的差异（即残差），而不是直接学习输

入到输出的完整映射。通过这种方式，网络可以更容易地学习和训练，因为拟合一个残差映射通常比拟合一个完整的映射要简单得多。

（3）梯度传播：残差连接有助于梯度在深层网络中的有效传播。在传统的深层网络中，梯度在反向传播过程中可能会逐渐消失或爆炸，导致网络难以训练。而残差连接允许梯度直接跳过一些层进行传播，从而避免了梯度消失或梯度爆炸的问题。这使得网络可以向更深层发展，并提取更复杂的特征。

（4）特征提取与分类：ResNet 通过堆叠多个残差块来构建深层网络结构。这些残差块能够逐层提取图像或其他类型数据的特征。在网络的最后几层，通常会使用全局池化层（如全局平均池化）来提取全局特征，并通过全连接层进行分类或回归任务。

3. 残差神经网络的工作过程

ResNet 的工作过程主要围绕其独特的残差块结构和残差学习机制展开。以下是 ResNet 工作过程的详细说明。

（1）输入处理

将图像数据作为输入，通常这些图像数据会经过预处理，如归一化、裁剪等，以适应网络的输入要求。图像数据首先通过网络的第一个卷积层（通常是 7×7 的卷积核，步长为 2，填充为 3）初步提取图像特征。接着，通常会进行批量归一化（batch normalization）和 ReLU 激活函数处理，以加速训练并提高模型的泛化能力。

（2）残差块处理

ResNet 的核心是残差块，每个残差块包含多层卷积层（通常是两层或三层）以及一个跳跃连接（或称为快捷连接）。跳跃连接允许输入直接跳过一些层，并将其与后续层的输出相加，从而形成一个残差映射。在每个残差块中，输入数据首先经过第一个卷积层，然后进行批量归一化和 ReLU 激活函数处理。接着，数据通过第二个卷积层，再次进行批量归一化。

此时，将跳跃连接上的输入数据与第二个卷积层的输出相加（注意，如果两者的维度不一致，可能需要使用 1×1 的卷积层来调整维度）。相加后的结果再次经过 ReLU 激活函数处理，作为下一个残差块的输入或整个网络的输出（取决于残差块的位置）。

在一些残差块之间，可能会通过改变卷积的步长或使用额外的卷积层来实现降采样操作，以减小特征图的尺寸并保留空间层次结构。同时，ResNet 通常会将残差块分组（如 conv2_x、conv3_x、conv4_x、conv5_x 等），每组包含多个残差块，用于进一步提取特征。

（3）全局平均池化与分类

在所有残差块之后，通常会连接一个全局平均池化层，将特征图的空间维度减小到 1×1，生成一个特征向量。对于分类任务，特征向量被传递给一个或多个全连接层（也称为密集连接层或线性层），用于执行分类。全连接层的输出通常是一个概率分布向量，表示图像属于各个类别的概率。

（4）输出与训练

ResNet 的最终输出是预测结果，对于分类任务，这是图像属于各个类别的概率分布；对于其他任务（如回归、检测等），输出可能有所不同。

在训练过程中，ResNet 通过反向传播算法来更新网络参数。预测结果与真实结果之间的差异被用作损失函数，通过优化算法（如梯度下降法）来最小化损失函数，从而更新网络参数。

残差连接有助于梯度在深层网络中的有效传播，避免了梯度消失或梯度爆炸的问题，使得网络可以向更深层发展并提取更复杂的特征。

总之，ResNet 的工作过程是一个从输入图像到最终预测结果的复杂过程，涉及多个步骤和组件的协同工作。通过残差块结构和残差学习机制，ResNet 能够解决深层网络训练中的梯度消失或梯度爆炸问题，并提取更复杂的特征以执行各种任务。

5.5　本章小结

本章介绍了人工智能的基本技术，包括专家系统、生物神经网络、人工神经网络和深度神经网络。重点介绍了 BP 神经网络的结构与工作过程、激活函数和损失函数，详细描述了梯度下降算法的工作原理与梯度计算方法。本章对深度神经网络中的卷积神经网络、循环神经网络和残差神经网络进行简要介绍。

☆☆ 本 章 习 题

一、选择题

1. 以下（　　）不属于人工智能的基本技术范畴。
   A. 专家系统　　　　　　　B. 机器人技术　　　C. 生物神经网络　　　D. 人工神经网络
2. 专家系统主要依赖于（　　）进行决策。
   A. 大数据处理　　　　　　　　　　　　B. 预定义的规则和知识库
   C. 深度学习模型　　　　　　　　　　　D. 强化学习
3. 人工神经网络中的"神经元"是模仿（　　）生物结构。
   A. 大脑皮层细胞　　　B. 神经元细胞　　　C. 突触　　　　　　　D. 神经胶质细胞
4. BP 神经网络中的"BP"代表（　　）。
   A. Backward Propagation（反向传播）　　　B. Binary Processing（二进制处理）
   C. Basic Programming（基础编程）　　　　　D. Batch Processing（批处理）
5. 梯度下降算法主要用于解决（　　）问题。
   A. 最大化目标函数　　　　　　　　　　B. 最小化损失函数
   C. 寻找全局最优解　　　　　　　　　　D. 数据分类
6. 卷积神经网络（CNN）在哪类任务中表现尤为出色？（　　）
   A. 自然语言处理　　　B. 图像识别　　　　C. 时间序列预测　　　D. 强化学习决策
7. 循环神经网络（RNN）的核心特点是（　　）。

A. 能够处理变长输入　　　　　　　　B. 仅适用于线性数据

C. 不需要训练过程　　　　　　　　　D. 仅能处理静态数据

8. 残差神经网络（ResNet）通过（　　　）机制解决了深层网络中的梯度消失问题。

A. 引入跳跃连接　　　　　　　　　　B. 使用更大的卷积核

C. 增加正则化项　　　　　　　　　　D. 改变激活函数

9. 在生物神经网络中，信息的传递主要依赖于（　　　）。

A. 电信号和化学信号　　B. 无线电波　　　C. 光纤　　　　　　D. 热传导

10. 以下哪个不是梯度下降算法的变体（　　　）？

A. 随机梯度下降（SGD）　　　　　　B. 小批量梯度下降

C. 全局梯度下降　　　　　　　　　　D. 动量梯度下降

11. 专家系统通常包括（　　　）三个主要组成部件。

A. 知识库、推理机、用户界面　　　　B. 数据集、模型、算法

C. 输入层、隐藏层、输出层　　　　　D. 感知器、学习器、执行器

12. 人工神经网络中的权重是如何初始化的？（　　　）

A. 总是随机初始化　　　　　　　　　B. 总是设置为 0

C. 根据特定规则（如正态分布）初始化　D. 总是设置为 1

13. BP 神经网络在训练过程中，误差信号是如何传播的？（　　　）

A. 从输入层到输出层　　　　　　　　B. 从输出层到输入层

C. 在同一层内传播　　　　　　　　　D. 仅在隐藏层内传播

14. 卷积神经网络中的卷积层主要用于（　　　）。

A. 提取特征　　　B. 减少数据维度　　　C. 分类决策　　　　D. 回归预测

15. 循环神经网络在处理序列数据时，其内部状态是（　　　）。

A. 静态的　　　　B. 随时间变化的　　　C. 固定的　　　　　D. 不连续的

16. 残差神经网络中的跳跃连接有助于（　　　）。

A. 加快训练速度　　　　　　　　　　B. 防止过拟合

C. 解决梯度消失问题　　　　　　　　D. 提高模型泛化能力

17. 在生物神经网络中，神经元之间通过（　　　）进行连接。

A. 突触　　　　　B. 轴突　　　　　　C. 树突　　　　　　D. 神经元胞体

18. 在梯度下降算法中，学习率的作用是（　　　）。

A. 控制每次迭代更新的步长　　　　　B. 决定模型复杂度

C. 直接影响模型的准确率　　　　　　D. 控制数据预处理的方式

19. 卷积神经网络中的池化层主要用于（　　　）。

A. 增加特征数量　　　　　　　　　　B. 提取特征

C. 降低特征图的维度　　　　　　　　D. 增强模型的鲁棒性

20. 循环神经网络在处理长序列时面临的主要问题是（　　　）。

A. 梯度消失或梯度爆炸　　　　　　　B. 数据稀疏性

C. 过拟合　　　　　　　　　　　　　D. 计算效率低

二、问答题

1. 简述专家系统的工作原理。

2. 简述人工神经网络中的激活函数的作用。

3. 解释 BP 神经网络中的反向传播过程。

4. 卷积神经网络中的卷积核有什么作用？

5. 循环神经网络为什么能够处理序列数据？

6. 残差神经网络中的跳跃连接是如何工作的？

7. 在训练人工神经网络时，为什么需要初始化权重？

8. 梯度下降算法中的学习率过高或过低会有什么影响？

9. 卷积神经网络中的池化层有哪些类型？它们的作用是什么？

10. 循环神经网络在处理长序列时面临梯度消失或梯度爆炸问题的原因是什么？

11. 解释 Softmax 函数在多分类问题中的作用

三、计算题

1. 考虑一个简单的二次函数 $f(x) = x^2 + 4x + 4$，其导数 $f'(x) = 2x + 4$。可以使用梯度下降算法来找到这个函数的最小值。已知初始化 $x_0 = 10$，学习率 $\alpha = 0.1$。计算经过 5 次迭代后的 x 值。

2. 考虑一个线性回归模型，其损失函数为均方误差（MSE）：$L(\theta) = \dfrac{1}{2m}\sum_{i=1}^{m}(x_\theta(x_i) - y_i)^2$，其中 $h_\theta(x) = \theta_0 + \theta_1 x_0$。给定数据集 $\{(x_1,y_1),(x_2,y_2),(x_3,y_3) = (1,2),(2,3),(3,4)\}$，初始化参数 $\theta_0 = 0$，$\theta_1 = 0$，学习率 $\alpha = 0.1$。计算损失函数关于 θ_0 和 θ_1 的偏导数，以及进行一次梯度下降迭代后更新的 θ_0 和 θ_1。

3. 使用梯度下降算法最小化一个二次函数 $f(x) = x^2$。假设初始点 $x_0 = 5$，学习率 $\alpha = 0.1$，计算参数更新到 0.5 以下所需要的最少迭代次数。

第6章　大模型及其应用技术

本章讲解人工智能大模型及其应用技术,包括大模型的概念与特征、大模型的发展历程、自然语言处理大模型、计算机视觉大模型、大模型的应用技术（如文生文、文生图、图生图）和大模型在办公领域的应用。

6.1　大模型的概念与发展历程

本节讲解大模型技术的基本概念、特征与发展历程。

6.1.1　大模型技术的概念与特征

大模型技术或称人工智能大模型技术，指的是使用大规模数据和强大的计算能力训练出来的具有"大参数"的机器学习模型。这些模型通常具有高度的通用性和泛化能力，可以应用于自然语言处理、图像识别、语音识别等领域。在人工智能领域中，大模型是一个重要的概念，它指的是具有庞大参数规模和复杂计算结构的机器学习模型。

大模型的主要特征可以归纳如下。

（1）庞大的参数规模：大模型的核心特征之一是其海量的参数数量，通常在数十亿到数千亿之间，也有说法认为大模型是指具有数千万甚至数亿参数的深度学习模型。这些参数赋予了模型捕捉数据中细微差别的能力，从而展现出强大的表达能力和预测准确性。

（2）复杂的计算结构：大模型通常具有复杂的网络架构，通过多层的网络结构，在不同层次上提取特征，实现从简单到复杂的特征表示。这种深度架构使得大模型能够处理更加复杂的数据和任务。

（3）多任务学习能力：大模型能够同时学习并执行多个任务，这得益于其强大的特征表示能力。多任务学习不仅提高了模型的泛化能力，还使得模型能够更灵活地适应不同的应用场景。

（4）预训练与微调：大模型通常采用预训练和微调的训练策略。在预训练阶段，模型先在大量通用数据上学习通用的特征表示；然后在特定任务上进行微调，以适应特定数据集的需求。这种策略大大提高了模型的训练效率和效果。

（4）对大数据的依赖性：大模型的训练和运行高度依赖于数据。无论是有监督学习中的标注数据，还是无监督学习中的非标注数据，大量的数据输入是训练大模型不可或缺的一部分。数据的质量和数量决定了大模型的性能和效果。

（5）计算资源需求高：由于大模型参数众多、计算复杂，其训练和运行需要大量的计算资源和内存空间。这通常涉及高性能的 GPU 或 TPU 等硬件支持，以及并行计算和分布式训练技术的应用。

（6）涌现性：当模型参数超过临界值时，人工智能的能力会实现突变，展现出全新的、难以预测的特性。这种涌现性使得大模型在某些任务上能够超越传统模型的性能限制。

6.1.2　大模型的发展历程

大模型技术的发展历程经历了多个阶段，以下是其主要的发展历程。

1．萌芽期（1950 年—2005 年）

以卷积神经网络为代表的传统神经网络模型阶段。1956 年，计算机专家约翰·麦卡锡提出"人工智能"概念，人工智能发展由最开始基于小规模专家知识逐步发展为基于机器学习。1980 年，卷积神经网络的雏形诞生；1998 年，现代卷积神经网络的基本结构 LeNet-5 诞生，为自然语言生成、计算机视觉等领域的深入研究奠定了基础。

2．沉淀期（2006 年—2019 年）

以 Transformer 为代表的全新神经网络模型阶段。2013 年，自然语言处理模型 Word2vec 诞生，首次提出将单词转换为向量的"词向量模型"。2017 年，Google 提出基于自注意力机制的神经网络结构——Transformer 架构，奠定了大模型预训练算法架构的基础。2018 年，OpenAI 和 Google 分别发布了 GPT-1 与 BERT 大模型，预训练大模型成为自然语言处理领域的主流。

3．爆发期（2020 年—2023 年）

以 GPT 为代表的预训练大模型阶段。2020 年，OpenAI 公司推出了 GPT-3，模型参数规模达到了 1750 亿。2022 年 11 月，搭载了 GPT3.5 的 ChatGPT 横空出世，迅速引爆互联网。2023 年 3 月，超大规模多模态预训练大模型——GPT-4 发布，具备了多模态理解与多类型内容生成能力。

4．加速落地期（2024 年至今）

人工智能大模型应用不断加速落地，各类国产大模型不断涌现，在各个领域的应用场景不断拓展。

综上所述，大模型技术以其庞大的参数规模、复杂的计算结构、多任务学习能力等特征而著称，正在推动人工智能技术的边界不断拓展和深化。

6.2　典型大模型系统

典型的大模型系统众多，以下是一些在自然语言处理、计算机视觉、推荐系统、语音识别以及生成对抗网络等领域具有代表性的大模型。

6.2.1　自然语言处理大模型

自然语言处理（NLP）大模型是指通过大规模预训练和自监督学习技术构建的深度学习模型，旨在提高计算机对自然语言的理解和生成能力。根据自然语言处理大模型发展过程，典型的自然语言处理大模型包括 Word2vec、Transformer、BERT 和 GPT 系列等。

1．Word2vec

随着计算机应用领域的不断扩大，自然语言处理受到了人们的高度重视。机器翻译、语音识别及信息检索等应用需求对计算机的自然语言处理能力提出了越来越高的要求。在此背景下，Google 公司在 2013 年开放了一款用于训练词向量的软件工具：Word2vec。

那么，为什么要提出词向量这个概念呢？我们都知道，对于一段语言文字来说，计算机是不能理解人所说的语言的，所以需要一种方法，将人类的语言映射到计算机可以理解的维度。所以，人们想到的一种方法是将词汇映射为一个向量。例如，我们已经得到了"足球"这个单词的向量为 w，则在计算机中，见到向量 w 就知道其所代表的单词是"足球"了。

假如我们现在得到了这样的一批词汇的向量，那么这些向量该怎么用呢？关键是计算单词之间的相似度。

对于向量空间中的两个点，通常用两个点的距离代表两个点的远近。那么，是不是可以用两个点所在的空间中的远近来代表两个词汇的相似程度呢？比如，对于一个二维空间来说，假设"篮球"的词向量为[1,1]，"里明"的词向量为[1,2]，AI 的词向量为[−1,1]，那么，我们可以发现，单词"篮球"和"里明"的距离为 1，"AI"和"篮球"的距离为 2，那我们可以猜测，"篮球"和"里明"两个词的相似度要比"AI"和"篮球"的相似度要高。

Word2vec 是一种词嵌入技术，它能够将词语映射到一个连续的向量空间中。这种映射是通过在大规模文本语料库上训练神经网络模型来实现的。Word2vec 通过学习单词的共现信息，能够在向量空间中模拟出有意义的语义关系，如同义词、反义词等。

Word2vec 的提出标志着词嵌入技术的一个重要突破。在此之前，词嵌入主要依赖于传统的向量空间模型（如 VSM）或基于 n-gram 的模型。然而，这些模型在捕捉语义信息方面存在局限性。Word2vec 通过利用神经网络模型来捕捉词语之间的上下文关系，从而实现了更加精确和高效的词嵌入。此外，Word2vec 还采用了负采样和层次 Softmax 等优化方法，大大提高了训练速度和效率。随着时间的推移，Word2vec 模型本身也不断得到优化和改进。例如，研究者们提出了各种改进版本的 Word2vec 模型，以更好地适应不同的应用场景和数据集。

Word2vec 本质上是一个三层的神经网络模型，主要包括输入层、隐藏层和输出层。输入层接收一个 one-hot 向量，表示一个词。隐藏层通常是一个低维的向量表示，即词嵌入，这是 Word2vec 模型的核心输出。输出层通常是一个 Softmax 层，输出一个概率分布，用于预测词。

Word2vec 主要有以下两种模型架构。

（1）CBOW（Continuous Bag of Words）模型：通过上下文词语来预测目标词语。CBOW 模型关注上下文信息，适用于小型语料库。

（2）Skip-gram 模型：通过目标词语预测上下文词语。Skip-gram 模型关注目标词语的预测能力，适用于大型语料库。

Word2vec 的主要特征如下。

（1）高效性：Word2vec 通过负采样（negative sampling）和层次（hierarchical）Softmax 等优化方法，大大提高了训练速度。

（2）语义一致性：Word2vec 的词向量在向量空间中具有语义特征，相似的词汇在向量空间中也更加接近。

（3）组织性：Word2vec 的词向量可用于计算语义相似度、词汇聚类、构建词汇关系图等任务，有助于文本处理和自然语言处理应用。

Word2vec 的主要应用如下。

（1）语义分析：Word2vec 能够有效捕捉词语之间的同义性与上下文关联性，从而大幅度提升机器对语义的理解能力。

（2）文本分类：Word2vec 为文本分类任务提供了更深层次的文本表征，帮助分类模型更准确地将文本分到对应的类别中。常见的文本分类任务包括情感分析、垃圾邮件检测等。在情感分析中，Word2vec 可用于生成文档级别的特征，帮助模型区分正面和负面评论。

（3）机器翻译：Word2vec 可用于生成源语言和目标语言之间的语义映射，有效提升翻译质量。翻译模型可以捕捉到源词汇与目标词汇之间的语义相似性，使得翻译结果更加自然流畅。

（4）搜索引擎优化：Word2vec 技术可以提高搜索引擎的语义搜索能力，从而改善用户的搜索体验。当用户进行搜索时，使用 Word2vec 模型可以理解查询语义的意图，即使没有使用准确的关键词也能返回相关结果。

（5）推荐系统：Word2vec 可以帮助推荐系统理解用户的兴趣和偏好，并据此提供个性化推荐。例如，电影推荐系统可以使用 Word2vec 识别用户评论中的关键词并将这些信息与电影特性向量相结合，以生成更符合用户口味的推荐列表。

综上所述，Word2vec 作为一种高效的词嵌入方法，在自然语言处理领域具有广泛的应用前景。

2. Transformer

Transformer 是一种在自然语言处理领域具有革命性意义的深度学习模型架构。它最初由 Vaswani 等人在 2017 年的论文 *Attention Is All You Need* 中提出，作为对传统序列处理模型（如循环神经网络及其变体长短期记忆网络、门控循环单元）局限性的突破。

Transformer 的核心在于其完全基于注意力机制构建，摒弃了传统的循环和卷积结构。它利用自注意力机制来对输入序列中的各个元素之间的关系进行建模，允许每个元素与序列中所有其他元素进行交互，以捕获全局信息。这使得模型能够有效地处理长程依赖，并通过并行计算加速训练。

自 Transformer 提出以来，它经历了多次优化和扩展。其中最重要的优化之一是多头注意力机制的引入，它允许模型并行处理多个自注意力头，以捕捉不同类型的依赖关系。此外，为了解决 Transformer 无法直接感知序列中元素顺序的问题，研究者们引入了位置编码（positional encoding）技术。位置编码将序列中每个元素的位置信息添加到输入中，从而使模型能够理解序列的顺序信息。

随着 Transformer 模型的规模日益增大，计算成本和存储需求也逐渐增加。因此，研究者们开始探索更高效和稀疏化的 Transformer 变体，如 Linformer、Reformer 和 Sparse Transformer 等。这些变体通过引入低秩近似、局部注意力和哈希技术等手段，大幅减少了内存占用和计算量。

Transformer 在自然语言处理领域取得了巨大的成功，广泛应用于机器翻译、文本生成、问答系统等多种任务中。其中，基于 Transformer 架构的预训练模型（如 BERT 和 GPT）更是推动了 NLP 领域的飞速发展。除了 NLP 领域，Transformer 还被扩展到其他领域，如计算机视觉（如 Vision Transformer）和语音识别等。这些扩展证明了 Transformer 架构在跨模态学习中的巨大潜力。

Transformer 架构主要由编码器（encoder）和解码器（decoder）组成，如图 6-1 所示，每个部分都由多个相同的层堆叠而成。这些层包括自注意力层、前馈神经网络层、残差连接和层归一化。

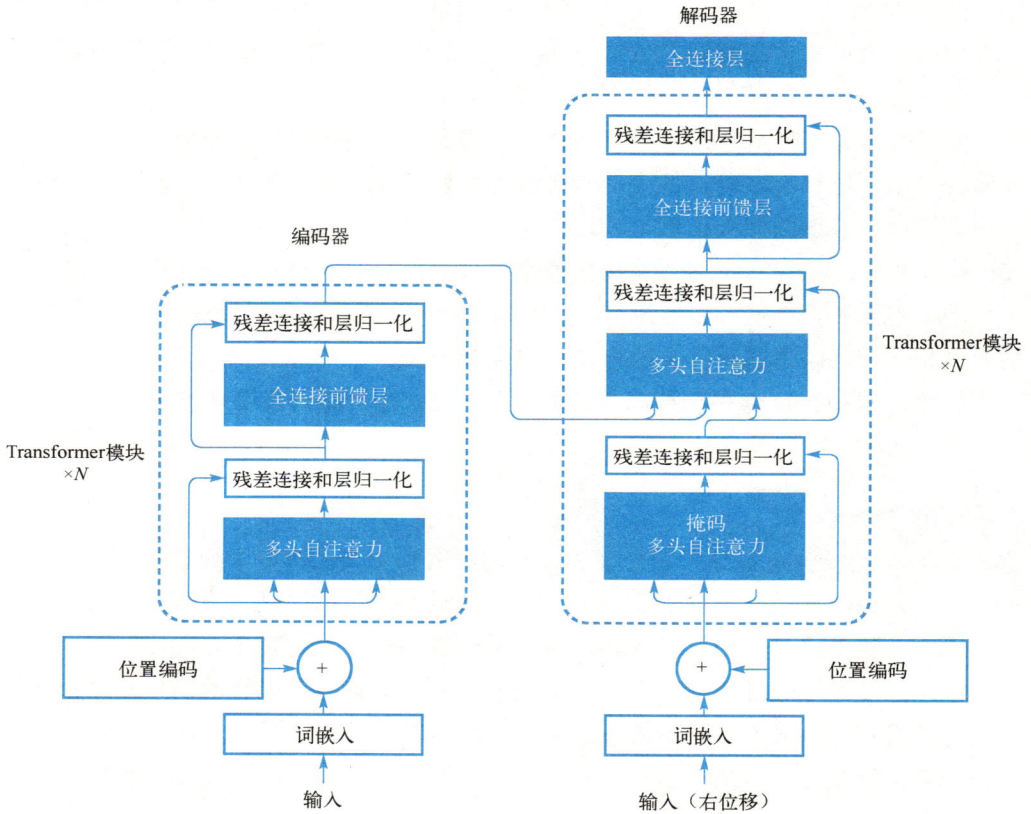

如图 6-1　Transformer 的编码器和解码器

（1）编码器

编码器是 Transformer 模型中的核心组件之一，其主要任务是将输入序列转换为一种高层次的上下文向量表示。这种表示能够捕捉输入序列中的语义信息和元素间的依赖关系，为后续的任务（如文本生成、分类等）提供基础。编码器由多个相同的层堆叠而成，每个层都包含以下关键子层。

自注意力层：自注意力机制是 Transformer 编码器的核心。它允许模型在处理输入序列的每个位置时，都能考虑到序列中的其他位置，从而捕捉元素间的长距离依赖关系。自注意力层通过计算查询（query）、键（key）和值（value）三个矩阵之间的注意力分数，来生成新的向量表示。这些矩阵通常是通过线性变换从输入嵌入向量中得到的。多头自注意力是

Transformer 编码器的一个扩展，它通过在多个不同的子空间上并行执行自注意力操作，来增强模型的表达能力。

前馈神经网络层：是一个简单的全连接前馈网络，用于对每个自注意力层的输出进行进一步的非线性变换和映射。它通常由两个线性层和一个激活函数（如 ReLU）组成，可以学习复杂的特征表示。

残差连接（residual connection）和层归一化（layer normalization）：残差连接有助于缓解深度网络中的梯度消失或梯度爆炸问题，使模型更容易训练。层归一化有助于加速训练过程并提高模型的稳定性。

（2）解码器

解码器是 Transformer 模型中另一个核心组件，其主要任务是根据编码器的输出和已生成的部分输出序列，逐步生成完整的输出序列。解码器在机器翻译、文本生成等任务中发挥着关键作用。

解码器也是由多个相同的层堆叠而成的，它包含以下关键子层。

自注意力层：与编码器中的自注意力层类似，但增加了掩码（masking）操作。掩码用于确保在预测当前位置的输出时，模型只能看到该位置之前的输入信息（包括已生成的输出序列部分），从而模拟序列生成的过程。

编码器-解码器注意力层（Encoder-Decoder Attention Layer）：这一层允许解码器关注编码器的输出表示，从而捕捉输入序列和输出序列之间的依赖关系。查询来自解码器的前一个层，而键和值来自编码器的输出。

前馈神经网络层：与编码器中的前馈神经网络层相同，用于对前两个子层的输出进行进一步的非线性变换和映射。

残差连接和层归一化：解码器中的子层也使用了残差连接和层归一化来提高模型的训练效率和稳定性。

3. BERT 大模型

BERT（Bidirectional Encoder Representations from Transformers）即"双向编码器表征法"或简单地称为"双向变换器模型"，是一种基于 Transformer 架构的预训练语言模型。它由 Google 在 2018 年推出，代码已开源。BERT 在自然语言处理领域具有广泛的应用和出色的性能，为多种语言理解任务提供了强大的预训练模型基础。

BERT 采用了双向 Transformer 编码器结构，这意味着在预训练阶段，模型能够同时利用输入序列的左侧和右侧上下文信息，从而更准确地理解语言的含义。这种双向编码方式使得 BERT 在处理文本时具有更强的语义理解能力和更丰富的信息来源。

BERT 的工作原理是通过预训练的方式学习语言的表示。在预训练阶段，BERT 使用大量的无标签语料进行训练，通过两个核心任务来学习语言的深层表示：Masked Language Model（MLM）和 Next Sentence Prediction（NSP）。尽管后续研究中 NSP 任务被证明对下游任务性能提升有限，但在 BERT 的原始设计中是包含这一任务的。

（1）MLM：在训练过程中，先随机遮蔽输入序列中的一部分单词，然后要求模型预测这些被遮蔽的单词。这有助于模型学习语言中的词汇和语法结构。MLM 任务使得 BERT 能够利用双向上下文信息来预测被遮蔽的单词，从而提高语言表示的准确性。

（2）NSP：模型接收成对的句子作为输入，并预测第二个句子是否是第一个句子的后续句子。这有助于模型学习句子之间的关系和语言的连贯性。NSP 任务增强了 BERT 对句子间关系的理解能力，这在某些下游任务（如问答系统和自然语言处理）中非常有用。

一旦 BERT 模型在预训练任务上进行了训练，就可以将其应用于各种下游 NLP 任务。这通常涉及将 BERT 模型的输出连接到特定于任务的层（如分类层或序列标注层），并使用目标任务的标记数据进行微调。通过微调，BERT 可以针对特定任务进行优化，从而提高模型在相关任务上的性能。

BERT 模型有 Base 版和 Large 版。其中，Base 版包含 12 层 Transformer 编码器，隐藏层大小为 768，自注意力头数为 12，总参数量约为 1.1 亿个；Large 版则包含 24 层 Transformer 编码器，隐藏层大小为 1024，自注意力头数为 16，总参数量约为 3.4 亿个。

继 BERT 模型之后，自然语言处理领域涌现出了许多改进和变种模型，如 ALBERT、RoBERTa、ELECTRA 等。这些模型在保持 BERT 优点的同时，通过改进训练方法、优化模型结构等方式，进一步提高模型性能。

4. GPT 系列

GPT 相比于 Transformer 等模型进行了显著简化。相比于 Transformer，GPT 模型中仅有 12 层解码器，原 Transformer 模型中包含编码器和解码器两部分（编码器和解码器作用在于对输入和输出的内容进行操作，成为模型能够认识的语言或格式）。同时，相比于 Google 的 BERT，GPT 仅采用上文预测单词，而 BERT 采用了基于上下文双向的预测手段。

GPT-1 采用无监督预训练和有监督微调，证明了 Transformer 对学习词向量的强大能力，在 GPT-1 得到的词向量基础上进行下游任务的学习，能够让下游任务获得更好的泛化能力。不足也较为明显，该模型在未经微调的任务上虽然有一定效果，但是其泛化能力远远低于经过微调的有监督任务，说明 GPT-1 只是一个简单的领域专家，而非通用的语言学家。

GPT-2 实现了执行任务多样性，开始学习在不需要明确监督的情况下执行数量惊人的任务。GPT-2 在 GPT 的基础上进行诸多改进，在 GPT-2 阶段，OpenAI 去掉了 GPT 第一阶段的有监督微调（fine-tuning），成为无监督模型。GPT-2 大模型是一个 1.5B 参数的 Transformer，它在 8 个测试语言建模数据集中的 7 个数据集上实现了当时最先进的结果。在 GPT-2 模型中，Transfomer 堆叠至 48 层，数据集增加到八百万量级的网页、大小为 40GB 的文本。

GPT-2 通过调整原模型和采用多任务方式来让人工智能更贴近"通才"水平。机器学习系统通过使用大型数据集、高容量模型和监督学习的组合，在训练任务方面表现出色，然而这些系统较为脆弱，对数据分布和任务规范的轻微变化非常敏感，因而使得人工智能更像狭义专家，并非通才。考虑到这些局限性，GPT-2 要实现的目标是转向更通用的系统，使其可以执行许多任务，最终无须为每个任务手动创建和标记训练数据集。而 GPT-2 的核心手段是采用多任务模型（multi-task），其与传统机器学习需要专门的标注数据集不同，多任务模型不采用专门人工智能手段，而是在海量数据喂养训练的基础上，适配任何任务形式。

GPT-3 取得突破性进展，任务结果难以与人类作品区分开来。相比于 GPT-2 采用零次学习（zero-shot），GPT-3 采用了少量样本（few-shot）加入训练。GPT-3 是一个具有 1750 亿个参数的自回归语言模型，比之前的任何非稀疏语言模型多 10 倍，GPT-3 在许多自然语言处理数据集上都有很强的性能（包括翻译、问题解答和完形填空任务），以及一些需要动态推理或领域适应的任务（如解译单词、在句子中使用一个新单词或执行三位数算术），GPT-3 也可以实现新闻文章样本生成等。对于 GPT-3，虽然少量样本学习（few-shot）稍逊色于人工微调，但在无监督下是最优的，证明了 GPT-3 相比于 GPT-2 的优越性。

GPT-3.5（InstructGPT）模型是 GPT-3 的进一步强化。使语言模型更大并不意味着它们能够更好地遵循用户的意图，例如，大型语言模型可以生成不真实、有毒或对用户毫无帮助的输出。另外，GPT-3 虽然选择了少样本学习和继续坚持了 GPT-2 的无监督学习，但基于少样本学习的效果也稍逊于监督微调的方式，仍有改良空间。基于以上背景，OpenAI 在 GPT-3 基础上根据人类反馈的强化学习方案 RLHF（Reinforcement Learning From Human Feedback），训练出奖励模型（reward model）去训练学习模型（即用人工智能训练人工智能的思路）。InstructGPT 使用 RLHF，通过对大语言模型进行微调，从而能够在参数减少的情况下，实现优于 GPT-3 的功能。

GPT-4 是 OpenAI 在深度学习扩展方面的最新里程碑。根据微软发布的 GPT-4 论文，GPT-4 已经可被视为一个通用人工智能的早期版本。GPT-4 是一个大型多模态模型（接收图像和文本输入、输出），虽然在许多现实场景中的能力不如人类，但在各种专业和学术基准测试中表现出人类水平的性能。例如，GPT-4 在模拟律师资格考试中的成绩位于前 10%，而 GPT-3.5 的成绩在后 10%。GPT-4 不仅在文学、医学、法律、数学、物理科学和程序设计等不同领域表现出高度熟练程度，而且它还能够将多个领域的技能和概念统一起来，并能理解其复杂概念。

除了生成能力，GPT-4 还具有解释性、组合性和空间性等能力。在视觉范畴内，虽然 GPT-4 只接受文本训练，但 GPT-4 不仅能够从训练数据中的类似示例中复制代码，而且能够处理真正的视觉任务，充分证明了该模型操作图像的强大能力。另外，GPT-4 在草图生成方面，能够结合运用从文本到图像生成模型（stable diffusion）的能力，同时 GPT-4 针对音乐以及编程的学习创造能力也得到了验证。

6.2.2 计算机视觉大模型

计算机视觉大模型是指应用于计算机视觉领域的大规模、高复杂度的神经网络模型。计算机视觉大模型是通过深度学习算法和大量的数据训练构建的神经网络模型。这类模型具备强大的特征提取和识别能力，能够实现对图像、视频等视觉信息的深层次理解和分析。

计算机视觉大模型的核心原理是基于深度学习算法和神经网络结构的设计。通过训练，模型能够从海量的图像和视频数据中自动提取有用的特征，进而进行分类、检测、识别等视觉任务。这些模型通常基于 Transformer 架构，由自注意力机制和位置编码两部分组成，能够捕捉图像中的全局和局部信息，从而在各种计算机视觉任务中取得优异的表现。

计算机视觉大模型主要应用在如下领域。

（1）图像分类：计算机视觉大模型可以对图像进行准确分类，通过学习各种图像特征来实现这一功能。

（2）目标检测：训练后的计算机视觉大模型能够自动识别图像中的目标，并提供其位置和大小等信息。常用的目标检测算法包括 Faster R-CNN、YOLO 等，它们都可以与计算机视觉大模型结合，提高检测准确率。

（3）图像生成：根据文本描述或参考图像，计算机视觉大模型可以生成风格相似的新图像。

（4）视频分析：除了图像处理，计算机视觉大模型还能用于视频分析，如视频分类和目标跟踪等。

（5）语义分割：要求计算机视觉大模型将图像中的每个像素分配给相应的类别。计算机视觉大模型能够捕获图像的全局信息，从而更准确地完成语义分割任务。

近年来，计算机视觉领域出现了多项突破性技术，推动了计算机视觉大模型的发展。例如：Inception 特别适合在计算机视觉任务中使用；DenseNet 能够在较少参数的情况下获得良好性能；Vision Transformer 网络基于自注意力机制处理图像数据；SAM（Segment Anything Model）改变了像素级分类，几乎可以分割图像中的任何内容；YOLOv8 以更快的速度和更高的精度为物体检测设定了新标准。下面介绍其中四种典型的计算机视觉大模型。

1. Inception 网络

Inception 是一个在深度学习领域，特别是在计算机视觉任务中广泛使用的概念。广义上，Inception 可以被理解为"起始"、"开端"或"创意的诞生"。然而，在科技领域，尤其是人工智能和机器学习的语境中，Inception 有着更为特定的含义。它通常指的是一种具有创新性的神经网络架构，这种架构能够通过并行处理多个不同大小的卷积核来提取图像中的特征。这种架构的出现，极大地提高了图像识别的准确率和效率，为人工智能的发展注入了新的活力。

Inception 网络最初在 2014 年由 Google 团队提出，并在 ImageNet 图像分类挑战赛上取得了显著成果。随着技术的不断发展，Inception 网络经历了多个版本的迭代。这些版本在原始 Inception 网络的基础上进行了改进，提升了性能和效果。

Inception 网络的整体结构由多个堆叠的 Inception 模块构成，这些模块之间通过卷积层进行连接。整个网络的设计灵感来自于模块化的思想，通过并行使用不同尺度和不同层级的滤波器来处理输入数据，然后将它们的输出在通道维度上拼接在一起，形成了一个多分支的结构。

Inception 模块是 Inception 架构的核心组件，它由多个并行的分支组成，如图 6-2 所示。每个分支都使用不同大小的卷积核进行卷积操作，如 1×1、3×3 和 5×5 的卷积核。这样做的目的是让网络能够同时学习到局部和全局的特征，并且能够适应不同尺度的目标。

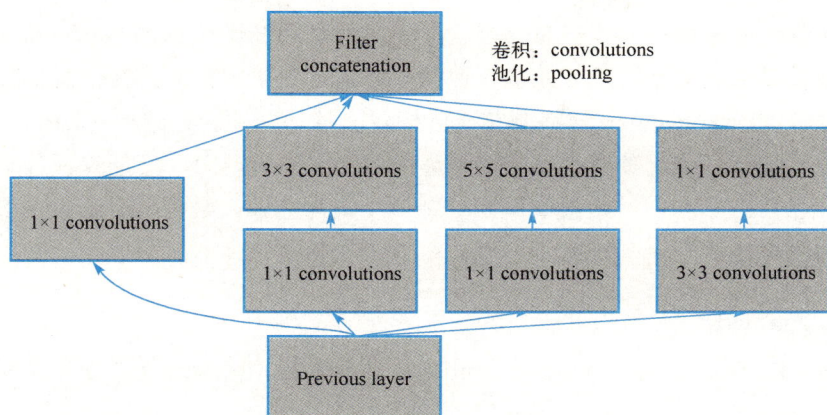

图 6-2　Inception 网络的结构

Inception 网络的各层功能具体描述如下。

（1）卷积层：每个分支都包含不同大小的卷积核，用于提取不同尺度的特征。较小的卷积核（如 1×1 和 3×3）能够捕捉局部特征，而较大的卷积核（如 5×5）能够捕捉更广阔的上下文信息。

（2）降维操作：为了减少参数数量和降低计算复杂度，每个分支都会在输入前使用 1×1 的卷积核进行降维处理。这种"瓶颈层"设计可以显著降低计算量，同时保持较好的表达能力。

（3）池化层：除了卷积层，Inception 模块还包括池化层，它可以帮助减小特征图的空间尺寸，从而提高计算效率和减少过拟合的风险。通常采用的是最大池化层，它可以将输入数据划分为不重叠的区域，并从每个区域中选择最大值作为输出。

在 Inception 模块中，这些层是并行处理的，它们的输出在通道维度上是拼接在一起的，形成了一个多分支的结构。

Inception 网络的迭代版本如下。

（1）Inception-v1（GoogLeNet）：最初的版本，在 2014 年 ImageNet 图像分类挑战赛上取得了很好的结果。它采用了原始的 Inception 模块，并包含了多个堆叠的 Inception 模块以及全连接层进行分类或回归等任务。

（2）Inception-v2：引入了批归一化（batch normalization）层，对中间特征进行归一化，加快了收敛速度，并具有一定的正则化效应。

（3）Inception-v3：引入了"因子化"的核心理念，将一些较大的卷积分解成几个较小的卷积，以降低参数量并保持效果等价。同时，它还采用了非对称的卷积分解以及更复杂的 Inception 模块设计。

（4）Inception-v4：对原来的版本进行了梳理和简化，规范了 Inception 模块的使用。它在使用 Inception 模块之前添加了一个 stem 模块，用于输出特定大小的特征图。

（5）Inception-ResNet：在 Inception 模块中引入了 ResNet 的残差结构，以提高网络的性能和稳定性。它共有两个版本，分别对标 Inception-v3 和 Inception-v4。

显然，Inception 网络通过使用 1×1 卷积层进行降维处理，减少了计算量，并在低维空间中进行卷积计算，提高了计算效率。Inception 网络通过并行使用不同大小的卷积核，能够捕捉到不同尺度的图像特征，能够在保持高性能的同时降低计算成本。Inception 模块的设计使得网络能够灵活地适应不同尺度的输入数据，并捕捉到更丰富的特征信息，提高了网络对输入图像的理解能力。Inception 网络能够通过构建一种基础神经元结构，来搭建一个稀疏性、高计算性能的网络结构。这种结构既能够增强神经网络的表现力，又能保证计算资源的使用效率。另外，由于 Inception 网络能够同时处理多个尺度的输入数据，因此它在应对复杂场景时具有更强的鲁棒性。

2. DenseNet 网络

DenseNet（Densely Connected Convolutional Networks，密集连接卷积神经网络）是一种深度卷积神经网络结构，由 Gao Huang 等人于 2017 年提出。

DenseNet 的基本思路与 ResNet（残差网络）相似，但 DenseNet 通过建立前面所有层与后面层的密集连接来实现更高效的特征传递和重用。这种设计使得 DenseNet 能够更有效地利用计算资源，并且更好地保留和传递特征信息。

DenseNet 主要创新是在网络的每一层之间建立直接连接，从而保证最大化层与层之间的信息传递。具体而言，DenseNet 中的每一层与所有前面的层直接相连，并从它们那里获得额外的输入。为了保持正向传递的性质，每层还将自己的特征图传递给所有后续层。这种密集的连接模式可以有效地促进信息和梯度的流动，避免信息在深层网络中丢失。

DenseNet 的主要特点如下。

（1）密集连接：在 DenseNet 中，每一层都从前面的所有层获取输入，形成了大量的连接。与传统卷积神经网络相比，DenseNet 中的连接数量要多很多。

（2）减轻梯度消失：由于密集连接的存在，因此梯度在反向传播过程中能够更好地传递，从而缓解了梯度消失问题。

（3）特征重用：DenseNet 通过级联（concatenation）方式将各层的特征映射传递给后续层，使得后续层可以利用前面层的特征。

（4）结构紧凑：DenseNet 网络由多个密集块（dense block）组成，每个密集块内部包含多个层。这种结构使得网络在保持较高性能的同时，具有较少的参数和计算量。

DenseNet 的基本组成单元如下。

（1）批量归一化（Batch Normalization，BN）：将每个特征映射除以一个 batch 内的均值，再乘以一个归一化参数，有助于加速网络的训练过程。

（2）激活函数：使用 ReLU 作为激活函数，可以提高梯度传播的效率，加快网络的收敛速度。

（3）3×3 卷积核：DenseNet 中的卷积层采用 3×3 的卷积核，能够在一定程度上降低特征图的维度，减少计算量。

（4）过渡层（Transition Layer）：在相邻的密集块之间，DenseNet 采用了 1×1 卷积和 2×2 平均池化操作，以降低特征图的维度和尺寸。

（5）瓶颈层（Bottleneck Layers）：在 DenseNet-B（Bottleneck）版本中，网络在 BN-ReLU-3×3 卷积之前增加了 BN-ReLU-1×1 卷积操作，以减少特征图的尺寸。

DenseNet 通过密集连接、梯度消失的缓解、特征重用和紧凑的结构等创新点，实现了在较少参数的情况下获得良好性能的目标。在许多计算机视觉任务中，DenseNet 都取得了显著的成果，成为深度学习领域的经典网络之一。它广泛应用于图像分类、目标检测、语义分割等领域，并取得了很好的性能表现。

3. Vision Transformer 网络

Vision Transformer（ViT）网络是一种基于自注意力机制的神经网络架构，主要用于处理图像数据。Vision Transformer 网络是由 Google 研究人员在 2020 年提出的，标志着将自然语言处理中广泛使用的 Transformer 模型成功应用于计算机视觉领域的一个重要进展。

在计算机视觉领域中，卷积神经网络因其强大的局部特征提取能力而长期占据主导地位。然而，近年来，Vision Transformer 作为一种新兴的模型架构，已经开始在多个视觉任务中展现出与卷积神经网络相当甚至更好的性能。

Vision Transformer 的核心思想是将图像分解为一系列的小块（称为 patches），这些小块在输入网络之前被展平并映射到高维空间。这与传统的卷积神经网络不同，后者通常会使用卷积层来处理整个图像并提取局部特征。

Vision Transformer 的网络架构主要包括以下几个部分。

（1）Embedding 层：首先，将图像分割为固定大小的图像块，并将每个图像块展平为一维向量。然后，通过一个线性变换（即线性投影层或嵌入层）将这些一维向量转换为固定维度的嵌入向量（patch embeddings）。此外，还会添加一个可学习的"class"嵌入，用于聚合全局信息。

（2）位置编码（position embeddings）：为了保留图像块的位置信息，Vision Transformer 在嵌入向量中加入位置编码。位置编码是 Transformer 架构中的一个关键组成部分，它使得模型能够区分不同位置的图像块。

（3）Transformer Encoder 层：由多个堆叠的 Encoder Block 组成，每个 Encoder Block 包括多头自注意力机制和全连接的前馈神经网络。Transformer Encoder 层负责处理嵌入向量，并捕获图像块之间的复杂关系。

（4）MLP Head 层：对于分类任务，Transformer 的输出会传递到一个前馈网络（即分类头），该网络输出最终的类别预测。

Vision Transformer 的工作流程如下。

（1）将输入图像切割成固定大小的小块（如 16 像素 × 16 像素的块）。

（2）每个块被视为一个"token"，与自然语言处理中的单词类似，被展平并通过一个线性层转换成一系列的嵌入向量。

（3）添加一个可学习的"class"嵌入，用于聚合全局信息。

（4）在嵌入向量中加入位置编码，以保留图像块的位置信息。

（5）将经过嵌入的图像块（现在作为序列的一部分）输入到标准的 Transformer 编码器中。编码器使用多头自注意力机制和前馈神经网络来处理序列，允许模型捕获块之间的复杂关系。

Vision Transformer 的特点如下。

（1）Vision Transformer 可以在图像的任何部分之间建立直接联系，有效捕捉全局依赖关系。

（2）Vision Transformer 模型可以很容易地调整到不同大小的输入，并且模型架构可扩展性强。

（3）Vision Transformer 在大规模数据集上表现通常优于传统卷积神经网络，可以学习更复杂的视觉模式。

（4）Vision Transformer 依赖大量数据来训练，以防止过拟合，对于数据较少的情况可能不如卷积神经网络有效。

（5）由于需要计算长距离的依赖关系，Vision Transformer 在计算和内存需求上通常比卷积神经网络要高。

Vision Transformer 在图像分类、分割（包括全景分割、实例分割、语义分割和医学图像分割等）等任务中取得了显著的效果。它还有望在未来进一步替代卷积神经网络成为主流方法，在计算机视觉领域发挥更大的作用。

4. YOLOv8 网络

YOLOv8 是 YOLO（You Only Look Once）系列实时物体检测器的较新迭代产品，它在精度和速度方面都具有更高性能。

YOLOv8 采用了先进的骨干和颈部架构，提高了特征提取和物体检测性能。骨干网络可能参考了 YOLOv7 的 ELAN 设计思想，并将 YOLOv5 的 C3 结构换成了梯度流更丰富的 C2f 结构，同时对不同尺度模型调整了不同的通道数。

YOLOv8 采用了无锚分体式 Ultralytics 头，与基于锚的方法相比，有助于提高检测过程的准确性和效率。Head 部分从 YOLOv5 的 Anchor-Based 换成了 Anchor-Free，并换成了目前主流的解耦头结构（Decoupled-Head），将分类和检测头分离。

YOLOv8 专注于保持精度与速度之间的最佳平衡，适用于各种应用领域的实时目标检测任务。YOLOv8 还提供一系列预训练模型，以满足各种任务和性能要求。这些模型还兼容各种操作模式，包括推理、验证、训练和输出，便于在部署和开发的不同阶段使用。

YOLOv8 引入了新的损失函数，包括分类损失和回归损失。回归分支需要和 Distribution Focal Loss 中提出的积分形式表示法绑定，因此使用了 Distribution Focal Loss，同时还使用了 CIoU Loss。这些损失函数提升了模型训练的稳定性和最终的检测精度。

YOLOv8 的网络结构是实现目标检测的核心，主要包括以下部分。

（1）卷积层：YOLOv8 主要使用了一些特殊设计的卷积层，如 1×1 卷积、3×3 卷积、5×5 卷积等，这些卷积层通过不同的核大小和数量来提取不同尺度的特征。

（2）池化层：用于减小特征图的尺寸，减少参数数量，加快计算速度，同时保留重要特征。

（3）全连接层：用于将卷积层提取到的特征进行分类或回归。

（4）残差连接：是 YOLOv8 中的重要组成部分，通过跨层连接实现信息的直达，有效解决梯度消失和梯度爆炸的问题，有助于网络的深度化。

（5）特征融合：YOLOv8 采用特征融合技术将不同层级的特征图融合在一起，实现全局信息和局部信息的结合，提高目标检测的精度和召回率。

　　YOLOv8 的训练策略与 YOLOv5 相似，但模型的训练总 epoch 数从 300 提升到了 500，导致训练时间急剧增加。数据增强方面引入了 YOLO 中的最后 10 个 epoch 关闭 Mosaic 增强的操作，可以有效地提升精度。

　　YOLOv8 作为 YOLO 系列的较新版本，在多个领域都有广泛的应用案例。以下是两个典型的应用案例，并附上相关的 Python 代码。

5. YOLOv8 的应用案例

　　在安防监控领域，YOLOv8 可以用于实时分析监控画面，自动识别画面中的人脸、手势、人体等目标，并进行实时跟踪和报警。这大大提高了安防效率，减少了人工监控的工作量。

　　Python 代码示例如下。

```python
from ultralytics import YOLO
# 加载 YOLOv8 模型
model = YOLO("yolov8n.pt")                        # 可以使用预训练模型
# 读取监控视频
cap = cv2.VideoCapture("security_video.mp4")
while cap.isOpened():
    ret, frame = cap.read()
    if not ret:
        break
    # 使用 YOLOv8 模型进行目标检测
    results = model(frame)
    # 处理检测结果，如绘制边界框、显示标签等
    for result in results.xyxy[0]:         # xyxy 表示边界框坐标，0 表示图像索引
        x1, y1, x2, y2, conf, cls = result  # 边界框坐标、置信度和类别
        cv2.rectangle(frame, (x1, y1), (x2, y2), (0, 255, 0), 2)
        cv2.putText(frame, f"{model.names[int(cls)]} {conf:.2f}",
(x1, y1 - 10), cv2.FONT_HERSHEY_SIMPLEX, 0.5, (0, 255, 0), 2)
    # 显示处理后的帧
    cv2.imshow("Security Monitoring", frame)
    # 按下'q'键退出循环
    if cv2.waitKey(1) & 0xFF == ord('q'):
        break
cap.release()
cv2.destroyAllWindows()
```

　　在智能交通领域，YOLOv8 可以用于实时分析道路监控画面，自动识别车辆、行人等目标，并进行实时跟踪和计数。这有助于交通管理部门及时采取疏导措施，缓解交通拥堵，降低交通事故发生率。

　　Python 代码示例如下。

```python
# 加载 YOLOv8 模型、读取交通监控视频等步骤与安防监控相同
# 使用 YOLOv8 模型进行目标检测并统计车辆和行人数量
vehicle_count = 0
```

```
pedestrian_count = 0
while cap.isOpened ():
    ret, frame = cap.read ()
    if not ret:
        break
    results = model (frame)
    for result in results.xyxy[0]:
        x1, y1, x2, y2, conf, cls = result
        if model.names[int (cls)] == "car": # 假设"car"是车辆类别的标签
            vehicle_count += 1
      elif model.names[int (cls)] == "person":# 假设"person"是行人类别的标签
            pedestrian_count += 1
        # 绘制边界框和显示标签（可选）
        cv2.rectangle (frame, (x1, y1), (x2, y2), (0, 255, 0), 2)
        cv2.putText (frame, f"{model.names[int (cls)]} {conf:.2f}",
(x1, y1 - 10), cv2.FONT_HERSHEY_SIMPLEX, 0.5, (0, 255, 0), 2)
    # 显示车辆和行人数量（可选）
    cv2.putText (frame, f"Vehicles: {vehicle_count}",
(10, 30), cv2.FONT_HERSHEY_SIMPLEX, 1, (255, 0, 0), 2)
    cv2.putText (frame, f"Pedestrians: {pedestrian_count}",
(10, 60), cv2.FONT_HERSHEY_SIMPLEX, 1, (255, 0, 0), 2)
    # 显示处理后的帧（同安防监控）
    ... ...
```

由于 YOLOv8 模型的训练和使用需要一定的计算资源和时间成本，因此在实际部署时需要考虑硬件和软件的配置要求。对于复杂的应用场景，可能需要结合其他技术和算法来提高目标检测的准确性和效率。

6.2.3　国产大模型应用系统

中国的大模型应用系统众多，这些应用系统各有特点，正在深刻变革传统的搜索引擎技术，方便人们获取资源。以下是一些具有代表性的大模型应用系统及其特点。

1. 百度文心一言

百度文心一言具备自然语言理解与智能问答、文本生成与创作辅助、多语言支持与翻译功能。

（1）文心一言具备强大的自然语言理解能力，能够准确识别并理解用户的问题或需求。无论是日常生活中的琐碎问题，还是专业领域内的复杂查询，文心一言都能提供及时、准确的回答。例如，用户可以询问文心一言关于某个科学原理的解释，或者某个历史事件的详细经过，它都能给出详尽的解答。

（2）文心一言支持文本生成功能，用户可以通过输入主题或关键词，让文心一言自动生成与之相关的文章。这种创作辅助能力不仅提高了用户的创作效率，还拓展了用户的创作思路。同时，文心一言还支持同义词替换、语法检查及智能校对等功能，帮助用户优化文章质量。

（3）文心一言支持多种语言的输入和输出，为跨国交流和合作提供了极大的便利。此外，它还具备翻译功能，用户可以将中文或英文文本输入给文心一言，然后让它自动翻译成另一种语言。

（4）文心一言允许用户进行个性化的设置，记住用户的喜好、需求和日程安排，成为用户贴心的提醒助手。在日常生活中，文心一言可以作为智能家居的控制中心，通过语音指令控制家电设备，也可以作为个人助手，帮助用户安排日程、提醒事项、查询天气等。

（5）文心一言还具备 OCR 识别功能，用户可以先上传图片或拍照，然后让它自动识别其中的文字。此外，它还支持知识图谱功能，可以将各种知识点组织成一个庞大的知识网络，用户可以通过关键词搜索相关的知识点，并查看它们之间的关系。

此外，文心一言能够协助营销人员快速生成吸引人的广告文案和宣传资料，提高工作效率；能够协助用户进行复杂的计算和分析；帮助科研人员进行文献挖掘、阅读和分析工作，提高研究效率。

总之，百度文心一言作为一款功能强大、应用广泛的人工智能大语言模型产品，正在逐步改变人们的生活方式和工作模式。未来随着技术的不断进步和应用场景的不断拓展，文心一言将成为人们生活中更加重要的智能助手和伙伴。

2．阿里巴巴通义千问

阿里巴巴通义千问是由阿里云推出的一个超大规模的语言模型。通义千问利用自然语言处理技术为用户提供智能化的语音交互服务。通义千问能够回答用户的各种问题，并进行深入的分析和推荐，帮助用户解决各种生活和工作中遇到的疑问和难题。

通义千问具备如下多种功能。

（1）多轮对话：能够与用户进行多轮的交互，理解用户的问题并给出准确的答案。

（2）文案创作：具备文案创作能力，如续写小说、编写邮件等，帮助用户快速生成创意、提高创作效率。

（3）逻辑推理：可以对复杂的问题进行分析和解答，展现出一定的逻辑推理能力。

（4）多模态理解：能够理解文本、图像、语音等多种形式的数据，提供更加全面的问题解答服务。

（5）多语言支持：支持多种语言，可以为不同语言的用户提供问题解答服务。

此外，阿里云开源了通义千问的多个参数模型，并提供了可商用的选项，降低了用户的使用门槛。通义千问可以作为智能助手，协助用户处理日常事务、安排日程；可以为用户提供知识解答、学习资料推荐等服务；可以为用户提供天气预报、新闻资讯、娱乐休闲等方面的信息。

3．腾讯混元

腾讯混元大模型是由腾讯公司研发的大语言模型，于 2023 年 9 月 6 日上线，采用混合专家模型（MoE）架构，参数规模达万亿。该模型依托腾讯云以 API 接口形式向企业用户提供的交互文本对话内容生成的技术服务，一般需要付费使用。

2024 年 5 月，腾讯混元文生图大模型发布，并宣布开源模型；11 月 5 日，腾讯混元宣布最新的 MoE 模型"混元 Large"以及混元 3D 生成大模型"Hunyuan3D-1.0"正式开源，可在 HuggingFace、Github 等技术社区直接下载，免费可商用。

2024 年 12 月 3 日，腾讯宣布，腾讯混元大模型上线并开源文生视频能力，参数量达 130 亿个，支持中英文双语输入。

腾讯混元大模型的主要核心功能如下。

（1）多轮对话：具备上下文理解和长文记忆能力，能够流畅完成各专业领域的多轮问答。

（2）内容创作：支持文学创作、文本摘要、角色扮演等能力，输出内容流畅、规范、中立、客观。

（3）逻辑推理：能够准确理解用户意图，基于输入数据或信息进行推理、分析，有效解决事实性、时效性问题，提升内容生成效果。

（4）多模态支持：支持文字生成图像能力，输入指令即可将奇思妙想变成图画。此外，还支持文生视频、图生视频、图文生视频、视频生视频等多种视频生成能力。

腾讯混元大模型的应用场景非常广泛，能够提供文档创作、文本润色、文本校阅、表格公式及图表生成等功能，提高创作效率；能够提供会中问答、会议总结、会议待办项整理等功能，简化会议操作并提高会议效率；能够提供智能化的广告素材创作，利用人工智能多模态生成能力，提升营销内容创作工作效率；能够构建智能导购系统，帮助商家提升服务质量和服务效率；能够通过混元 3D 创作引擎，支持用文字或图像生成 3D 模型，为游戏开发、社交应用、电商广告、工业制造、自动驾驶等多个领域提供便利的工具。

4．华为盘古

华为盘古于 2021 年 4 月首次发布，后续有多个版本更新，如盘古大模型 5.0 于 2024 年 6 月 21 日发布。盘古包含 L0 中五类基础大模型、L1 行业大模型及 L2 场景模型三层架构，采用联邦 LLM 架构，支持端到端安全合规体系。

盘古的核心功能与技术特点包括如下。

（1）自然语言生成大模型：可用于内容生成、内容理解等方面，使用 Encoder-Decoder 架构，在 CLUE 榜单中表现出色。

（2）CV 大模型：可用于分类、分割、检测等方面，兼顾判别与生成能力和小样本学习能力。

（3）多模态大模型：融合语言和视觉跨模态信息，实现图像生成、理解、视频生成等功能。

（4）预测大模型：面向结构化数据，通过模型推荐、模型融合等技术实现预测能力。

（5）科学计算大模型：面向气象、医药、水务、机械等领域构建科学计算能力，如气象预报精度超过传统数值方法，速度显著提升。

（6）迁移学习能力：能够通过学习少量行业数据，快速适应特定业务场景的需求，能够在不同领域和场景中进行迁移和应用。

华为盘古政务大模型致力于打造城市人工智能算力基础设施，赋能政务智能问答、政务办事助手、数字营商助理等核心场景，可提升政务办公效率和治理水平。

5. 科大讯飞星火认知

科大讯飞星火认知大模型是科大讯飞推出的一款认知智能大模型，于 2023 年 5 月 6 日发布，并不断迭代。该模型基于科大讯飞最新的认知智能大模型技术，使用深度学习中的卷积神经网络、循环神经网络和长短时记忆网络等技术，以及自然语言处理中的词向量表示、序列到序列模型（Seq2Seq）、注意力机制等。这些技术的运用使得科大讯飞星火认知大模型能够对输入的自然语言进行语义分析和理解，从而实现问答、推理、推荐等多种功能。

科大讯飞星火认知大模型主要具有如下七大核心功能。

（1）文本生成：能够生成多风格多任务的长文本，如商业文案、营销方案、英文写作等。

（2）语言理解：具备多层次跨语种的语言理解能力，可以准确理解复杂的语言结构和语义关系。

（3）知识问答：提供泛领域开放式知识问答服务，能够回答各种领域的问题。

（4）逻辑推理：具备情景式思维链逻辑推理能力，可以进行逻辑推理和判断。

（5）数学能力：具备多题型步骤级的数学能力，可以解决各种数学问题。

（6）代码能力：具备多功能多语言的代码能力，可以编写和理解多种编程语言的代码。

（7）多模交互：支持多模态输入和表达能力，可以通过语音、图像等多种方式与用户进行交互。

6. 商汤科技"日日新"大模型

"日日新"是商汤科技推出的一款多模态融合大模型，于 2023 年 4 月发布 1.0 版本，到 2024 年 7 月迭代到 5.5 版本，实现了对标 GPT-4 的综合性能和实时交互体验。

"日日新"大模型实现了原生模态融合，深度推理能力和多模态信息处理能力均得到显著提升。这一特点使得模型能够同时处理多种模态的信息，特别适用于自动驾驶、金融、办公和教育等领域。

该模型的应用场景如下。

（1）自动驾驶："日日新"大模型的多模态信息处理能力使其在自动驾驶领域具有广泛应用前景。通过处理来自摄像头、雷达等多种传感器的信息，模型可以实现更精准的感知和决策。

（2）金融：在金融领域，"日日新"大模型可以用于处理复杂的金融数据和信息，提供智能化的投资分析和风险管理建议。

（3）办公教育：商汤科技推出的"办公小浣熊"应用了"日日新"大模型，能够高效地处理各种富模态文档，为用户提供便捷的服务，使得烦琐的任务变得简单高效。此外，该模型还可以用于教育领域的智能化教学和学习辅助。

总之，"日日新"大模型是商汤科技推出的一个面向计算机视觉的多模态融合的大模型，专注于计算机视觉和多模态融合，主要应用于安防和自动驾驶等领域。它能够在安防、自动驾驶等领域发挥重要作用，为用户提供更加智能、安全的服务。

7. 智谱 AI

智谱 AI（北京智谱华章科技有限公司）成立于 2019 年 6 月，源自清华大学计算机系的知识工程（KEG）实验室。智谱 AI 的愿景是"未来让机器像人一样思考"，致力于开发新一代认知智能大模型。

智谱 AI 自研了 GLM 预训练框架，以及基于此框架开发的多阶段增强预训练方法。这些技术针对中文问答和对话进行了特别优化。

智谱 AI 推出了一系列大模型，包括 GLM-10B、GLM-130B、ChatGLM、GLM-4 等。其中，GLM-4 大模型的整体性能相比上一代大幅提升，逼近 GPT-4。

智谱 AI 还推出了代码大模型 CodeGeeX，可以帮助编程人员编写大量代码，提高编程人员的工作效率。

智谱 AI 还推出了多模态模型产品矩阵，如 VisualGLM-6B（CogVLM）和 CogAgent-18B 等。

智谱 AI 的应用场景非常广泛，包括智能客服、智能推荐、智能翻译、智能驾驶、智能家居等领域。通过自然语言处理、图像识别、声音识别等技术，智谱 AI 为人们的生活和工作带来更多的便利和智能化体验。

8. 字节跳动豆包

字节跳动豆包是字节跳动公司推出的一款人工智能工具，于 2024 年 5 月 15 日发布。2024 年 11 月 7 日，豆包正式推出视频生成内测。2024 年 12 月 3 日，豆包上线图像理解功能。2025 年 1 月 20 日，豆包实时语音大模型正式推出，并在豆包 App 全量开放。2025 年 1 月 22 日，豆包大模型 1.5 正式发布。

豆包大模型提供多模态能力，包括自然语言、语音、图像等，适配互联网、零售消费、金融、汽车、教育、科研等多行业场景。其主要功能如下。

（1）聊天机器人：可以回答各种问题并进行对话，帮助人们获取信息。

（2）写作助手：提供文字创作、严格的指令遵从和庞大的知识储备能力，可应用在大纲生成、营销文案生成等内容创作场景。

（3）英语学习助手：辅助用户进行英语学习。

（4）音乐生成：用户可以在豆包"音乐生成"中输入主题或歌词，设定音乐风格、情绪及音色，便能快速生成一首约 1 分钟的词曲，并支持一键分享至抖音等社交平台。

（5）图像理解：具有识别、理解物体关系的能力，不仅可以识别出图像中的物体类别、形状等基本要素，还能理解物体之间的关系、空间布局以及场景的整体含义。

（6）视频生成：提供智能画布、故事创作形式，以及首尾帧、对口型、运镜控制、速度控制等人工智能编辑能力，助力用户实现故事创作。

此外，豆包大模型还具备个性化的角色创作能力、更强的上下文感知和剧情推动能力，满足灵活的角色扮演需求；提供自然生动的语音合成能力，善于表达多种情绪，演绎多种场景；实现声音 1:1 克隆，对音色相似度和自然度进行高度还原，支持声音的跨语种迁移。

9. 360 智脑

360 智脑大模型是由 360 公司研发的认知型通用大模型，具备跨模态生成的能力，可以处理文字、图像、语音、视频等多种形式的数据；集成了 360GPT 大模型、360CV 大模型、360 多模态大模型等技术能力，具备生成创作、多轮对话、逻辑推理等十大核心能力，以及数百项细分功能。

360 智脑的主要功能与应用如下。

（1）多模态生成：360 智脑可实现文生文、文生图、文生表、图生图、图生文、视频理解等多种功能，满足用户在不同场景下的需求。

（2）数字人交互：推出的数字人具备记忆、人设和性格，能够复刻人的思维方式和人生经历，提供个性化的交互体验。

（3）长文本处理：支持长达 500 万字的长文本处理功能，为用户提供更精准、更全面的信息分析。

（4）智能搜索：基于 360 智脑大模型的新一代智能搜索引擎 "360 搜索"，能够提供更准确的搜索结果和更丰富的搜索内容。

360 智脑不仅适用于对话场景，还可在文学创作、总账管理、客户服务、人力资源、市场营销、财务等多个领域发挥作用。例如，在金融行业可用于金融风险控制、投资决策等方面；在医疗行业可用于医疗影像分析、病例诊断等方面；在教育行业可用于教育评估、教学内容生成等方面。

10. 深度求索

深度求索（DeepSeek）是中国的一家人工智能企业，其 2025 年年初推出的推理模型 R1 在科技领域引起了广泛关注。

DeepSeek 推出的推理模型 R1 性能卓越，与国际领先的 OpenAI 模型可以平分秋色，更以低成本完成模型训练，显示了 DeepSeek 在成本控制和技术效率方面的能力。DeepSeek 的出现引发了人们对科技主导权、地缘政治等问题的关注和思考。同时，其开源策略也有助于缩小不同地区、阶层之间的知识鸿沟，让更多人受益于人工智能技术的发展，为人工智能应用的普及提供了有力支持。

DeepSeek R1 的核心功能如下。

（1）联网搜索与实时信息更新：DeepSeek R1 支持联网搜索功能，能够实时获取并处理最新信息。这使得模型在回答问题或提供建议时，能够基于最新的数据和知识库，给出更加准确和可靠的答案。

（2）深度思考与逻辑推理：DeepSeek R1 具备强大的深度思考和逻辑推理能力。它能够处理复杂的问题，进行多层次、多角度的分析，并给出有条理、有逻辑的答案。

（3）多模态生成与理解：DeepSeek R1 支持多模态数据的生成与理解，包括文字、图像、音频等。这使得模型能够更广泛地应用于不同领域和场景，满足用户的多样化需求。

（4）辅助学术研究：DeepSeek R1 能够辅助学者进行文献检索、论文撰写等工作。它能够快速搜索并整合相关学术资源，提供全面的学术支持。

（5）商业分析：在商业领域，DeepSeek R1 能够分析市场趋势、竞争对手情况等信息。它能够基于实时数据，为企业提供有价值的商业洞察和建议。

（6）文章写作：对于作家、编辑等文字工作者来说，DeepSeek R1 能够提供写作灵感、文章结构建议等帮助。它能够生成高质量的文章内容，提高写作效率和质量。

（7）日常问题搜索与解答：在日常生活中，DeepSeek R1 能够回答用户提出的各种问题。无论是生活常识、科学知识还是娱乐新闻，它都能给出准确、有趣的答案。

目前，随着人工智能技术的快速发展，特别是生成式人工智能技术的兴起，大规模深度学习模型在各个领域展现出巨大的应用潜力。中国国内企业纷纷投入研发，推出了众多大模型产品，形成了"百模涌现"的竞争格局。人工智能大模型及其应用平台如雨后春笋出现，不同的大模型各有特色，涵盖了自然语言处理、计算机视觉、语音识别、多模态融合、辅助学习等多个领域，为中国的人工智能技术发展注入了新的活力，并引领着国内外人工智能技术的发展。

6.3　大模型的技术应用

从技术的角度分析，大模型的应用技术主要包括文生文、文生图、图生图等。下面进行详细介绍。

6.3.1　文生文

文生文（text to text）是指利用自然语言处理技术，通过计算机程序自动生成具有语义连贯性和逻辑合理性的文本内容。

文生文技术主要关注的是将一段文本转换为另一段文本，这包括机器翻译、文本摘要、风格转换等应用场景。它基于大量的语料库和先进的算法模型，通过学习和分析语言规则与结构，从而能够生成高质量的文本内容。

文生文的原理主要依赖于自然语言处理技术和机器学习算法。具体来说，它通常使用序列到序列（Seq2Seq）模型或变换器（Transformer）模型来训练语言模型。这些模型能够接收输入的文本序列，并生成与之对应的输出文本序列。

（1）序列到序列（Seq2Seq）模型

Seq2Seq 模型由编码器和解码器两部分组成。编码器负责将输入的文本序列编码成一个固定长度的向量表示，而解码器则负责将这个向量表示解码成输出的文本序列。在训练过程中，模型会学习如何根据输入的文本序列生成与之对应的输出文本序列，并不断优化其参数以提高生成文本的质量。

（2）变换器（Transformer）模型

Transformer 模型是一种基于自注意力机制的模型，它能够在处理文本时捕捉到更长的依赖关系。Transformer 模型同样由编码器和解码器组成，但它们在内部结构上与 Seq2Seq 模型有所不同。Transformer 模型使用了多头自注意力机制和位置编码等技术来增强模型的表示能力。在训练过程中，Transformer 模型同样会学习如何根据输入的文本序列生成与之对应的输出文本序列，并不断优化其参数。

文生文技术在多个领域都有广泛的应用，包括但不限于以下三方面。

（1）新闻报道：通过文生文技术，可以快速生成简洁明了的摘要，让读者在有限的时间内获取更多的信息。

（2）文学创作：文生文技术可以帮助作家快速生成多样化的故事情节和角色设定，激发创作灵感。

（3）客户服务：在电商平台上，通过文生文技术可以实现自动回复用户的问题和投诉，提高客户服务的效率和质量。

百度文心一言有着丰富的创意写作功能，如图 6-3 所示，包括改写、扩写、仿写、润色、缩写、续写等功能。例如，可以将"文生文"扩展为"文生文，意指文字能够孕育出更多的文字。在这个过程中，作者的思绪如泉涌，将情感与思考转化为笔下的文字，这些文字又如同种子，在读者的心田生根发芽，进一步激发新的创作与感悟，形成文字间生生不息的循环。"

下面是使用文心一言根据提示词撰写一个年度总结的例子，如图 6-4 所示。

下面是使用文心一言生成 2 道计算圆的面积的试题的例子，如图 6-5 所示。

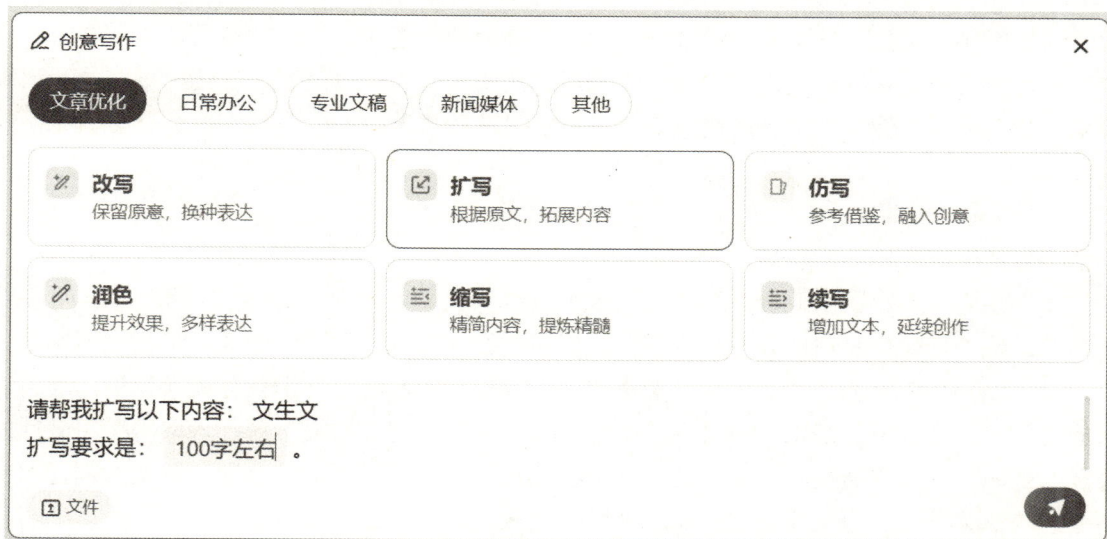

图 6-3　基于大模型的创意写作

请根据下面的关键词写一个500字的年终总结：不忘初心，刻苦钻研，教学任务饱满效果优良，科研工作成效显著，发表10篇SCI论文，主持一个国家项目。

2024年终总结

回首即将过去的2024年，我深感时光飞逝，但内心始终坚守着那份"不忘初心"的执着与信念。这一年，我在教学与科研的道路上刻苦钻研，不断探索，取得了诸多令人欣慰的成果。

在教学方面，我承担了饱满的教学任务，无论是课程内容的准备还是教学方法的创新，我都倾注了大量的心血。通过精心设计和生动讲解，学生们不仅掌握了扎实的专业知识，还在实践中得到了锻炼和提升。教学效果优良，学生的反馈和成绩都充分证明了这一点。

在科研领域，我更是取得了显著的成效。今年，我发表了10篇SCI论文，这些论文不仅数量可观，更重要的是在学术上具有一定的创新性和影响力。每一篇论文的发表都凝聚了我和团队成员的智慧与汗水，是我们共同努力的结晶。

此外，我还主持了一个国家项目，这对于我来说既是一份荣誉，也是一份责任。在项目执行过程中，我带领团队克服重重困难，不断探索新的研究方向和方法，最终取得了阶段性的成果。这一项目的成功实施，不仅提升了我在学术界的地位，也为我未来的科研工作奠定了坚实的基础。

图 6-4　使用文心一言根据提示词撰写一个年度总结

请生成2道计算圆的面积的试题

以下是两道计算圆的面积的试题：

1、题目：一个圆的直径是8分米，它的面积是多少平方分米.

2、题目：一个圆的半径扩大3倍，那么它的面积就扩大多少倍

希望这两道试题能满足您的需求。如需更多试题，请随时告知。

图 6-5　使用文心一言生成简单试题的例子

　　综上所述，文生文技术是一种基于自然语言处理和机器学习算法的技术，它能够将一段文本转换为另一段具有语义连贯性和逻辑合理性的文本内容。通过不断优化模型结构和训练策略，我们可以期待文生文技术在未来取得更加显著的进展。

6.3.2　文生图

　　文生图即文本到图像（text-to-image）的生成技术。20 世纪 90 年代至 21 世纪 10 年代初，研究者开始探索如何利用计算机生成图像，但由于技术限制，生成的图像质量往往不尽如人意。21 世纪 10 年代初期，研究者开始尝试使用卷积神经网络进行图像分类和识别，这为后来的文生图技术打下了基础。2014 年，生成对抗网络的出现使得文生图技术取得了突破性的进展。生成对抗网络通过引入生成器和判别器的概念，使得模型能够自动学习从文本描述到图像的映射关系，从而生成更加真实、细腻的图像。

　　近年来，研究者们不断尝试新的网络结构和优化算法，以提高生成图像的质量和速度。例如，基于 Transformer 的文生图模型利用自注意力机制更好地捕捉文本描述中的细节信息，从而生成更加符合文本描述的图像。随着大规模数据集的涌现，文生图模型的训练效果得

到了显著提升。这些数据集涵盖了各种场景、物体和风格，使得模型能够学习到更加丰富的图像特征。

由此可见，文生图根据历史发展背景，可以分为两种不同的解释和应用领域。

（1）文生图是一种数据可视化工具，用于展示文本数据之间的关系和演变趋势。这部分功能在第 5 章已经进行了介绍。它主要通过图表、图像和图形等可视化元素，直观地呈现文本数据的结构和变化。它能够将复杂的文本数据转化为易于理解的图形表示，帮助用户更好地分析和理解数据。在市场营销中，文生图常被用作一种重要的工具和策略，将文字和图像有机结合，以直观的方式呈现给受众，从而传递信息并吸引受众的注意力。

（2）文生图是一种利用人工智能技术生成图像的方法，能够根据用户输入的文字描述生成相应的图像。它基于深度学习技术中的生成对抗网络和变分自编码器等模型，通过训练学习文本和图像之间的潜在关系，利用模型根据文本描述生成相应的图像。在训练过程中，模型会不断调整和优化参数，以提高生成的图像质量和准确性。文生图技术能够帮助用户更好地理解和分析文本数据，发现隐藏在文本背后的规律。

文生图在创意设计领域具有广泛的应用前景，已经渗透到了艺术创作、广告设计、游戏开发等多个领域。在艺术创作领域，文生图技术可以帮助艺术家快速生成多样化的创意图像，提升文艺作品的创作效率，激发创作灵感，突破创作瓶颈。在广告行业，文生图技术可以助力设计师快速生成符合品牌调性的广告图像；在游戏开发领域，文生图技术可以自动生成游戏场景和角色等。

百度文心一言有着丰富的智慧绘图功能，如图 6-6 所示，包括文案配图、LOGO 设计、活动海报、壁纸、手抄报等功能。

图 6-6 基于大模型的智慧绘图功能

例如，输入"请根据以下文案内容绘制一幅图像：阳光由那扇大落地窗透入屋内，先是落在墙上，接着映照到桌上，最终，也照到了可爱的沙发上，沙发上坐着一个小男孩和一个小女孩。要求用水彩风格，画面主题要突出，画面的色彩搭配和整体氛围要贴合文案所围绕的主题。"生成的两张图像如图 6-7 所示。

图 6-7　根据文字生成的图像

显然，在基于大模型的文字和图像创作过程中，不同的提示性信息生成的文本数量和质量具有较大区别。因此，在大模型应用技术中，提示性工程扮演了非常重要的角色，它能够推进学生创新能力培养。

文生图技术的工作原理主要基于深度学习技术，特别是生成对抗网络和变分自编码器等模型的应用。以下是对其工作原理的详细描述。

（1）数据收集与预处理：首先需要收集大量文本描述和对应图像的数据集，对数据集进行预处理，如去噪、归一化等，以确保数据的质量和一致性。

（2）模型训练：利用深度学习技术训练一个能够从文本描述生成图像的模型。这通常涉及编码器模型（encoder model）、生成模型（generation model）和解码器模型（decoder model）三个部分。其中，编码器模型负责将图像编码为潜在表示（latent representation），生成模型则根据文本描述和潜在表示生成中间特征向量，解码器模型则将这些特征向量重新组合成完整的图像。在训练过程中，模型会不断调整和优化参数，以提高生成的图像质量和准确性。

（3）模型评估与优化：对训练好的模型进行评估，通过调整模型参数、优化算法等方式提高生成图像的质量。常用的评估指标包括 FID 分数（衡量生成图像质量的指标，较低的 FID 分数表示更好的图像质量）和 CLIP Score（评估生成图像与输入文本相关性的指标，分值越高，图像质量越好）。

（4）部署应用：将训练好的模型部署并应用于实际场景中，如广告、游戏、教育等。用户可以输入文本描述，模型根据描述生成相应的图像。

下面是根据古诗制作一幅图像的例子，如图 6-8 所示。提示词为：请根据下面古诗制作一幅图像：白日依山尽，黄河入海流，欲穷千里目，更上一层楼。

图 6-8 根据古诗制作图像的例子

6.3.3 图生图

图生图是一种图像生成技术，它利用深度学习模型对图像进行学习和分析，从而生成与原图具有相似风格、结构和特征的新图像。

1. 工作原理

图生图技术的核心在于深度学习模型的训练和应用。具体来说，其工作原理可以分为以下几个步骤。

（1）准备数据集：收集大量的图像数据集，这些数据集应包含多种风格、结构和特征的图像，以便模型能够学习到更多的信息。

（2）训练模型：使用准备好的数据集训练深度学习模型。在训练过程中，模型会学习图像中的特征信息，包括颜色、纹理、形状等，并逐渐提高生成新图像的能力。

（3）生成新图像：在训练完成后，可以利用模型生成新的图像。在生成新图像时，需要提供一张或多张输入图像，并设置生成目标，如生成风格相似的新图像、修复图像中的缺陷等。模型会根据输入图像和生成目标，并利用学习到的特征信息，生成具有相似风格和结构的新图像。

（4）优化和调整：在生成新图像后，可能需要进行一些优化和调整，如调整图像的尺寸、色彩、亮度等，以使生成的图像更符合实际需求。

2. 应用场景

图生图技术在多个领域都有广泛的应用价值，具体如下。

（1）图像处理：在图像处理领域，可以利用图生图技术对旧照片进行修复和美化，提高照片的质量和视觉效果。例如，可以将模糊的照片变得清晰，或者将黑白照片转换为彩色照片。

（2）游戏设计：在游戏设计领域，可以利用图生图技术生成多样化的游戏场景和角色，丰富游戏的内容和体验。通过该技术，可以快速生成各种风格的游戏场景和角色，提高游戏开发的效率和质量。

（3）虚拟现实：在虚拟现实领域，可以利用图生图技术生成逼真的虚拟场景和物体，提高虚拟现实的沉浸感和真实感。例如，在虚拟旅游中，可以生成逼真的旅游景点和建筑，让用户仿佛身临其境。

（4）内容创作：在内容创作领域，图生图技术也发挥着重要作用。例如，在短视频平台上，用户可以使用该技术将一张照片转换成动漫人物图或其他风格的图像，为内容创作提供更多可能性。

图生图作为一种先进的图像生成技术，在多个领域都有广泛的应用前景。随着深度学习技术的不断发展和优化，图生图技术将取得更加显著的成果和获得更加广泛的应用。

6.3.4　提示性工程

提示性工程（prompt engineering），又称提示工程或提示词工程，是一种用于优化和设计与人工智能模型（尤其是大型语言模型）交互的指令的技术。这些指令被称为"提示"，它们是人类与人工智能模型之间的"语言"，通过这种"语言"，人们可以告诉模型需要做什么以及如何做。通过精心设计的提示，可以引导模型更准确地理解用户的需求，从而生成更相关、更具创造性或更准确的回答。

具体来说，提示性工程涉及设计、优化和实施提示或指令的实践，这些提示或指令用于引导大型语言模型的输出，以帮助用户完成各种任务。它是一个多阶段的过程，需要不断地尝试和改进。提示性工程的核心在于提供清晰、上下文丰富且针对特定目标量身定制的提示，以解锁人工智能应用程序的全部潜力。

提示性工程在人工智能领域具有极其重要的地位，其重要性体现在以下几个方面。

（1）提升用户体验：在过去，与人工智能模型的交互往往充满了不确定性，用户可能需要输入多次指令才能得到满意的结果。这不仅浪费了时间，也降低了用户对人工智能技术的信任度。而提示性工程通过优化指令设计，使得用户可以更精确、更有效地与人工智能模型进行交互。用户只需输入一次清晰、具体的指令，就能得到满意的结果。

（2）降低人工智能应用成本：传统的人工智能模型微调过程需要大量的数据和计算资源，这不仅增加了应用成本，也限制了人工智能技术的普及。而提示性工程则提供了一种更为经济高效的方法。通过优化提示设计，可以在不改变模型参数的情况下，使模型快速适应不同的应用场景。这意味着可以使用相同的模型，通过不同的提示来处理不同的任务。

（3）推动人工智能技术创新：随着研究的深入和技术的进步，提示性工程领域不断涌现出新的设计方法和策略。这些创新不仅丰富了人工智能技术的应用场景，也为人工智能技术的未来发展开辟了新的道路。例如，通过设计更具创造性的提示，可以引导模型生成更具创新性的内容；通过优化提示的语义结构，可以提高模型的理解能力和生成质量。

（4）增强人工智能模型的灵活性和实用性：提示性工程使得同一个预训练模型能够适应多种不同的任务，而无须进行昂贵的微调过程。这大大提高了模型的灵活性和实用性。

（5）促进伦理和负责任的人工智能应用：通过设计周到的提示，可以缓解偏见和不道德的输出，确保人工智能应用程序更符合伦理标准。

（6）提升人工智能模型的表现：提示性工程为我们提供了一个新的视角来理解和改进人工智能模型。通过研究什么样的提示最有效，可以深入了解模型的内部工作机制，从而推动人工智能领域的整体发展。

显然，使用提示性工程，在人工智能领域不仅能够优化和提升人工智能模型表现的关键技术，更能推动人工智能技术的创新和应用。

6.4 大模型的典型应用

大模型工具在教育教学、办公领域的应用日益广泛，为现代工作方式带来了前所未有的便捷性。下面主要介绍 DeepSeek 和 Kimi 两种大模型工具的应用。

6.4.1 DeepSeek 的应用

2025 年春节期间最令人激动的事情莫过于国产大模型 DeepSeek 的 R1 版发布。由于 DeepSeek 采用开源模式且其应用程序可以在手机上进行安装和使用，极大推动了人工智能工具的普及和应用，并有利于缩小人工智能在不同群体间的数字鸿沟。

1. DeepSeek 的发展历程

DeepSeek 大概经历了如下发展阶段。

（1）2023 年 7 月，DeepSeek 公司成立，由量化投资机构幻方量化孵化，专注于大模型技术研发。

（2）2023 年 11 月，DeepSeek 公司发布首个代码生成模型 DeepSeek Coder，进入大模型赛道，2024 年，在代码生成领域实现技术突破，提出了相关优化算法并提升专业领域能力。

（3）2025 年年初，公司推出 DeepSeek R1 开源模型，以低算力需求实现接近顶级闭源模型的性能，推动人工智能技术的普及化。

（4）2025 年 2 月以后，DeepSeek 在代码生成、数学推理等任务中超越 ChatGPT，并完成与微信、百度等企业平台的技术集成，开启人工智能与社交通信、智能搜索等融合的新阶段。

2. DeepSeek 的安装

DeepSeek 有多种安装版本供用户选择，主要安装版本如下。

（1）DeepSeek Coder 是专为编程场景优化的代码生成模型，支持多种编程语言（Python/Java 等），适用代码补全、纠错及解释。

（2）DeepSeek LLM 是通用语言模型，包含不同参数规模（6.7B/7B/67B），侧重文本问答、摘要生成等任务。

（3）DeepSeek V3 是多模态模型，支持图像理解、图文联合问答，拓展至电商、教育等领域。

（4）DeepSeek R1 是强化推理模型，包含满血版（671B）和蒸馏版（1.5～70B），专注数学/代码等高难度任务。满血版（R1）是高性能版本，需高算力支持（如高性能 GPU 集群），适合复杂推理场景；蒸馏版（R1-Distill）是轻量级版本，可在消费级显卡（如 RTX 4090）运行，保留了满血版部分能力但推理精度稍弱；量化版通过压缩技术降低模型体积，内存占用减少 50% 以上，适合资源受限环境。

DeepSeek 有多种应用模式，可以通过 Web 网站使用，也可以在应用商店下载 DeepSeek App 后安装在手机上使用。

例如，我们可以在对话框中输入：请利用初中知识求解方程 $4^x=4x+2$。

DeepSeek 通过机器思考和互联网搜索给出相应解，但不一定能够得到 100% 正确的答案。下面是其思考过程的一部分。

嗯，我现在要解这个方程 4 的 x 次方等于 4x 加 2，也就是 $4^x=4x+2$。首先，我应该回忆一下初中的数学知识，看看有没有学过类似的问题。不过可能这个方程需要用到指数函数和一次函数的交点知识，或者可能需要用代数的方法来解。

首先，我想试试代入一些简单的 x 值，看看有没有解。比如说，当 x=0 时，左边是 $4^0=1$，右边是 $4×0+2=2$，左边不等于右边，所以 x=0 不是解。当 x=1 时，左边 $4^1=4$，右边 $4×1+2=6$，还是不对的。当 x=2 时，左边 $4^2=16$，右边 $4×2+2=10$，还是不对。当 x=3 时，左边是 64，右边是 14，差距更大了。那负数呢？比如 x=−1，左边是 $4^{−1}=1/4$，右边是 $4×(−1)+2=−2$，显然不相等。看来整数解可能没有，或者可能需要更仔细地找。

不过可能这个方程存在实数解，我需要用别的方法来寻找。可能我需要用图像的方法，画出 $y=4^x$ 和 $y=4x+2$ 的图像，看看它们在哪里相交。不过对于初中生来说，可能没有学过精确画指数函数图像的方法，不过大概的形状应该知道，指数函数 4^x 在 x 增大时增长很快，而当 x 为负无穷大时趋近于零。而直线 $y=4x+2$，斜率为 4，截距为 2，随着 x 的增大而上升，但速度比指数函数慢。当 x 很大的时候，指数函数会远远超过直线，而在 x 比较小的地方，可能有两个交点或者一个交点。

......

DeepSeek 通过机器思考和联网搜索后，得到的解题步骤如下。

首先，我们尝试代入一些简单的 x 值来寻找解：

当 x=0 时，左边 $4^0=1$，右边 $4×0+2=2$，不相等。

当 x=1 时，左边 $4^1=4$，右边 $4×1+2=6$，不相等。

当 x=2 时，左边 $4^2=16$，右边 $4×2+2=10$，不相等。

当 x=1.5 时，左边 $4^{1.5}=8$，右边 $4×1.5+2=8$，相等，因此 x=1.5 是一个解。

接下来，我们考虑负数解的可能性：

当 x=−0.5 时，左边 $4^{−0.5}=0.5$，右边 $4×(−0.5)+2=0$，左边大于右边。

当 x=0 时，左边 4^0=1，右边 4×0+2=2，右边大于左边。

根据中间值定理，在 x=−0.5 到 x=0 之间存在一个解。通过数值逼近法，我们发现当 x≈−0.345 时，左右两边的值接近相等，但无法用简单的代数方法表示。

进一步分析方程 4^x=4x+2，我们将其转换为对数形式.

对方程两边同时取以 2 为底的对数，得到 $2x = \log_2(4x + 2)$。

通过试值法和数值逼近法，我们发现 x=1.5 是一个精确解，而另一个解在 x≈−0.345 附近。

最终，通过代数方法验证，x=1.5（即 3/2）是一个精确解，而另一个解需要通过数值方法近似。

最终答案

方程的解为 x=3/2。

在上述例子中，虽然给出了一种求解方程的解题思路，得到了方程求解的相应答案。但相关解题思路是采用机器试探方式，显然不符合中学的数学求解方法。因此，在实际工作中，不能过分依赖大模型工具，也不能完全相信大模型工具的输出。学生需要学会甄别利用人工智能工具给出的答案，并学会选择和独立思考。

3. DeepSeek 的功能

DeepSeek 具备自然语言处理、机器学习与深度学习、大数据分析等核心技术优势，主要功能如下。

（1）文本处理：可进行文案创作、翻译润色、文本摘要、情感分析等。例如，能理解和生成高质量文本，将英文翻译成中文，或对长文进行摘要提取。

（2）编程辅助：提供代码生成与补全、代码理解与查错等功能，帮助开发者提高编程效率。开发者输入自然语言描述需求，模型可生成完整函数或模块代码。

（3）智能交互：作为智能客服和智能座舱，具备强大的自然语言对话能力，能理解用户意图和情感，给出相应回答，适用于日常闲聊和专业问题咨询。

（4）数据分析与预测：支持商业决策支持和风险评估与预测，可高效处理和分析大规模数据，挖掘数据中的模式和趋势。

（5）多模态理解：如视觉问答和文档处理，在图像识别、视频内容分析等领域具有高精度，能实现物体检测、场景理解、面部识别等功能。同时支持文本生成图像、视频摘要生成、图文混合创作等。

（6）学习研究：可辅助知识获取和创意激发，还能模仿经典作家的写作风格，撰写不同文体的文章。

此外，DeepSeek 还能进行逻辑推理和问题解决，具备个性化推荐功能，支持跨模态学习以及实时交互与响应等。其应用场景广泛，涵盖医疗、金融、教育、电商等多个行业和领域，可帮助医生辅助诊断、提高金融机构风险控制能力、提供个性化学习资源、优化电商推荐等，提高工作效率和创新性。

6.4.2 大模型赋能教育

大模型在大学教育和中小学教育中扮演了非常重要的角色，主要体现在以下几个方面。

1. 个性化教学

大模型能够分析学生的学习进度、知识掌握情况和学习风格，为每个学生提供个性化的学习计划和资源。这种个性化的教学方式可以帮助学生根据自己的节奏和兴趣进行学习，从而提高学习效率和学习效果。例如，通过大模型技术，大学可以开发智能辅导系统，根据学生的学习数据为其推荐合适的学习路径和练习题。

2. 智能辅助教学

大模型可以作为教师的得力助手，帮助教师减轻备课、教学和批改作业的负担。教师可以利用大模型快速从海量教学资源中提取相关内容，自动生成教案和 PPT，甚至设计课堂互动环节。此外，大模型还可以即时反馈和批改作业，帮助学生及时纠正错误，提高学习效果。例如，在大学课堂上，教师可以通过人工智能助教快速扫描学生答卷，自动完成批改，并生成详细的成绩分析报告，以便更好地了解学生的薄弱点。

3. 高效的资源管理

教育管理者可以利用大模型技术分析学校的各类数据，如学生和教师的表现、学校设施的使用情况等，从而优化资源分配，提高学校运营的效率和效益。例如，通过大模型技术，学校可以分析学生的课程选择和成绩数据，合理调整课程设置和教学资源分配，以满足学生的需求并提高教育质量。

4. 数据驱动的决策支持

大模型技术可以帮助学校收集和分析数据，为管理者提供数据驱动的决策支持。通过分析学生的学习数据、教师的教学数据以及学校的运营数据，大模型可以揭示出潜在的问题和趋势，帮助管理者做出更加明智的决策。例如，学校可以利用大模型技术预测学生的毕业率和就业率，以便提前采取措施。

5. 拓展教育机会

大模型技术支持的在线学习平台和数字工具可以为偏远地区的学生提供优质教育资源，减少城乡之间的教育差异。大学可以利用这些技术为学生提供多样化的课程和学习机会，促进学生全方位发展。例如，通过大模型技术，大学可以开发在线课程和学习资源，让更多学生有机会接受高质量的教育。

6. 提升教学质量

大模型可以辅助教师设计更有效的教学内容和课程,提高教学的质量和学生的学习体验。

通过大模型技术，教师可以了解学生的学习进展和反馈，以便及时调整教学策略和方法。此外，大模型还可以为教师提供持续的学习和培训机会，帮助他们掌握新技术和教学方法，提高教学水平。

显然，大模型在教育中的应用具有广泛的前景和深远的影响。它不仅能够提高教学效率和学习效果，还能够优化资源管理和决策支持，拓展教育机会并提升教学质量。随着技术的不断发展，大模型将在各层次教育中发挥更加重要的作用。

6.4.3　人工智能技术赋能办公

人工智能技术赋能办公是指利用人工智能技术，将人工智能与办公场景相结合，实现智能化、自动化的办公方式。这种办公方式旨在提高工作效率，减少人工操作，降低人力成本，同时也可以提高办公的准确性和安全性。人工智能办公主要包括以下功能。

1．自动化文档处理

自动化文档处理是现代办公自动化的重要组成部分，它通过集成各种技术，特别是人工智能技术，实现了文档处理的自动化和智能化，从而显著提高工作效率，一般包括如下功能。

（1）文档生成与编辑：人工智能能够根据用户输入的关键词或模板，自动生成文档内容，如法律文书、合同模板等。用户只需输入关键参数，系统就能自动生成完整的文档，节省时间并减少人为错误。

（2）语音转文字：通过语音识别技术，人工智能可以将语音内容实时转化为文字，适用于会议记录、访谈记录等场景，用户只需说话，系统就能自动生成文字记录。

（3）语法检查和自动补全：人工智能能够实时对文档进行语法检查和纠错，甚至根据上下文自动补全句子，提高文档质量和用户工作效率。

（4）多语言翻译：人工智能可实现实时的多语言翻译，帮助用户在不同语言环境下进行沟通和协作。

2．智能数据分析

智能数据分析是指运用统计学、模式识别、机器学习、数据抽象等数据分析工具从数据中发现知识的分析方法，其目标是直接或间接地提高工作效率，在实际使用中充当智能化助手的角色，使工作人员在恰当的时间拥有恰当的信息，从而帮助他们在有限的时间内做出正确的决策。主要方法有如下四种。

（1）数据可视化：人工智能可以将复杂的数据转化为易于理解的图表和报表，帮助用户快速掌握数据的核心信息。

（2）数据预测分析：通过历史数据和机器学习算法，人工智能可以对未来趋势进行预测，如销售预测、市场趋势预测等，辅助企业制定战略规划。

（3）自动报表生成：人工智能能根据预设的模板和规则，自动生成各类报表，减少人工干预，提高效率。

（4）数据异常检测：人工智能可以实时监控数据，发现和报告异常情况，帮助企业及时应对风险。

3. 自然语言处理

自然语言处理是指利用计算机技术来分析和处理人类自然语言（如中文、英文等）的技术。它旨在使计算机能够"理解"人类语言的含义、语法、语义和上下文，并从中提取有用的信息。自然语言处理技术是一种机器学习技术，它使计算机能够解读、处理和理解人类语言，是人类和机器之间沟通的桥梁。

自然语言处理技术的价值在于能够解锁非结构化数据的潜力，将文本转化为可分析的信息以支持企业决策，并推动人机交互向更自然、智能的方向发展，其应用领域如下。

（1）机器翻译：将一种语言的文本翻译成另一种语言，实现跨语言沟通。随着全球化进程的加速，跨语言交流的需求日益增长，机器翻译技术应运而生。它能够将一种语言的文本自动翻译成另一种语言，极大地促进了国际间的信息交流。

（2）舆情监测：分析社交媒体、新闻报道等文本数据，了解公众意见和情感倾向。通过情感分析，企业可以及时了解公众对其产品或服务的评价，从而调整市场策略。

（3）自动摘要：自动分析文档并提炼出要点信息，生成短篇摘要，便于快速阅读和理解；或从文本中提取出作者或说话人的观点、态度等。

（4）文本分类：根据文档内容或主题自动分配预定义的类别标签，如新闻分类、邮件分类等。

（5）情感分析：通过分析文本的情感倾向，人工智能可以判断用户的情绪状态，从而提供更加个性化的服务。

4. 项目管理

项目管理是指通过系统的方法和过程，计划、组织、领导和控制资源，以实现特定目标的活动。它涉及项目任务分配、项目执行进度跟踪、项目风险监控和项目资源管理等多个阶段，目标是确保项目在既定的时间、预算和质量范围内完成。

（1）项目任务分配：人工智能可以根据团队成员的技能和工作量，自动分配任务，确保每个人的工作都在合理范围内。

（2）项目执行进度跟踪：通过实时数据更新和分析，人工智能可以帮助项目经理随时掌握项目进度，及时发现和解决问题。

（3）项目资源管理：人工智能可以优化资源配置，确保项目所需的资源得到合理利用，避免浪费和资源短缺。

（4）项目风险监控：通过预测分析和异常检测，人工智能可以帮助项目团队识别和应对潜在的风险，确保项目顺利进行。

5. 智能日程管理与文件管理

智能日程管理与文件管理是现代办公环境中不可或缺的两个重要方面，它们分别涉及时间管理和信息管理，对于提高工作效率和保持工作有序性至关重要。

（1）智能日程管理：人工智能通过分析用户的日程安排和优先级，能够自动创建、调整和提醒日程安排，帮助用户高效地管理时间。

（2）文件管理：人工智能能够自动识别和分类文件，帮助用户更快地找到需要的文件。同时，人工智能还可以自动为文件添加标签、整理文件夹等操作，提高文件管理的效率。对于电子文件，人工智能可以自动记录文件的修改历史，方便用户追踪和恢复不同版本的文件。

总之，人工智能办公通过集成各种功能模块，实现了自动化、智能化的办公过程，让工作变得更加高效、便捷。随着技术的不断进步和应用场景的不断拓展，人工智能办公将为用户带来更加高效、智能的工作体验。

6.4.4　人工智能技术赋能 PPT 制作

人工智能 PPT 是一种基于人工智能技术的智能演示文稿制作工具，它结合了先进的人工智能算法与用户友好的界面设计，旨在帮助用户快速、高效地创建出专业且富有吸引力的 PPT 演示文稿。这类工具能够自动排版、优化内容布局，还能根据用户输入的关键词或主题，智能推荐相关的图像、图表及文本内容，极大地提升了制作 PPT 的效率与质量。

将 Word 文档转换为 PPT 的原理是基于 Word 文档中的标题和正文内容的层级关系来进行转换的。

1．标题层级对应

Word 中的 1 级标题通常会被转换为 PPT 中的幻灯片标题。

Word 中的 2 级、3 级、4 级等更低级别的标题，则会按层级关系依次显示在 PPT 的内容栏或作为子标题、要点等。

2．正文内容处理

在将 Word 文档转换为 PPT 时，正文内容会根据其所属的标题层级进行组织。正文内容可能会被作为对应标题下的详细解释或说明，出现在 PPT 的相应位置。为了使转换后的 PPT 更加清晰易读，通常建议将 Word 中的正文内容按照逻辑进行分段，并确保每段的内容不要过长。

3．转换工具与方法

现代的办公软件，如 Microsoft Office 套件中的 Word 和 PowerPoint，通常都提供了将 Word 文档转换为 PPT 的功能。用户只需在 Word 中设置好标题和正文的层级关系，然后利用软件内置的转换工具即可一键完成转换。在进行转换之前，用户还可以对 Word 文档进行必要的编辑和格式化，以确保转换后的 PPT 符合预期的效果。

4. Kimi 智能 PPT 生成器

Kimi 智能助手提供了 PPT 快速生成工具，用户只需输入 PPT 主题或上传相关文档，Kimi 即可自动生成详细的 PPT 大纲，并根据大纲生成完整的演示文稿。整个过程简便且迅速，能够大幅提升工作效率。例如，用户输入"人工智能在教育领域的应用"这一主题，Kimi 能快速生成包含标题、各部分内容和要点的完整大纲，并根据大纲生成 PPT，节省用户整理内容和设计版面的时间。

Kimi 提供了多种设计风格和模板选择，涵盖培训教学、总结汇报、商业计划等多种场景，每个场景下都有十几种风格迥异的模板供用户挑选。用户可以根据自己的需求选择合适的模板、设计风格和主题颜色。这些模板已经预设了合适的页面布局和设计元素，用户只需简单修改内容，即可得到专业级的演示文稿。此外，模板的主题颜色也可以根据品牌或活动需求进行灵活调整，确保 PPT 的视觉效果与演示主题相得益彰。

例如，针对人工智能的基本概念、发展历程和主要流派，生成 6 页 PPT。

通过 Kimi 生成的 PPT 的前 2 页的内容如下。

```
### 幻灯片 1：封面
- **标题**：人工智能概览
- **副标题**：基本概念、发展历程与主要流派
- **配图**：与人工智能有关的图片，如机器人、智能设备等
### 幻灯片 2：人工智能的基本概念
- **标题**：人工智能的基本概念
- **内容**：
   - **定义**：通过计算机技术模拟、延伸和扩展人类智能，使机器能够执行需要
人类智慧的任务。
   - **弱人工智能与强人工智能**：
      - 弱人工智能：专注于解决特定任务，如语音识别、图像识别等。
      - 强人工智能：具有广泛认知能力，目前尚未实现。
   - **主要子领域**：
      - 机器学习：从数据中学习规律。
      - 深度学习：利用多层神经网络处理复杂数据。
      - 自然语言处理：让计算机理解、生成人类语言。
- **配图**：人工智能应用场景的图片
```

此外，用户可以通过 Kimi 的二次编辑功能，根据实际需求进行调整。例如，通过大纲编辑，用户可以随时修改 PPT 的内容框架，确保内容更有层次、更清晰；如果模板不合适，也可以直接替换其他风格，所有文字和图片依旧保持原样。在编辑过程中，用户还可以插入图表、表格、图片和文本框等多种元素，进一步丰富 PPT 的内容表现。Kimi 的编辑界面设计简洁，操作流畅，方便用户进行细节调整。Kimi 通过在人工智能 PPT 加入实用的拼图功能，可以将 PPT 的每一页拼接成一张长图，方便用户在短时间内展示全部内容。这对于需要

提前向客户或领导展示大致 PPT 结构的情况来说，非常实用。通过简单设置，用户可以调整拼图的排列和布局，确保展示效果符合实际需求。

总之，Kimi 人工智能 PPT 凭借其智能化和便捷性，能够帮助用户制作出色的演示文稿。它不仅能够快速生成专业 PPT，还能通过数据分析和内容优化，帮助用户提升演示质量。例如，它可以根据用户输入的内容自动生成相关的图表和图像，帮助演示者更好地展示数据；还能优化文本内容，将冗长的句子简化为简短有力的陈述，提高信息传达效率。

6.5　本章小结

本章讲解了大模型的基本概念、特征与发展历程，介绍了面向自然语言处理的几种大模型和面向机器视觉处理的几种大模型，描述了文生文、文生图、图生图和提示性工程等大模型的应用技术，并讲述了基于大模型智慧教育、人工智能办公、Word 文档到 PPT 的转换等应用。

本 章 习 题

一、选择题

1．自然语言处理大模型的核心能力是（　　）。

　　A．语音识别　　　　B．文本生成　　　C．图像识别　　　D．视频分析

2．以下（　　）模型不属于自然语言处理大模型的范畴。

　　A．GPT-3　　　　　B．BERT　　　　　C．ResNet　　　　D．T5

3．利用自然语言处理大模型在处理文本时，通常采用的编码方式是（　　）。

　　A．One-hot　　　　B．Embedding　　　C．Pixel　　　　　D．RNN

4．GPT 系列模型与 BERT 模型的主要区别在于（　　）。

　　A．训练数据集大小　　B．编码方式　　　C．生成式与判别式任务　　D．模型架构

5．自然语言处理大模型在对话系统中的应用，主要解决了（　　）问题。

　　A．语音合成　　　　B．语义理解　　　C．图像分割　　　　　　D．视频压缩

6．机器视觉处理大模型在处理图像时，主要依赖的技术是（　　）。

　　A．卷积神经网络　　B．循环神经网络　C．决策树　　　　　　D．支持向量机

7．YLO 系列模型在机器视觉处理中的优势是（　　）。

　　A．高速实时检测　　B．高精度图像分类　C．语音识别　　　D．视频生成

8．（　　）模型在图像分割领域取得了显著成果。

　　A．GPT-3　　　　　B．Mask R-CNN　　　C．Transformer　　D．BERT

9. 机器视觉处理大模型在自动驾驶中的应用，主要关注（　　）的检测。

　　A．行人、车辆、交通标志　　　　B．语音指令　C．文本内容　　　　D．视频流分析

10. 在机器视觉处理中，生成对抗网络的主要用途是（　　）。

　　A．图像分类　　　　　　B．图像生成与修复　　C．目标检测　　　　D．语音识别

11. 文生文技术主要依赖于（　　）模型。

　　A．卷积神经网络　　　　　　　　B．循环神经网络或 Transformer

　　C．决策树　　　　　　　　　　　D．支持向量机

12. 文生图技术的核心在于将文本描述转化为图像，这通常涉及（　　）技术。

　　A．深度学习中的生成模型　　　　B．图像分类算法

　　C．语音识别技术　　　　　　　　D．视频压缩技术

13. 图生图技术主要用于（　　）。

　　A．图像修复　　　B．语音识别　　　C．文本生成　　　D．视频流处理

14. 提示性工程在自然语言处理大模型中的作用是（　　）。

　　A．优化模型参数　　　　　　　　B．提供更好的输入指导，提高模型输出质量

　　C．改善图像清晰度　　　　　　　D．加速模型训练

15. 在文生图技术中，（　　）确保生成的图像与文本描述保持一致。

　　A．使用高精度图像分类算法　　　B．通过提示性工程优化输入文本

　　C．引入图像修复算法　　　　　　D．提高模型训练数据量

16. 在人工智能办公中，自然语言处理大模型主要用于（　　）。

　　A．邮件撰写与回复　　　B．图像编辑　　　C．视频会议记录　　　D．以上都是

17. Word 文档到 PPT 的转换，主要依赖于（　　）。

　　A．光学字符识别　　　　　　　　B．自然语言处理与文本解析

　　C．图像识别与分类　　　　D．视频分析

18. AI 办公中，图像识别技术主要用于（　　）。

　　A．文档扫描与识别　　　　　　　B．邮件分类

　　C．语音转文字　　　　　　　　　D．PPT 制作中的插入图片

19. 在 Word 文档到 PPT 的转换过程中，如何确保转换后的 PPT 内容结构清晰连贯（　　）。

　　A．使用高质量的图像识别算法　　B．引入自然语言处理技术进行文本解析与重组

　　C．提高视频分析精度　　　　　　D．优化模型训练过程

20. AI 办公的发展趋势是（　　）。

　　A．完全替代人工办公　　　　　　B．辅助人工，提高工作效率与质量

　　C．专注于图像识别与分类　　　　D．替代所有传统办公软件

二、问答题

1. 简述自然语言处理大模型在智能客服系统中的应用及其优势。

2. 对比分析 GPT 系列模型与 BERT 模型在处理自然语言任务时的差异。

3. 简述机器视觉处理大模型在自动驾驶领域的应用及其面临的挑战。

4．简述文生图技术的原理及其在创意产业中的应用。

5．阐述 AI 办公中 Word 文档到 PPT 转换的实现原理及其技术挑战。

三、应用题

随着人工智能技术的发展，文生图技术逐渐成熟，它可以根据输入的文本描述生成相应的图像。现在，请你利用这一技术，完成以下任务。

（1）输入一段描述性文本，该文本应包含场景、人物、动作和情绪等要素。

（2）使用你选择的文生图工具或模型，根据输入文本生成一张图像。

（3）对生成图像进行简要评价，指出其是否符合输入文本的描述，以及有哪些优缺点。

第 7 章　机器学习及其应用

本章讲解机器学习及其应用，主要内容包括机器学习的概念和发展历程、机器学习的分类、机器学习的模型训练过程、机器学习在二分类和多分类中的典型应用、联邦学习方法及其应用等。

7.1　机器学习的概念与发展历程

本节介绍机器学习的基本概念、主要特点和发展历程。

7.1.1　机器学习的概念

机器学习（machine learning）是人工智能的一个分支领域，它致力于研究如何通过计算机系统地学习和自动化推理，使计算机能够从数据中获取知识和经验，并利用这些知识和经验进行模式识别、预测和决策。

机器学习是通过一些让计算机可以自动"学习"的算法，并从数据中分析获得规律，然后利用这些规律对新样本进行预测或决策的过程。其核心思想是使用数据来训练计算机算法，使其能够自动地从数据中学习并改进自己的性能，而无须明确地编程。

机器学习模型事先不知道输入和输出数据组合之间的数学关系，但如果给出足够的数据集，它可以猜测出来。这意味着每个机器学习算法都是围绕一个可修改的数学函数构建的。通过分析和解释大量的输入数据，机器学习算法可以识别数据中的模式和趋势，并生成可以应用于新数据的预测模型。

机器学习的主要特点如下。

（1）数据驱动：机器学习算法通常依赖于大量的数据来训练模型，通过数据的模式识别和统计分析来实现智能行为。

（2）模型多样性：机器学习可以采用多种模型，如线性回归、决策树、支持向量机等，这些模型的结构相对简单，易于理解和实现。

（3）应用广泛：机器学习更多地应用于那些需要从数据中学习和做出预测的场景，如图像识别、语音识别、推荐系统等。

7.1.2　机器学习与深度学习

深度学习（deep learning）是机器学习的一个分支，它使用多层人工神经网络来精准完成物体检测、语音识别、语言翻译等任务。深度学习的"深度"一词表示用于识别数据模式的多层算法或神经网络。这些高度灵活的架构可以直接从原始数据中学习，类似于人脑的运作方式。随着获取更多数据，其预测准确度也将随之提升。深度学习算法有许多不同的变体，如人工神经网络（包括前馈人工神经网络和多层感知器 MLP）、卷积神经网络等。

1. 深度学习的主要特点

（1）自动特征学习：深度学习模型可以通过反向传播算法自动学习特征表示，减少了人工干预的必要性。

（2）高精度：在语音识别、语言翻译和物体检测等任务中，深度学习能够实现高精度和高准确性。

（3）大数据需求：深度学习模型通常需要大量的训练数据才能发挥其优势。

（4）计算资源要求高：深度学习算法需要大量的计算资源，包括 CPU、GPU 等，并且需要进行大量的矩阵计算和高速缓存。

2. 机器学习与深度学习的关系

深度学习是机器学习的一种特殊形式，可以将其比作"子集"与"母集"的关系。

从应用角度来看，深度学习与机器学习都属于人工智能的重要组成部分，两者相互补充。对于简单的任务，使用传统的机器学习方法就足够了；而对于一些复杂的任务，如图像识别和语音识别，深度学习则能更好地发挥作用。

机器学习主要采用线性回归、决策树和支持向量机等传统模型，这些模型的结构相对简单。而深度学习则采用了神经网络模型，尤其是多层的神经网络结构，使得模型具有更强的表达能力和更高的精度。

综上所述，深度学习、机器学习与人工智能之间存在着紧密的联系和区别。它们共同推动着人工智能技术的进步和创新，为我们的社会和生活带来深刻的变革。

7.1.3 机器学习的发展历程

机器学习的发展经历了多个阶段，从最初的专家系统到示例归纳学习系统，再到现代的深度学习大模型。随着计算能力的不断提升和数据量的爆炸式增长，机器学习的性能不断提升应用范围也在不断扩大。

机器学习的发展历程可以追溯到 20 世纪中期，随着计算机科学和人工智能的进步，机器学习经历了多个阶段的创新和突破。以下是机器学习发展历程的一些重要里程碑。

1. 早期思想与理论基础（1940—1960 年）

图灵测试：英国数学家和计算机科学家阿兰·图灵（Alan Turing）提出了图灵测试，用来评估机器是否具有智能。这可以被看成对机器学习和人工智能的早期思考之一。

感知器模型：心理学家唐纳德·赫布（Donald Hebb）提出了"赫布型学习规则"，即"细胞同时活动会增强彼此之间的联系"。这为神经网络的发展奠定了基础，并影响了早期的感知器模型。弗兰克·罗森布拉特（Frank Rosenblatt）提出了感知器（perceptron）算法，这是最早的神经网络模型之一。感知器可以解决线性可分问题，但后来被证明不能解决所有问题，如 XOR 问题（非线性问题）。

2. 知识工程与符号主义（1960—1980 年）

专家系统：这一时期的研究主要集中在基于规则的专家系统上，这些系统依赖于由专家构建的明确规则，而不是从数据中学习。这类系统被称为符号主义人工智能，它们试图通过预定义逻辑规则和符号推理来模拟智能。

经典算法：许多经典的机器学习算法在这一阶段被提出，包括 K 最近邻算法（KNN）、决策树等。虽然这些算法仍然是现代机器学习的基础，但当时数据和计算资源的限制使其应用范围有限。

3. 统计学习与神经网络的突破（1980—1990 年）

反向传播算法：1986 年，David Rumelhart 等人提出了反向传播算法，解决了多层神经网络中参数更新的问题，使得多层感知器模型能够有效训练。这是神经网络研究的一个重要突破。

支持向量机：Vladimir Vapnik 和他的同事提出了支持向量机（Support Vector Machine, SVM），这是一种强大的分类算法，通过找到最优的超平面来将数据点进行分类。SVM 在许多任务上表现优异，成为机器学习的一个重要算法。

贝叶斯网络：贝叶斯网络是一种用于表示变量之间的概率关系的模型，广泛用于推理和决策问题，尤其适用于不确定性处理。

4. 数据驱动与集成学习的兴起（2000 年起）

数据驱动学习：2000 年，互联网的迅速普及和计算能力的提升，导致数据量呈现指数级增长。这为机器学习提供了前所未有的训练数据，使得数据驱动的学习方法（如深度学习）开始崭露头角。

集成学习：集成学习算法（如随机森林、AdaBoost）得到广泛应用。集成学习通过结合多个弱分类器来提高整体模型的准确率。

非监督学习：降维和聚类等非监督学习算法也得到了发展。例如，主成分分析（PCA）、K-means 聚类等技术在数据分析和特征提取中被广泛使用。

5. 深度学习的崛起（2010 年起）

ImageNet 竞赛：2012 年，Alex Krizhevsky、Ilya Sutskever 和 Geoffrey Hinton 的团队使用卷积神经网络赢得了 ImageNet 竞赛，展示了深度学习在图像分类任务中的巨大潜力。

循环神经网络：递归神经网络被广泛用于处理序列数据，如自然语言处理中的文本和语音数据。长短时记忆网络作为一种改进的循环神经网络，解决了长期依赖问题，在语言翻译、语音识别等任务中取得了显著成果。

生成对抗网络：Ian Goodfellow 等人提出了生成对抗网络，这是生成模型领域的一个重大突破。生成对抗网络通过生成器和判别器之间的对抗训练生成逼真的图像、文本等。

强化学习：强化学习（reinforcement learning）在人工智能游戏中取得了突破性进展，特别是 DeepMind 的 AlphaGo 在围棋中击败了人类世界冠军，标志着人工智能在解决复杂策略问题上的能力。

6. 现代机器学习与 AI 的广泛应用（2020 年起）

Transformer 模型：Transformer 模型（如 Google 的 BERT、OpenAI 的 GPT 系列）引领了自然语言处理领域的飞跃。特别是 GPT-3，具有 1750 亿个参数，能够生成高质量的文本、回答问题、进行代码生成等任务。

多模态学习：随着深度学习的进展，机器学习模型开始跨越不同类型的数据（如文本、图像、语音等）。OpenAI 的 CLIP 和 DALL-E 这些模型能够理解多种模态的数据，进一步提升人工智能在艺术创作、翻译等领域的能力。

自动化机器学习：自动化机器学习（AutoML）工具和无代码人工智能平台的兴起，使得更多非专业人士能够轻松构建和部署机器学习模型，这极大地加速了人工智能的普及。

伦理与公平性：随着机器学习和人工智能技术在社会中广泛应用，人工智能的伦理问题和公平性问题也成为研究热点。如何确保人工智能模型的透明性、可解释性，以及避免算法偏见，是当前面临的重要挑战。

尽管机器学习取得了显著的进展，但仍面临一些挑战，如数据标注的耗时费力、模型的可解释性不足、过拟合和欠拟合等问题。未来，随着算法的不断优化和计算能力的进一步提升，机器学习有望在更多领域实现突破和创新。

总之，机器学习是一门多学科交叉的专业领域，它通过让计算机从数据中自动学习和改进性能，为人工智能的发展提供了强大的技术支持。

7.2 机器学习的分类

机器学习可以大致分为有监督学习、无监督学习和强化学习等类型，具体如图 7-1 所示。

（1）有监督学习（supervised learning）：使用带有标签的训练数据来训练模型，以预测新数据的标签值或目标值。适用于分类和回归任务。

（2）无监督学习（unsupervised learning）：在没有标签的情况下，从数据中发现隐藏的结构和模式，广泛应用于聚类分析、关联规则学习和降维等技术。

（3）强化学习（reinforcement learning）：通过与环境的交互学习，以最大化累积奖励。智能体根据当前环境状态选择动作，并根据接收到的即时反馈调整其行为策略。

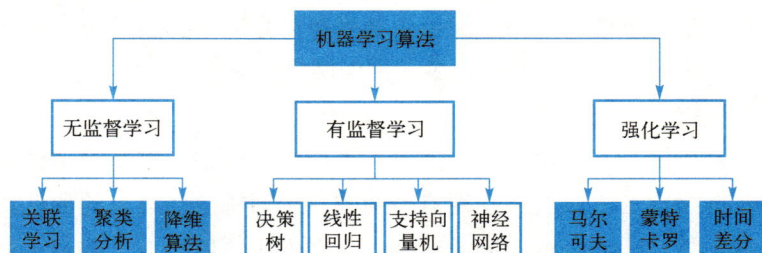

图 7-1 机器学习的分类

7.2.1 无监督学习的概念与特征

无监督学习是机器学习领域中的一种重要方法。无监督学习是指无须在已标记数据上训练模型，直接从数据中提取意义的机器学习算法，主要用于解决模式识别中训练样本类别未知的问题。它通过使用未标注的数据来训练模型，从数据中发现隐藏的模式和结构，而不依赖于预定义的标签或结果。

1. 无监督学习的主要特征

（1）数据无标签：无监督学习处理的数据集是未经标注的，即没有明确的标签或类别信息。这意味着它不需要依赖外部标签信息，而是直接从数据本身出发进行学习和分析的。

（2）探索性数据分析：无监督学习的主要目标是发现数据中的内在结构和规律，如聚类结构、降维后的低维表示以及异常点等。这种方法常用于探索性数据分析，特别是在处理大量未标注数据时显得尤为重要。

（3）多任务学习：无监督学习广泛应用于数据探索、聚类、降维、特征学习、异常检测及关联规则学习等多个任务中。它能够帮助研究人员和从业人员从复杂数据中提取有价值的信息。

（4）灵活性高：无监督学习能够灵活应用于各种问题，不需要依赖外部标签信息，而是直接从数据本身出发进行学习和分析。这使得它能够适应不同的数据集和问题场景。

（5）结果难以解释和评估：由于无监督学习的结果往往是隐式的或不可直接量化的（如聚类结果），因此难以用传统的性能指标来评估其效果。模型发现的模式可能不易理解，需要专业知识和经验来进行解释和评估。

（6）参数选择对结果有重要影响：许多无监督学习算法依赖于参数的选择（如簇的数量），参数的选择会直接影响算法的输出结果和性能。因此，在进行无监督学习时，需要仔细考虑和选择合适的参数。

2. 无监督学习的典型应用

（1）聚类分析：通过聚类分析，无监督学习能够将数据集中的数据点分成不同的群组，使得同一群组内的数据点具有较高的相似性，而不同群组间的数据点则具有较大的差异。这种聚类结果对于理解数据的分布和特性、发现数据中的潜在模式具有重要意义。

（2）异常检测：无监督学习可以用于识别数据集中的异常点或离群点，帮助用户及时发现并处理数据中的异常情况。这对于保障数据质量和安全性具有重要意义。

（3）关联规则学习：在关联规则学习中，无监督学习能够发现数据中的频繁项集和关联规则，为数据挖掘提供有力支持。这有助于揭示数据之间的潜在联系和规律。

综上所述，无监督学习是机器学习领域中的一个重要分支，具有数据无标签、探索性数据分析、应用广泛、灵活性高以及结果难以解释和评估等主要特征。它在数据挖掘、数据分析以及决策支持等多个领域发挥着重要作用。

7.2.2　无监督学习算法

无监督学习是机器学习中的一种重要算法，它指的是在没有已标记数据（即结果已知的数据）的情况下，该算法能够自动从数据中提取有意义的信息或模式。无监督学习的核心在于利用未被标记的训练样本来解决模式识别中的各种问题，其典型算法和应用非常广泛。

无监督学习算法主要包括聚类算法（如 K-means、层次聚类和 DBSCAN）、降维算法（如主成分分析法、独立成分分析法等）、关联规则挖掘算法（如 Apriori 和 FP-Growth 等）和异常检测算法（如支持向量机、孤立森林和局部离群因子法）等。

聚类算法是一类无监督学习算法，其主要目的是将数据集划分为多个组或簇（clusters），使得同一个簇中的数据点彼此相似，而不同簇中的数据点差异较大。聚类算法通常不需要事先定义标签或类别，而是根据数据本身的特性进行分组。典型的聚类算法包括：K-means 聚类算法、DBSCAN 聚类算法、谱聚类算法等。

1. K-means 聚类算法

K-means 聚类算法是一种广泛使用的聚类算法，其目标是将数据集划分为 K 个簇，使得簇内的点尽可能相似，而簇间的点尽可能不同。该算法的核心思想是通过迭代的方式，不断优化簇的划分和簇中心的位置，以达到使簇内点的距离和（或称为损失函数）最小的目的。

具体来说，K-means 聚类算法的步骤如下。

（1）初始化：从数据集中随机选择 K 个点作为初始的簇中心。

（2）分配样本：计算每个点到 K 个簇中心的距离，并将每个点分配到距离最近的簇中心所对应的簇中。

（3）更新簇中心：根据新的簇划分，重新计算每个簇的中心点，即簇内所有点的均值。

（4）迭代：重复步骤（2）和步骤（3），直到簇中心的位置不再发生变化，或者达到预设的最大迭代次数。

在该算法实现过程中，常用的距离度量方法是欧氏距离，但也可以根据具体需求选择其他距离度量方法，如曼哈顿距离或余弦相似度等。

以下是一个使用 Python 实现 K-means 聚类算法的简单案例。

```python
import random
import numpy as np
def kmeans(X, k, max_iters=100):
    """
    K-means 聚类算法的实现
    :param X: 数据点，格式为列表的列表，例如 [[x1, y1], [x2, y2], ...]
    :param k: 聚类的数量
    :param max_iters: 最大迭代次数
    :return: 聚类结果，格式为 {簇编号: [属于该簇的数据点]}
    """
    # 随机初始化聚类中心
    centroids = random.sample(X, k)
    clusters = {i: [] for i in range(k)}

    for _ in range(max_iters):
        # 将每个数据点分配给最近的聚类中心
```

```
        for point in X:
            distances = [np.linalg.norm (np.array (point) - np.array (centroid) ) \
                    for centroid in centroids]
            closest_cluster = distances.index (min (distances) )
            clusters[closest_cluster].Append (point)
    # 更新聚类中心为所属簇内所有点的均值
    new_centroids = []
    for i in range (k) :
        cluster_points = clusters[i]
        if cluster_points:            # 防止空簇
            new_centroid = np.mean (cluster_points, axis=0) .tolist ()
            new_centroids.Append (new_centroid)
        else: # 如果某个簇为空，则随机选择一个点作为新的聚类中心
            new_centroids.Append (random.choice (X) )

    # 检查聚类中心是否不再变化
    if new_centroids == centroids:
        break
    centroids = new_centroids
    return clusters


# 示例数据
data_points = [[1, 2], [1, 4], [1, 0], [10, 2], [10, 4], [10, 0]]
# 运行 K-means 聚类算法
k = 2 # 聚类数量
clusters = kmeans (data_points, k)
# 打印结果
for i, points in clusters.items () :
    print (f"簇{i}: {points}")
```

在这个案例中，定义了一个函数 kmeans()，接收数据点、聚类数量 k 和最大迭代次数 max_iters 作为输入，并返回聚类结果。我们先使用欧氏距离来计算每个点到聚类中心的距离，再使用 NumPy 库来计算均值和距离，最后打印出每个簇中的数据点。

需要注意的是，这个实现是一个基础版本，没有考虑一些实际应用中可能需要的特性，比如处理空簇的情况（这里简单地选择了一个新的随机点作为聚类中心），或者使用更高效的数据结构来存储和处理数据点。在实际应用中，可能需要使用更高级的库，如 scikit-learn，它提供了一个优化和功能更丰富的 K-means 实现。

2. DBSCAN 聚类算法

DBSCAN（Density-Based Spatial Clustering of Applications with Noise）聚类算法是一种基于密度的空间聚类算法，它能够发现任意形状的簇，并且能够有效处理噪声数据。

下面介绍 DBSCAN 聚类算法中的一些基本概念。

（1）ε 邻域：给定位置点 p，所有距离该点半径 ε 内的区域称为该位置点的 ε 邻域。

（2）MinPts：位置点要成为核心点所需要的ε邻域的位置点数的阈值，也就是在p点成为核心点时，ε邻域内位置点的最小个数。

（3）核心点：如果位置点的ε邻域内至少包含最小数目MinPts的位置点，则称该点为核心点。

（4）边界点：若位置点p不是一个核心点，但落在某个核心点的邻域内，则点p被称为边界点。

（5）噪声点：若位置点p既不是核心点，也不是边界点，则点p被称为噪声点。

（6）直接密度可达：若位置点p在位置点q的ε邻域内，并且点q是一个核心点，则称点p从点q出发是直接密度可达的。

（7）密度可达：对于点集$p=\{p_1, p_2, \cdots, p_n\}$，若点$p_i$从点$p_{i-1}$直接密度可达，则$p_n$从$p_1$密度可达。

（8）密度相连：对于两个点p和q，存在另外一个点o，使得点p和点q都从点o密度可达，则认为点p和点q密度相连。密度相连关系是对称的。

下面举例说明上述概念，如图7-2所示，其中ε用一个圆的半径表示，将MinPts的值设为3。

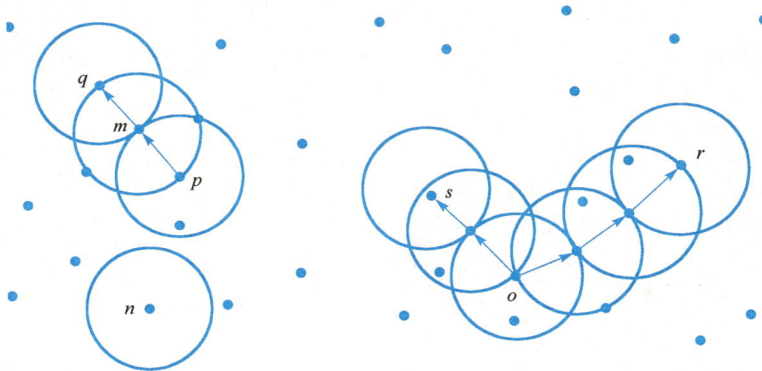

图 7-2　DBSCAN 算法聚类过程说明图

（1）核心点：从图7-2中可以看到，m, p, o, r四个位置点的ε邻域内都至少包含3个点，因此，它们都是核心点。

（2）边界点：点q在点m的ε邻域中，但点q不是核心点，因此点q为边界点。

（3）噪声点：点n既不是边界点也不是核心点，因此点n是噪声点。

（4）直接密度可达：点q从点m直接密度可达，点m从点p直接密度可达。

（5）密度可达：点q、点s、点r分别从点p、点o、点o密度可达。

下面是DBSCAN聚类算法的步骤。

（1）初始化：为每个样本点分配一个唯一的标识（初始时可以是未访问状态）。

（2）随机选择一个未访问的点：将其作为当前点，并标记为已访问。

（3）检查当前点：判断当前点是否为核心点。如果是核心点，则创建一个新的簇，并将当前点加入该簇中；如果不是核心点，则将其标记为噪声点。

（4）扩展簇：对于当前簇中的每个点（包括当前点），检查其ε-邻域内的所有点。如果某个邻域点尚未被访问过，则将其标记为已访问，并判断其是否为核心点。如果是核心点，则将其加入当前簇中，并继续检查其ε-邻域内的点（递归进行）。如果不是核心点，则将其标记为边界点。

（5）重复步骤（2）到步骤（4），直到所有点都被访问过。

在算法执行过程中，会形成若干个簇和噪声点。每个簇都是由密度相连的点组成的最大集合，而噪声点则是不属于任何簇的点。

DBSCAN 聚类算法的参数选择方法是：DBSCAN 聚类算法在运行前除了需要数据集，还要对半径参数ε和密度阈值 MinPts 进行设定，这两个参数直接决定了聚类的结果。如果 MinPts 不变，ε取得过大，则会导致大多数点都聚到同一个簇中；如果ε取得过小，则会导致一个簇的分裂；如果ε不变，MinPts 的值取得过大，则会导致同一个簇中点被标记为离群点；如果 MinPts 过小，则会导致发现大量的核心点。因此，在实际应用中，需要通过实验或交叉验证等方法来选择合适的ε和 MinPts 值。

DBSCAN 聚类算法在许多领域都有广泛的应用，如空间数据分析、图像分割、异常检测、生物学数据分析、社交网络分析、市场细分、医疗诊断以及物联网数据分析等。它的主要优点是能够发现任意形状的簇，并且能够处理噪声数据。然而，计算法也有一些局限性，如对参数的选择非常敏感，并且对于大规模数据集的处理可能会比较慢。

下面是一个对三维度空间数据进行 DBSCAN 聚类的例子。在这个例子中，随机生成 100 个样本，每个样本都有三个特征。调用 Python 系统的 sklearn 库中 cluster 对象中的 DBSCAN 进行聚类。聚类参数选择为：ε（程序中的 eps）=0.3，MinPts（即程序中的 min_samples）=10。聚类结果放在 labels 列表中，如果聚类数量是n，则 labels 中值介于区间$[-1, n-1]$内。其中，列表 labels 中具有相同值的元素，是一个聚类组，值为-1则表示不属于任何一个聚类，它们是离散点。

```python
import numpy as np
import matplotlib.pyplot as plt
from mpl_toolkits.mplot3d import Axes3D
from sklearn.cluster import DBSCAN
# 生成模拟数据
np.random.seed(0)
data = np.random.rand(100, 3)      # 100 个样本，每个样本都有三个特征
# 使用 DBSCAN 进行聚类
dbscan = DBSCAN(eps=0.3, min_samples=10)
labels = dbscan.fit_predict(data)
# 可视化聚类结果
fig = plt.figure()
ax = fig.add_subplot(111, projection='3d')
# 为不同的聚类分配不同的颜色
colors = np.array( [plt.cm.Spectral(i / float(max(labels))) for i in labels] )
```

```
# 绘制每个样本
for i in range (data.shape[0]):
    ax.text (data[i,0],data[i,1],data[i,2],str (i),size=12,zorder=10)
for i in range (data.shape[0]):
    ax.text (data[i, 0], data[i, 1], data[i, 2], str (labels[i]), size=12,
zorder=10)
    # 设置坐标轴标签和标题
ax.set_xlabel ('X Label')
ax.set_ylabel ('Y Label')
ax.set_zlabel ('Z Label')
ax.set_title ('Cluster Visualization')
    # 显示图形
plt.show ()
```

7.2.3　有监督学习

有监督学习是机器学习中的一种重要算法，它依赖于带有标签或输出值的数据集进行训练。在有监督学习中，算法通过比较模型的预测输出与实际输出之间的差异来不断调整模型参数，以最小化预测误差。以下是一些常见的有监督学习算法。

1. 线性回归

线性回归是一种用于对两个或多个变量建模的统计方法，其中一个变量（通常称为因变量）被认为是另一个变量（或一组变量，称为自变量）的线性函数。简单来说，线性回归试图通过一条最佳拟合直线来描述自变量（X）和因变量（Y）之间的关系。

线性回归方程通常表示为

$$Y = \beta_0 + \beta_1 X_1 + \beta_1 X_1 + \cdots \beta_n X_n + e$$

其中：Y是因变量（预测值或响应变量）；X_1，X_2，$\cdots$，X_n是自变量（预测器或特征）；β_0是截距项（常数项）；β_1，β_2，$\cdots$，β_n是回归系数，表示每个自变量对因变量的影响程度；e是误差项，表示模型未能解释的变异。

线性回归的目标是找到一组回归系数（β_0，β_1，$\cdots$，β_n），使得预测值与实际值之间的差异（误差）最小，通常通过最小化误差的平方和（即最小二乘法）来实现。

线性回归的一般步骤包括：收集自变量和因变量的数据，根据数据建立线性回归方程，使用最小二乘法或其他优化算法估计回归系数，通过计算残差、决定系数（R_2）等指标评估模型的拟合优度，使用训练好的模型对新数据进行预测。

线性回归的有效性依赖于一些假设，如自变量和因变量之间存在线性关系，观测值是独立同分布的，自变量之间不存在高度相关性，误差项服从正态分布，误差项的方差是恒定的。

线性回归应用广泛，在经济学中预测房价、股票价格等，在医学中根据患者的年龄、体重等因素预测药物剂量，在市场营销中分析广告支出与销售额之间的关系，在工程学中预测设备的寿命或性能。

尽管线性回归是一种简单而强大的工具，但在处理非线性关系或复杂数据时，可能需要考虑其他更高级的回归算法或机器学习算法。

2. 支持向量机

支持向量机（Support Vector Machines，SVM）是一种广泛应用于模式识别和机器学习领域的监督学习算法。SVM 的核心思想是将数据映射到高维特征空间，通过构建一个最优超平面来实现数据的划分或拟合。这个最优超平面能够最大化不同类别之间的间隔，从而提高分类器的准确性和泛化能力。

SVM 最早由 Vapnik 和 Cortes 于 1995 年提出，并在之后几十年里得到了广泛的研究和发展。初始的 SVM 是针对线性可分问题的，后来发展出了用于处理非线性问题的核支持向量机。随着计算能力的提高和算法改进，SVM 逐渐成为机器学习领域中最受欢迎和成功的算法之一。

SVM 的基本原理是通过寻找一个最优超平面，将不同类别的样本点在特征空间中尽可能分开。这个超平面被称为决策边界，它能够最大化不同类别之间的间隔。SVM 的目标是找到一个超平面，使得距离该超平面最近的样本点的间隔最大。这样的超平面对未知的新实例有很好的分类预测能力。

在 SVM 中，支持向量是那些位于决策边界上的样本点，它们对于确定分类超平面起着至关重要的作用。决策边界是由这些支持向量确定的，它能够将不同类别的样本点尽可能地分开。

当数据在原始空间中线性不可分时，SVM 通过引入核函数将数据映射到高维特征空间中，使得在高维空间中数据变得线性可分。常用的核函数包括线性核、多项式核、径向基函数（RBF）核等。

SVM 对未知数据有很好的预测能力，即使数据维度多于样本数，SVM 也能有效工作，特别地，SVM 基于统计学习理论的结构风险最小化原则，在解决小样本问题时表现良好。另外，通过核函数设置，SVM 可以有效处理非线性问题。但是，由于 SVM 在训练过程中需要计算每个样本点与决策边界的距离，因此对于大规模数据集的训练时间较长。

SVM 应用广泛，在文本分类中用于识别文档的主题或情感倾向，在图像识别中用于目标检测和识别，在生物信息学中用于基因表达数据分析和蛋白质功能预测，在金融分析中用于信用评分和欺诈检测等。

在实际应用中，SVM 的实现通常依赖于各种机器学习库和框架，如 scikit-learn、MATLAB 等。这些库和框架提供了丰富的 SVM 实现和参数调整选项，使得 SVM 的应用更加便捷和高效。

3. 决策树

决策树（decision tree）是一种模仿人类决策过程的机器学习算法，它通过学习简单的决策规则来预测目标变量的值。决策树模型由节点（包括内部节点和叶子节点）和边组成，形成一个树状结构。树的每个内部节点表示一个特征上的判断，每个边表示判断的结果，而每个叶子节点表示一个类别或决策结果。

决策树的原理是递归地将数据集分割成越来越小的子集，直到满足特定条件，如达到某个纯度标准或子集中的样本数量小于预定阈值。每个分割决策都是基于特征的某个值来做出的，目的是最大化子集内部的同质性（同一个类别的样本尽可能多）和不同子集之间的异质性（不同类别的样本尽可能少）。

决策树的构造过程主要包括特征选择、决策树生成和剪枝三个步骤。

特征选择：从训练数据中众多的特征中选择一个特征作为当前节点的分裂标准。特征选择的目的是找到最好的分割点，可以使用信息增益、基尼不纯度等指标来衡量分割的效果。

决策树生成：根据选择的特征评估标准，从上至下递归地生成子节点，直到数据集不可分，则决策树停止生长。递归分割是指在每个子集上重复特征选择和节点生成的过程，直到满足停止条件。

剪枝：剪枝是决策树停止分支的方法之一，用于解决过拟合问题。剪枝技术有预剪枝和后剪枝两种。预剪枝是在决策树生成过程中，提前停止树的生长；后剪枝是在决策树生成后，对已经生成的树进行简化。

决策树作为一种机器学习算法，构建过程相对简单，不需要大量的计算资源；决策树的树状结构使得模型的结果非常直观，易于理解和解释；决策树可以处理连续和种类字段，适用于多种数据类型。另外，通过决策树的分支结构，可以清晰地看到哪些特征对决策结果的影响最大。

然而，决策树在处理连续字段时，可能需要将其离散化，这可能会导致一些信息的丢失；决策树在处理有时间顺序的数据时，需要将其转换为适合决策树处理的形式，这可能需要大量的预处理工作；当目标变量的类别非常多时，决策树的复杂度可能会增加，从而导致模型的准确性下降。另外，决策树在每次分裂时通常只选择一个特征进行分裂，这可能会导致一些信息的遗漏。

决策树广泛应用于各个领域，包括数据挖掘、医学、房价预测、股票价格预测、生产环境控制、风险评估、网络安全和营销等。

在实际应用中，决策树算法的实现通常依赖于各种机器学习库和框架，如 scikit-learn、Tensorflow、PyTorch 等。这些库和框架提供了丰富的决策树实现和参数调整选项，使得决策树的应用更加便捷和高效。

4. 朴素贝叶斯

朴素贝叶斯（naive bayes）是一种基于贝叶斯定理并假设特征之间相互独立的机器学习分类算法。

朴素贝叶斯的名字"朴素"源于其假设的简单性，即假设所有特征都是相互独立的。尽管这个假设在实际应用中往往并不完全成立，但朴素贝叶斯在很多场景下仍然表现出了惊人的效果。该算法的目标是基于给定的样本特征 x 来预测样本所属的类别 y，其核心在于利用贝叶斯定理计算后验概率，从而确定样本的类别。

贝叶斯定理是一种描述两个事件之间概率关系的公式，它可以用来计算在已知某些条件下，某个事件发生的概率。朴素贝叶斯算法则基于贝叶斯定理，并引入了一个简化的假设，即特征之间是条件独立的。这样，就可以把条件概率分解为单个特征的概率相乘，从而大大简化了计算过程。

朴素贝叶斯算法具有计算效率高、分类能力强、易于实现和理解等特点；然而，朴素贝叶斯算法的条件独立性假设在现实生活中往往不成立，这可能会影响其分类的准确性。若分类变量有一个类别在训练数据集中没有观察到，则模型将对其分配零概率，并且不能进行预测，这通常被称为"零频率"问题。

朴素贝叶斯算法广泛应用于各个领域。例如，在文本分类中用于垃圾邮件过滤、新闻分类等；在情感分析中用于分析文本表达的情感倾向，如正面、负面或中性情感；在新闻文章、科技文献中，利用朴素贝叶斯算法可以将文章、文献归类到不同的主题或类别中；在推荐系统中，朴素贝叶斯算法可以根据用户的历史购买记录、浏览行为等数据，预测用户的偏好和兴趣，从而为用户推荐相关的商品、内容或服务。

在实际应用中，朴素贝叶斯算法的实现通常依赖于各种机器学习库和框架，如 scikit-learn 等。这些库和框架提供了丰富的朴素贝叶斯算法实现和参数调整选项，使得该算法的应用更加便捷和高效。

总之，尽管朴素贝叶斯算法的条件独立性假设在实际应用中可能并不完全成立，但其在多个领域仍然展现出了强大的分类能力和高效的处理速度。通过合理的特征选择、数据预处理和模型评估等方法，可以进一步提高朴素贝叶斯算法的分类效果和应用范围。

5．神经网络

神经网络（neural network）是一种模拟人脑神经元结构和功能的计算模型，它通过学习和调整节点间权重来处理信息，解决复杂的模式识别和预测问题。

神经网络的基本原理是模拟人脑神经系统的功能，通过多个节点（也叫神经元）的连接和计算，实现非线性模型的组合和输出。神经网络可以看成一种由神经元模型组成的复杂网络系统，每个神经元都有一个激活函数，用来增强网络的非线性能力。神经网络采用参数权重，通过调整这些权重来实现自动学习和模式识别。

神经网络的概念、特征、发展历史和应用在第 6 章已经进行了详细介绍，这里不再赘述。

7.3　机器学习的模型训练

模型训练是机器学习中的一个核心环节，它指的是使用带有标签的数据集来调整和优化机器学习模型的参数，以便模型能够准确地对新数据进行预测或分类。

7.3.1　模型训练的目的和方式

在模型训练过程中，算法会反复地比较模型的预测结果与实际结果之间的差异，并据此更新模型的参数，从而逐步减小预测误差，进而提高模型的性能。

1. 模型训练的目的

模型训练的目的是构建一个能够准确地对新数据进行预测或分类的机器学习模型。具体来说，模型训练的目标包括以下几个方面。

（1）学习数据分布：模型通过训练学习数据得到内在规律和分布特征，包括特征与目标变量之间的关系，以及不同特征之间的相互作用。

（2）优化模型参数：在训练过程中，算法会不断调整模型的参数，以最小化预测误差或最大化某种性能指标（如准确率、召回率等）。这些参数决定了模型如何处理输入数据并产生输出。

（3）提高泛化能力：除了在训练数据上表现良好，模型还需要具备对新数据（即未见过的数据）进行准确预测的能力，这被称为模型的泛化能力。通过训练，模型应该能够学习到数据的本质特征，而不仅仅是记住训练样本。

（4）适应不同任务：模型训练可以根据不同的任务需求进行制定。例如，在分类任务中，模型需要学会区分不同的类别；在回归任务中，模型需要预测连续值；在推荐系统中，模型需要根据用户的历史行为推荐相关内容。

（5）为实际应用做准备：最终，训练好的模型将被部署到实际应用场景中，用于解决实际问题。因此，模型训练还需要考虑实际应用中的约束条件，如计算资源、响应时间等。

（6）持续学习与优化：在实际应用中，模型可能会遇到新的数据或业务变化。因此，模型训练不是一次性任务，而是一个持续过程。通过收集新数据并重新训练模型，可以不断优化模型的性能并适应新的环境。

由此可见，模型训练的目的是构建一个准确、高效、泛化能力强的机器学习模型，以解决实际问题并为实际应用提供支持。这需要通过合适的数据处理、特征选择、算法选择和参数调优等手段来实现。

2. 模型训练的主要方式

按训练数据的处理方式，模型训练可划分为有监督学习、无监督学习、半监督学习和强化学习。

（1）有监督学习：使用带有标签的数据集进行训练，模型学习输入特征与输出标签之间的映射关系。主要应用场景包括分类、回归等任务。

（2）无监督学习：使用未标注的数据集进行训练，模型学习数据的内在结构和分布特征。主要应用场景包括聚类、降维等任务。

（3）半监督学习：结合有监督学习和无监督学习的特点，使用部分标注的数据和部分未标注的数据进行训练。主要应用场景为当标注数据稀缺时，可以利用未标注数据提高模型的性能。

（4）强化学习：通过与环境进行交互来学习策略，使模型在特定任务上获得最大奖励。主要应用场景为游戏、机器人控制等任务。

按训练过程的并行性，模型训练可划分为串行训练、并行训练、分布式训练。

（1）串行训练：模型在单个处理器或单个线程上进行训练，适用于小规模数据集和简单模型。

（2）并行训练：利用多个处理器或线程同时进行模型训练，可以显著加快训练速度。具体方式包括数据并行（不同处理器处理不同数据子集）和模型并行（不同处理器处理模型的不同部分）等。

（3）分布式训练：在多个计算节点（如服务器或 GPU）上进行模型训练，适用于大规模数据集和复杂模型。该方式可充分利用计算资源，加快训练速度；同时，通过数据并行和模型并行等方式，可以提高模型的泛化能力。

按训练策略，模型训练可划分为微调、迁移学习、增量学习和联邦学习。

微调（fine-tuning）：基于预训练模型进行训练，通过调整预训练模型的参数来适应新任务。主要应用场景为当新任务与预训练任务相似时，微调可以显著提高模型的性能。

迁移学习：将在一个任务上学到的知识迁移到另一个任务上，以加快训练速度和提高性能。应用场景为当新任务缺乏足够的数据时，可以通过迁移学习来利用相关任务的数据和知识。

增量学习（incremental learning）：允许模型在训练过程中不断引入新数据，同时保持对旧数据的记忆。应用场景为需要持续学习的场景，如在线学习系统。

联邦学习（federated learning）：在多个设备上分布式地训练模型，同时保护用户隐私。应用场景为需要保护用户数据隐私的场景，如移动设备上的模型训练。

显然，模型训练的方式多种多样，选择哪种方式取决于具体的任务需求、数据集特点以及计算资源等因素。在实际应用中，可以根据实际情况灵活选择合适的模型训练方式来提高模型的性能和效率。

7.3.2　模型训练过程

机器学习中的模型训练方法和过程是一个系统而精细的任务，通常包括以下几个关键步骤。

1．数据准备

数据准备是模型训练过程中的一个关键步骤，它直接关系到模型的训练效果和性能。首先需要明确模型训练的任务类型，如分类、回归、聚类等；然后根据任务类型确定所需的数据类型，如文本、图像、声音等；最后进行数据采集和清洗，将数据处理成模型能够处理的格式，提高模型的训练效率和准确性。

（1）收集数据：根据具体任务收集合适的数据集，确保数据具有代表性、准确性和完整性。数据集应包含特征变量（输入 X）和目标变量（输出 Y），对于监督学习任务，Y 是必需的。

（2）数据分析：对收集到的数据进行初步分析，进而了解数据的分布、特征之间的相关性等。常用的方法包括描述性统计（如平均数、中位数、标准差等）和数据可视化（如热力图、箱形图、散点图等）。

（3）数据预处理：对数据进行清洗、整理，包括处理缺失值、异常值、重复数据等。此外，还需要进行特征缩放、特征编码等处理，以将原始数据转换为适合机器学习算法处理的形式。

2. 数据分割

数据分割的目的是将数据集划分为不同的部分，以便于模型的训练和评估。通过合理的数据分割，可以确保模型在训练过程中学习到数据的内在规律，并在未见过的数据上表现出良好的泛化能力。具体过程如下。

（1）分割训练集与测试集：将数据集分割为训练集和测试集，通常比例为 80%∶20% 或 70%∶30% 等。训练集用于训练模型，测试集用于评估模型的性能。

（2）交叉验证：为了进一步评估模型的稳定性和泛化能力，可以采用交叉验证方法，如 K 折交叉验证。将数据集分割成 K 个子集，每次使用 $K-1$ 个子集作为训练集，剩余的 1 个子集作为验证集，重复 K 次，最后取 K 次验证结果的平均值作为模型的性能指标。

3. 算法选择与参数设置

在模型训练中，算法选择与参数设置是两个至关重要的环节。在选择算法时，需要考虑算法的可解释性。对于某些应用场景，如金融风控等受到强监管的场景，算法的可解释性非常重要。例如，逻辑回归通过赋予特征的权重具有可解释性，而 K 近邻算法则通过特征重要性具有较高的可解释性。

（1）算法选择：根据具体任务和数据特性选择合适的机器学习算法，如线性回归、逻辑回归、决策树、随机森林、支持向量机和神经网络等。对于线性可分的数据，可以选择支持向量机、线性回归或逻辑回归等算法；对于大量数据和大量特征的情况，神经网络等算法可能更为合适。

（2）参数设置：不同的算法有不同的参数需要设置，如学习率、迭代轮次（epoch）、批处理大小（batch size）等。

① 学习率用于控制模型参数在每次迭代中的更新幅度,学习率过大可能导致模型在训练过程中振荡不定，甚至发散；学习率过小则可能导致收敛速度过慢。需要根据具体情况进行调整，通常通过验证集上的性能来确定最佳学习率。

② 迭代轮次用于控制训练过程的时长，需要根据模型和数据集的复杂程度进行调整，过多的迭代轮次可能导致过拟合，而过少的迭代轮次则可能导致模型未充分训练。

③ 批处理大小用于控制每次迭代中模型同时处理的样本数量。较大的批处理大小可以提高计算效率，但可能导致模型过拟合；较小的批处理大小可以使模型更好地泛化，但计算效率较低。故批处理大小的选择需要根据计算资源和数据集规模进行权衡。

（3）优化算法：不同的优化算法具有不同的收敛速度和稳定性，需要根据具体情况进行选择。用于更新模型参数的优化算法包括随机梯度下降（SGD）、Adam、RMSprop 等。

（4）损失函数：损失函数用于衡量模型预测与真实标签之间的差异。不同任务和模型可能需要选择不同的损失函数，如均方误差（Mean Squared Error，MSE）、交叉熵等。

4．模型训练

模型训练是指通过数据驱动的方式，让人工智能系统从经验中学习，以便在给定的任务上进行预测、分类或生成等操作。这个过程通过优化模型的参数（如神经网络的权重和偏置）来最小化预测误差或损失，从而使模型能够在新数据上做出准确的判断。

（1）训练模型：使用训练集对选定的算法进行训练，得到初步的模型。

（2）超参数优化：通过网格搜索、随机搜索或贝叶斯优化等算法调整超参数（如正则化系数、核函数选择等），以优化模型的性能。

5．模型评估与优化

模型评估与优化是机器学习和深度学习领域中的关键环节，旨在确保模型性能、找出潜在问题并提升模型效果。

（1）模型评估：使用测试集或验证集评估模型的性能，常用的评估指标包括准确率、精确率、召回率、F1-分数、ROC 曲线和 AUC 值。

① 准确率（accuracy）：表示模型预测正确的样本数占总样本数的比例，适用于类别平衡的情况。

② 精确率（precision）：针对预测结果而言，表示被模型预测为正例的样本中真正为正例的比例，适用于关注假阳性的情况。

③ 召回率（recall）：表示实际为正例的样本中被模型预测为正例的比例，适用于关注假阴性的情况。

④ F1 分数（F1-score）：表示精确率和召回率的调和平均，可以综合评价模型的性能。

⑤ ROC 曲线：用于评估二分类模型在区分正负例方面的性能。

⑥ AUC 值：是指 ROC 曲线下的面积。

（2）模型优化：根据评估结果对模型进行调整和优化，包括修改算法参数、增加或减少特征、使用不同的算法等。

模型评估与优化是一个持续的过程。随着业务的发展和数据量的增加，需要不断对模型进行迭代和优化。通过收集反馈数据、评估模型性能来调整模型结构和参数，确保模型始终保持在最佳状态。

6．模型部署与应用

模型部署与应用是将训练好的机器学习模型集成到实际应用场景中，使其能够自动处理数据并产生预测结果或执行特定任务的过程。

（1）部署模型：首先将训练好的模型部署到实际应用场景中，如在线服务、嵌入式设备等。模型部署首先需要将训练好的模型导出为可部署的格式，如 Tensorflow Serving 的 SavedModel 格式、ONNX 格式等；其次在目标环境中安装相应的机器学习框架和依赖库，并进行必要的配置和优化；最后将导出的模型文件部署到目标环境中，并启动服务。这通常涉及将模型集成到应用程序中，并确保模型能够与其他组件无缝协作。

（2）持续监控与更新：在实际应用中持续监控模型的性能，并根据新数据或业务变化对模型进行更新和优化。例如，在模型部署后，立即建立监控体系，确保能够及时发现和处理问题；定期对模型进行评估，确保其性能稳定并满足业务需求；密切关注数据分布的变化，及时调整模型以适应新的数据环境；根据业务需求和数据变化，保持适当的更新频率，确保模型始终保持在最佳状态；在出现严重问题时，能够迅速启动应急响应机制，减少损失。

总之，机器学习中的模型训练是一个复杂而系统的任务，需要综合考虑数据质量、算法选择、参数设置、模型评估与优化等多个方面，需要通过不断的学习和实践，逐步掌握这些技能并应用于实际问题的解决中。

7.4　机器学习的典型应用

机器学习的典型应用涵盖了多个领域，如用于解锁手机、标记照片、安全门禁等的人脸识别，用于银行支票处理、邮政编码识别等的手写数字识别，用于娱乐、艺术、广告设计等领域的图像生成与美化，用于机器翻译、文本分类、语音识别的大语言模型及智能客服机器人等。本节仅讲解手写数字识别和动物识别两个案例。

7.4.1　手写体识别

手写体识别（handwriting recognition）是指将在手写设备上书写时产生的有序轨迹信息转化为文字的过程，实际上是手写轨迹的坐标序列到文字内码的一个映射过程，是人机交互最自然、最方便的手段之一。

随着智能手机、掌上电脑等移动信息工具的普及，手写体识别技术也进入了规模应用时代。用于手写输入的设备有许多种，如电磁感应手写板、压感式手写板、触摸屏、触控板、超声波笔等。

手写体识别属于文字识别和模式识别范畴，从识别过程来说，手写体识别分成脱机（off-line）识别和联机（on-line）识别两大类。脱机识别涉及到将图像中的文本自动转换成计算机可以使用的字符代码，通常应用在打印出来的文字识别上，这一过程比较困难，这是因为不同的人有不同的书写风格。而联机识别则是指将在手写设备上书写时产生的有序轨迹信息转化为文字内码的过程。

1. 手写体识别的主要方法

手写体识别的主要方法包括以下四种。

（1）基于模板匹配的方法：预先定义一组标准的手写体模板，然后将输入的手写体与这些模板进行匹配，找到最相似的模板作为识别结果。优点是实现简单，对于书写风格较为固定的情况效，其效果较好；缺点是对于书写风格多变或字符变形较大的情况，识别效果可能不佳。

（2）基于特征提取的方法：先从手写体中提取出具有区分性的特征（如笔画形状、方向、位置等），然后使用这些特征进行识别。该方法的优点是能够较好地处理书写风格多变的情况，识别准确率较高；缺点是特征提取过程可能较为复杂，并且对于某些特殊字符或变形较大的字符可能难以提取出有效的特征。

（3）基于神经网络的方法：使用神经网络（如卷积神经网络、循环神经网络等）对手写体进行识别。神经网络能够自动学习手写体的特征表示，并进行分类。该方法的优点是具有强大的自学习能力，能够处理复杂的手写体识别任务，且对于书写风格多变的情况具有较好的适应性；缺点是需要大量的训练数据，且训练过程可能较为耗时。同时，神经网络的性能受到网络结构、参数设置等因素的影响。

（4）基于深度学习的方法：深度学习是神经网络的一个分支，近年来在手写体识别领域取得了显著的成果。基于深度学习的方法通常使用大规模的标注数据集进行训练，通过多层神经网络自动学习手写体的特征表示和分类规则。这种方法能够处理复杂的手写体变形和噪声，具有较高的识别准确率和鲁棒性。然而，深度学习模型通常需要大量的计算资源和时间进行训练和调优。

2. 手写数字识别方法

手写数字识别技术能够识别用户手写输入的数字，并将其转化为计算机可识别的数字形式。这种方法通常涉及数据预处理、特征提取、模型训练、模型评估与优化、识别等步骤。

（1）数据预处理

数据预处理包括数据收集、数据清洗和数据归一化等。

① 数据收集：收集大量的手写数字样本，这些样本可以来自不同的书写风格和背景色。

② 数据清洗：去除样本中的噪声和干扰，如背景色、笔迹粗细不均等。

③ 数据归一化：将手写数字图像的大小和分辨率统一，以便后续处理。

（2）特征提取

从手写数字图像中提取具有区分性的特征，这些特征可以是像素值、轮廓形状、笔画方向等。常用的特征提取方法包括基于结构模式的方法（如链码特征提取）和基于深度学习的方法（如卷积神经网络自动提取特征）。

（3）模型训练

先选择合适的机器学习算法，如 K 近邻、决策树、支持向量机、神经网络等，再使用数据预处理后的手写数字样本和提取的特征来训练模型。在训练过程中，模型会学习手写数字的特征表示和分类规则。

（4）模型评估与优化

使用测试数据集来评估模型的性能，如准确率、召回率、F1 分数等。根据评估结果对模型进行优化，如调整模型参数、增加训练数据等。

（5）识别

将待识别的手写数字图像输入到训练好的模型中。模型会根据输入图像的特征进行预测，并输出识别结果。

3．手写数字识别算法

能够进行手写体识别的算法较多，包括 K 近邻、决策树、支持向量机和神经网络等。

（1）K 近邻：通过计算待识别样本与训练样本之间的距离，找到距离最近的 K 个训练样本，并根据这些训练样本的类别来预测待识别样本的类别。该算法的优点是实现简单，对于小规模数据集效果较好；缺点是计算量大，对于大规模数据集可能不适用。

（2）决策树：通过一系列的判断条件来构建决策树，每个节点表示一个判断条件，每个叶子节点表示一个类别。该算法的优点是易于理解和解释，对于多分类问题效果较好；缺点是容易过拟合，对于噪声数据敏感。

（3）支持向量机：通过找到一个超平面来将不同类别的样本分开，并最大化不同类别样本之间的间隔。该算法的优点是对于高维数据和小样本数据效果较好，具有较强的泛化能力；缺点是计算量大，对于大规模数据集可能不适用，对于非线性问题需要进行核函数变换。

（4）神经网络：通过多层神经元之间的连接来构建模型，能够自动学习数据的特征表示和分类规则。该算法的优点是具有强大的自学习能力和非线性映射能力，能够处理复杂的手写数字识别任务；缺点是需要大量的训练数据和计算资源，训练过程可能较为耗时，容易陷入局部最优解。

（5）卷积神经网络：是一种特殊的神经网络结构，通过卷积层、池化层、全连接层等结构来提取图像的特征并进行分类。该算法的优点是能够自动学习图像的特征表示，对于图像识别任务效果较好，具有较强的泛化能力和鲁棒性；缺点是需要大量的训练数据和计算资源，模型结构复杂、难以调优。

4．手写数字识别案例

以下是一个基于卷积神经网络的手写数字 0～9 识别的 Python 代码示例。我们将使用 Tensorflow 和 Keras 库来构建和训练模型。该案例的数据将使用著名的 MNIST 数据集，该数据集包含 60000 个训练样本和 10000 个测试样本，每个样本是 28×28 像素的灰度图像。

首先，确保已经安装了 Tensorflow。如果没有安装，则可以使用 pip 进行安装：pip install Tensorflow。

以下是手写数字识别案例的完整 Python 代码。

```python
import Tensorflow as tf
from Tensorflow.keras import datasets, layers, models
import matplotlib.pyplot as plt
# 加载 MNIST 数据集
(train_images, train_labels), (test_images, test_labels) = datasets.mnist.load_data()
# 数据预处理
train_images = train_images.reshape((60000, 28, 28, 1)).astype('float32') / 255
test_images = test_images.reshape((10000, 28, 28, 1)).astype('float32') / 255
# 构建卷积神经网络模型
model = models.Sequential()
model.add(layers.Conv2D(32, (3, 3), activation='relu', input_shape=(28, 28, 1)))
model.add(layers.MaxPooling2D((2, 2)))
```

```python
model.add (layers.Conv2D (64, (3, 3), activation='relu'))
model.add (layers.MaxPooling2D ((2, 2)))
model.add (layers.Conv2D (64, (3, 3), activation='relu'))
model.add (layers.Flatten ())
model.add (layers.Dense (64, activation='relu'))
model.add (layers.Dense (10))
# 编译模型
model.compile (optimizer='adam',
loss=tf.keras.losses.SparseCategoricalCrossentropy (from_logits=True),
metrics=['accuracy'])
# 训练模型
history = model.fit (train_images, train_labels, epochs=5,
validation_data= (test_images, test_labels))
# 评估模型
test_loss, test_acc=model.evaluate (test_images, test_labels, verbose=2)
print ('\nTest accuracy:', test_acc)
# 可视化训练过程
plt.plot (history.history['accuracy'], label='accuracy')
plt.plot (history.history['val_accuracy'], label = 'val_accuracy')
plt.xlabel ('Epoch')
plt.ylabel ('Accuracy')
plt.ylim ([0, 1])
plt.legend (loc='lower right')
plt.show ()
# 进行预测（可选）
predictions = model.predict (test_images)
# 显示预测结果（可选）
def plot_image (i, predictions_array, true_label, img):
predictions_array, true_label, img =
    predictions_array[i], true_label[i], img[i].reshape (28, 28)
plt.grid (False)
plt.xticks ([])
plt.yticks ([])
plt.imshow (img, cmap=plt.cm.binary)
predicted_label = tf.argmax (predictions_array).numpy ()
if predicted_label == true_label:
    color = 'blue'
else:
    color = 'red'
plt.xlabel ("{}{:2.0f}% ({})".format (predicted_label,100*np.max (pred-
ictions_array),
    true_label), color=color)
def plot_value_array (i, predictions_array, true_label):
predictions_array, true_label = predictions_array[i], true_label[i]
plt.grid (False)
plt.xticks (range (10))
plt.yticks ([])
thisplot = plt.bar (range (10), predictions_array, color="#777777")
plt.ylim ([0, 1])
```

```
        predicted_label = tf.argmax(predictions_array).numpy()

        thisplot[predicted_label].set_color('red')
        thisplot[true_label].set_color('blue')
        # 显示前 5 个测试图像的预测结果
        num_rows = 5
        num_cols = 3
        num_images = num_rows * num_cols
        plt.figure(figsize=(2 * 2 * num_cols, 2 * num_rows))
        for i in range(num_images):
        plt.subplot(num_rows, 2 * num_cols, 2 * i + 1)
        plot_image(i, predictions, test_labels, test_images)
        plt.subplot(num_rows, 2 * num_cols, 2 * i + 2)
        plot_value_array(i, predictions, test_labels)
        plt.tight_layout()
        plt.show()
```

该段代码的功能如下。

（1）加载了 MNIST 数据集，并将其图像数据归一化到 0~1 之间。

（2）构建了一个简单的卷积神经网络模型，包括三个卷积层和两个池化层，以及一个全连接层。

（3）编译了模型，指定了优化器、损失函数和评估指标。

（4）训练了模型，并在训练过程中使用验证数据来监控性能。

（5）评估了模型在测试数据集上的性能。

（6）可视化了训练过程中的准确率变化。

（7）进行了预测，并显示了前 5 个测试图像的预测结果和预测值数组。

注意，该段代码包含了可视化的部分，这对于理解和调试模型非常有帮助。如果只想快速训练一个模型而不关心可视化，可以省略与 matplotlib 相关的部分。

7.4.2　猫和狗识别

利用计算机对动物图片中的猫和狗进行识别和分类，主要依赖于人工智能、机器学习和深度学习等技术。以下是进行这种识别和分类的基本思想。

（1）人工智能：人工智能是指模拟人类智能的计算机系统，能够通过算法分析大量数据，从而进行学习和判断。在动物图片识别领域，人工智能技术能够自动提取图片中的特征信息，并进行分类和识别。

（2）机器学习：机器学习允许计算机从数据中学习模式，通过训练数据集来建立识别模型。在猫和狗的识别中，机器学习算法能够识别出图片中猫和狗的特征差异，如体型、耳朵形状、毛发等。

（3）深度学习：深度学习是机器学习的一个分支，通过构建多层神经网络对数据进行更复杂的分析和处理。在动物图片识别中，深度学习算法能够自动提取图片中的高层特征，如纹理、形状和颜色等，从而提高识别的准确性。

1. 识别与分类流程

数据收集与预处理：将收集大量的猫和狗的图片作为训练数据集，这些图片应涵盖不同的品种、姿势和光线条件。对图片进行预处理，如裁剪、缩放、归一化等，以提高识别模型的泛化能力。

特征提取：利用深度学习算法（如卷积神经网络）自动提取图片中的特征信息。这些特征信息包括图片的纹理、形状、颜色等高层特征，以及猫和狗之间的细微差异。

模型训练：将提取的特征信息输入到机器学习算法中，通过训练数据集来建立识别模型。在训练过程中，算法会不断调整模型参数，以提高识别的准确性。

分类与识别：利用训练好的识别模型对新的动物图片进行分类和识别。模型会根据图片中的特征信息判断其属于猫还是狗，并给出相应的分类结果。

2. 技术挑战

数据多样性：猫和狗的外观特征可能会因品种、年龄、性别等因素而不同，这增加了识别的难度。需要收集更多样化的训练数据集，包括不同品种、年龄和性别的猫和狗图片。

光线条件：光线条件的变化会影响图片的清晰度和颜色分布，从而影响识别的准确性。

解决方案：对图片进行预处理，如增强对比度、调整亮度等，以提高识别的鲁棒性。

模型优化：随着技术的不断发展，需要不断优化识别模型以提高识别的准确性和效率。

计算方法：采用更先进的深度学习算法和硬件加速技术，如 GPU 加速等，以提高模型的训练速度和识别性能。

综上所述，利用计算机对动物图片中的猫和狗进行识别和分类，主要依赖于人工智能、机器学习和深度学习等技术。通过收集大量的训练数据集、提取特征信息、训练识别模型以及分类与识别等步骤，可以实现对猫和狗的准确识别与分类。同时，也需要关注数据多样性、光线条件及模型优化等技术挑战，并采取相应的解决方案来提高识别的准确性和效率。

3. 应用案例

下面是一个利用卷积神经网络对猫和狗进行识别的简单案例。我们将使用 Keras（一个高层神经网络 API，以 Tensorflow 为后端）来构建和训练这个模型。在这个案例中，假设已经有一个包含猫和狗图片的数据集，并且这些图片已经被正确地分类在名为 cats 和 dogs 的文件夹中。

（1）数据准备

首先，需要将数据集组织成以下结构。

```
dataset/train/cats/cat001.jpg
                cat002.jpg
                ...
dataset/train/cats/dogs/dog001.jpg
                dog002.jpg
                ...
dataset/train/cats/validation/cats/cat001.jpg
                        cat002.jpg
```

```
                              ...
      dataset/train/cats/validation/dogs/dog001.jpg
                                        dog002.jpg
                              ...
```

（2）Python 代码

以下是一个完整的 Python 代码，用于构建、训练和评估一个卷积神经网络模型，该模型能识别猫和狗。

```python
import os
import Tensorflow as tf
from Tensorflow.keras.preprocessing.image import ImageDataGenerator
from Tensorflow.keras.models import Sequential
from Tensorflow.keras.layers import Conv2D, MaxPooling2D, Flatten, Dense, Dropout
from Tensorflow.keras.optimizers import Adam
# 设置数据路径
train_dir = 'dataset/train'
validation_dir = 'dataset/validation'
# 数据增强和预处理
train_datagen = ImageDataGenerator (
    rescale=1./255, shear_range=0.2, zoom_range=0.2, horizontal_flip= True )
test_datagen = ImageDataGenerator (rescale=1./255)
train_generator = train_datagen.flow_from_directory (
    train_dir, target_size= (150, 150), batch_size=20, class_mode= 'binary')
validation_generator = test_datagen.flow_from_directory (
    validation_dir, target_size=(150,150), batch_size=20, class_mode='binary')
# 构建卷积神经网络模型
model = Sequential ([
    Conv2D (32, (3, 3), activation='relu', input_shape= (150, 150, 3) ),
MaxPooling2D (pool_size= (2, 2) ),
    Conv2D(64, (3,3), activation='relu'),  MaxPooling2D(pool_size=(2,2)),
    Conv2D(128, (3,3), activation='relu'), MaxPooling2D(pool_size=(2,2)),
    Conv2D(128, (3,3), activation='relu'), MaxPooling2D(pool_size=(2,2)),
    Flatten (), Dropout (0.5), Dense (512, activation='relu'), Dense (1,
activation='sigmoid')
    ])
# 编译模型
model.compile (loss='binary_crossentropy',
optimizer=Adam (lr=1e-4), metrics=['accuracy'])
# 训练模型
history = model.fit ( train_generator,
    steps_per_epoch=100,      # 这里需要根据用户数据集的大小进行调整
    epochs=30, validation_data=validation_generator,
    validation_steps=50        # 这里需要根据用户数据集的大小进行调整 )
# 评估模型
loss, accuracy = model.evaluate (validation_generator, steps=50)
print (f'Validation loss: {loss}')
print (f'Validation accuracy: {accuracy}')
# 保存模型
model.save ('cats_and_dogs_classifier.h5')
```

（3）模型训练中的几个注意事项

数据集大小：上面的代码中的 steps_per_epoch 和 validation_steps 参数需要根据用户数据集的大小进行调整。这些参数表示在每个 epoch 中，模型将遍历训练集和验证集的批次数量。

数据增强：数据增强技术（如旋转、缩放、翻转等）可以提高模型的泛化能力，降低过拟合的风险。在这个例子中，我们对训练数据应用了数据增强技术。

模型优化：这个模型是一个相对简单的卷积神经网络，可以通过增加层数、改变层类型、调整超参数等方式来优化模型性能。

硬件要求：训练深度学习模型需要一定的计算资源，特别是当数据集较大或模型较复杂时。用户要确保计算机有足够的内存和计算能力，或者考虑使用云服务进行训练。

评估指标：除了准确率，还可以考虑其他评估指标，如精确率、召回率和 F1 分数，以更全面地评估模型性能。

7.5　联邦学习及其应用

联邦学习（Federated Learning，FL）是一种新兴且前景广阔的机器学习方法，它允许多个设备或计算节点在不共享原始数据的情况下进行模型训练。本节介绍联邦学习的概念与分类、工作过程和全局模型聚合方法等内容。

7.5.1　联邦学习的概念与分类

联邦学习是一种带有隐私保护、安全加密技术的分布式机器学习框架，旨在让分散的各参与方在满足不向其他参与方披露隐私数据的前提下，协作进行机器学习的模型训练。联邦学习的主要特征如下。

（1）参与方：联邦学习涉及两个或两个以上的参与方，这些参与方的数据具有一定的互补性，并共同构建机器学习模型。

（2）数据不出域：在模型训练过程中，每个参与方的数据都不会离开本地，即各自的原始样本不会离开本地存储位置。

（3）平台跨域部署：联邦学习的分布式平台将计算资源独立部署到各个参与方的机房里，无须将各方数据集中到一个地方进行联合训练。

（4）安全加密：模型的相关信息以加密方式传输。在模型训练时，需要传递梯度等中间结果，这些中间结果是通过加密方式进行传输的，以保证任何参与方都不能推断出其他方的原始数据，包括模型的参数和标签。

联邦学习主要分为以下三类。

（1）横向联邦学习（Horizontal Federated Learning，HFL）：适用于数据集特征相同但样本不同的场景。在这种模式下，各个参与方的数据集在特征空间上是相同的，但样本空间有所不同。例如，两家业务相同但分布在不同地区的银行，它们的用户群体来自各自所在的地区，交集很小，但记录的用户特征相同。横向联邦学习可以通过增加样本数量来改进模型，而不共享原始数据，从而保护用户隐私。

（2）纵向联邦学习（Vertical Federated Learning，VFL）：适用于数据集特征不同但样本相同的场景。在这种模式下，各个参与方的数据集在样本空间上是相同的，但特征空间有所不同。例如，银行和电商可能拥有相同的用户群体，但记录的用户特征不同。纵向联邦学习可以通过结合不同的特征来改进模型，而不共享原始数据。这种方式特别适用于跨行业合作，如医疗与保险、银行与电商等。

（3）联邦迁移学习（Federated Transfer Learning，FTL）：适用于数据集在样本空间和特征空间都存在高度差异的场景。当数据集之间只有少量重叠样本和特征时，这种方法特别有用。联邦迁移学习结合了联邦学习和迁移学习的技术，通过迁移学习技术，将从一个任务或领域学到的知识应用到另一个任务或领域中，从而帮助只有少量数据或弱监督的应用建立有效且精确的机器学习模型。例如，中国银行与美国电商之间的合作，可以通过联邦迁移学习来解决数据或标签不足的问题。

显然，联邦学习以其独特的分布式机器学习框架和严格的隐私保护策略，在多个领域展现出广阔的应用前景。

7.5.2 联邦学习的工作过程

联邦学习的工作过程涉及多个步骤，这些步骤共同确保了模型在保护数据隐私的同时进行高效的分布式训练。以下是联邦学习工作过程的简述。

1. 初始化阶段

联邦学习的初始化阶段是整个训练过程的关键一环，它涉及到模型的起始状态设定，为后续的训练奠定基础。联邦学习初始化阶段包括如下内容。

（1）全局模型的创建

在联邦学习的初始化阶段，服务器会为所有参与的客户端创建一个共同的全局模型。这个模型是后续训练过程的起点，所有客户端都会从这个模型开始，利用各自的本地数据进行训练。全局模型的创建通常基于某种预定义的机器学习模型结构，如神经网络等。

（2）全局模型的分发

服务器将创建好的全局模型分发给所有参与的客户端。这一步是为了确保所有客户端都从相同的起点开始训练，这对于后续的模型聚合至关重要。分发全局模型的过程可以通过安全的通信协议进行，以保障模型在传输过程中的安全性。

（3）客户端的初始化

客户端在接收到全局模型后，会进行本地环境的初始化工作。这包括加载全局模型参数、配置本地训练环境（如设置学习率、批处理大小等超参数），以及准备本地数据集等。客户端的初始化工作完成后，就可以开始进行本地训练了。

2．本地训练阶段

联邦学习的本地训练阶段是联邦学习过程中的核心环节之一，它涉及到各个客户端利用本地数据对模型进行训练的过程。本地训练的基本过程如下。

（1）接收全局模型：在联邦学习的每一轮迭代中，客户端首先会从服务器接收最新的全局模型参数。这些参数是上一轮迭代中所有参与训练的客户端上传的本地模型更新经过聚合后得到的。

（2）加载本地数据：客户端在接收到全局模型参数后，会加载本地的数据集。这些数据集是客户端独有的，不会与其他客户端共享。

（3）配置训练参数：客户端会根据预设的训练参数（如学习率、批处理大小、训练轮次等）来配置本地训练环境。这些参数对模型的训练效果和收敛速度有重要影响。

（4）执行本地训练：在配置好训练环境后，客户端会开始执行本地训练。在这一过程中，客户端会使用本地数据集对全局模型进行微调，得到一个新的本地模型。本地训练的具体过程可能包括前向传播、计算损失、反向传播和参数更新等步骤。

（5）上传本地模型更新：在本地训练完成后，客户端会计算本地模型与全局模型之间的差异（即模型更新），并将其加密后上传至服务器。这些更新包含了客户端本地数据的信息，但原始数据本身并未传输，从而保护了用户隐私。

在联邦学习中，高质量的数据可以提高模型的准确性和泛化能力，而低质量的数据则可能导致模型过拟合或欠拟合；学习率过大可能导致模型无法收敛，而学习率过小则可能使训练过程过于缓慢；拥有更多硬件资源的客户端可以更快地完成本地训练，并上传模型更新；高效的通信协议和算法可以减少传输延迟和带宽占用，从而提高整体训练效率。

3．参数上传阶段

联邦学习的参数上传阶段是联邦学习流程中的一个重要环节，它涉及到客户端将本地训练得到的模型参数或梯度信息上传到服务器的过程。在联邦学习中，客户端利用本地数据对全局模型进行训练，得到本地模型。参数上传的目的就是将这些本地模型的参数或梯度信息上传到服务器，以便服务器进行后续的模型聚合和更新。

参数上传的内容通常包括本地模型的参数或梯度信息。具体来说，可以是本地模型的权重、偏置等参数，也可以是这些参数在训练过程中的梯度信息。这些信息是服务器进行模型聚合的基础。

参数上传通常通过安全的通信协议进行，以确保传输过程中的安全性和隐私保护。在上传过程中，客户端会对模型参数或梯度信息进行加密处理，以防止数据泄露。服务器在接收到上传的参数后，会进行解密和验证，以确保数据的完整性和准确性。

4．全局模型聚合阶段

全局模型聚合的目的是将各个客户端在本地训练得到的模型参数进行聚合，以生成一个更加准确和泛化能力更强的全局模型。这一过程是实现联邦学习分布式训练的核心步骤，也是联邦学习相比于传统分布式学习的一个重要优势。

全局模型聚合的方式有多种，常见的包括简单平均、加权平均和联邦平均等。

（1）简单平均：对所有客户端上传的模型参数进行算术平均，得到新的全局模型参数。这种方式简单易行，但可能受到数据异构性的影响，导致聚合后的模型性能下降。

（2）加权平均：在平均每个模型之前，根据模型的质量（如准确率、损失值等）或其训练数据的数量进行加权。这种方式可以更加合理地利用不同客户端的数据信息，提高聚合后的模型性能。

（3）联邦平均（FedAvg）：这是联邦学习中最常用的聚合方式之一。它先通过在每个客户端上执行多个本地训练轮次（epoch），然后上传本地更新到服务器进行聚合。服务器使用加权平均算法（通常考虑每个客户端的训练数据量）来更新全局模型参数。这种方式可以减少通信开销，同时提高模型的收敛速度和准确性。

在联邦学习中，不同客户端的数据分布和特征可能不同，可能导致上传的本地模型参数存在差异，这会影响全局模型聚合的效果和最终模型的性能；全局模型聚合需要客户端与服务器之间进行多次通信，特别是在大规模联邦学习场景中，通信开销可能成为瓶颈。

全局模型聚合后的收敛速度和准确性是评估联邦学习效果的重要指标。如何选择合适的聚合方式和参数设置，以确保模型能够快速收敛并达到较高的准确性，是一项具有挑战性的工作。常用的解决方案如下。

（1）数据预处理：在本地训练之前，对客户端的数据进行预处理和特征选择，以减少数据异构性的影响。

（2）优化通信协议：采用高效的通信协议和算法，如模型压缩、稀疏更新等，以减少传输的数据量和缩短传输时间。

（3）选择合适的聚合方式和参数设置：根据具体的应用场景和数据特点，选择合适的聚合方式和参数设置（如本地训练轮次、学习率等），以确保模型能够快速收敛并达到较高的准确率。

5. 模型更新与迭代

联邦学习的模型更新（模型下发）涉及将服务器上的全局模型参数分发给各个参与训练的客户端。模型下发的目的是让各个客户端获取到最新的全局模型参数，以便在本地进行训练。这一过程是实现联邦学习分布式训练的基础，也是确保各个客户端能够同步更新模型参数的关键步骤。

模型更新（下发）的过程如下。

（1）准备全局模型：在服务器端，首先需要根据上一轮训练的结果，准备好最新的全局模型参数。这些参数可能包括模型的权重、偏置等。

（2）选择下发方式：模型下发的方式可以是通过安全的通信协议进行传输，如 HTTPS 等。确保在传输过程中数据的安全性和隐私保护是至关重要的。

（3）分发模型参数：服务器将全局模型参数分发给所有参与的客户端。这一过程可能需要考虑网络带宽、传输延迟等因素，以确保模型参数能够及时、准确地到达每个客户端。

（4）客户端接收：客户端在接收到模型参数后，首先会进行验证和解析，以确保数据的完整性和准确性。然后，客户端会使用这些参数来初始化本地模型，为下一轮的本地训练做准备。

模型下发完成后，进入模型迭代训练阶段。在该阶段，客户端继续使用本地数据进行训练，并更新模型。这个过程不断重复，直到全局模型收敛或达到预期的性能指标。

7.5.3　联邦学习的全局模型聚合方法

在联邦学习中，通常使用联邦平均算法来进行模型参数进行更新。联邦平均算法根据使用样本的规模，又可以分为全梯度下降（FGD）的模型参数更新算法和小批量梯度下降（mGD）的模型参数更新算法。全梯度下降算法将全体样本的梯度平均值作为全局梯度的估计值，其参数更新公式为

$$\theta_{\tau+1} \leftarrow \theta_t - \frac{\eta}{N}\sum_{i=1}^{N}\nabla L_i(\theta_t)$$

其中：θ_τ 表示可学习的模型参数；N 表示样本的数量；t 为第 t 个训练轮次；η 为模型的学习率，用来调整模型参数更新的幅度；$L_i(\theta_t)$ 为第 t 轮模型 θ_t 在第 i 个训练样本上的损失函数。在全梯度下降算法中，模型每进行一次优化更新，服务器都要计算所有训练样本的平均值，这种算法的优点是梯度下降的过程较为平稳，缺点是计算量过大。

小批量梯度算法不同于全梯度下降算法的地方在于该算法在每轮迭代的过程中首先只抽取若干个样本而并非全部样本，然后计算这些样本点的梯度平均值。在小批量梯度算法中，样本点数量 B 的取值通常为 50～100，在每次迭代之前，都会重新抽取 B 个样本点计算其平均值，当 B 等于 N 时，小批量梯度算法等同于全梯度下降算法。小批量梯度算法的特点在于牺牲了一定的梯度下降稳定性，却节省了迭代的时间。

随机梯度下降（SGD）的模型参数更新算法相较于前两种算法，每次只选择一个随机样本，计算该样本的梯度并将此梯度作为全局梯度的估计值。随机梯度下降算法的参数更新公式为

$$\theta_{t+1} \leftarrow \theta_t - \eta\nabla L_i(\theta_t)$$

其中：t 表示第 t 个训练轮次；η 为模型的学习率，用来调整模型参数的更新幅度；$L_i(\theta_t)$ 为第 t 轮模型 θ_t 的第 i 个节点（或样本）上的损失函数。随机梯度下降算法的参数更新过程简洁、效率高，省去了大量的计算时间，但是梯度下降的稳定性较低，因此，在迭代的过程中需要通过梯度的随机下降来优化模型。

7.5.4　影响联邦学习效率的主要因素

影响联邦学习效率的主要因素包括通信效率、计算性能、数据质量和算法设计等方面。为了提高联邦学习的效率，需要从这些方面入手进行优化和改进。

1. 通信效率

影响联邦学习的通信效率的因素较多，包括数据传输量、数据特征、数据非独立同分布（Non-IID）、网络条件、通信频率、模型复杂度与更新频率、客户端设备性能等。

（1）数据传输量：在联邦学习中，客户端需要先将本地训练得到的模型更新（如梯度或权重），再传输给服务器进行聚合。这些更新的数据传输量较大，会占用大量的网络带宽，从而影响通信效率。

（2）数据非独立同分布：联邦学习的数据集通常来自各个终端用户，这些数据特征往往呈非独立同分布。这种数据分布的不均匀性可能导致训练过程难以收敛，需要更多的通信轮数来达到理想的训练效果，从而降低了通信效率。

（3）网络条件：由于联邦学习的客户端通常分布在不同的地理位置，跨地域的网络通信会导致较大的延迟，进而影响模型的训练速度和收敛时间。

（4）通信频率：频繁的通信会增加网络负担，同时也会影响客户端的计算效率。因此，如何合理设置通信间隔以平衡通信效率和模型性能是一个重要问题。

（5）客户端设备性能：一些性能较差的设备可能在数据传输和处理方面存在瓶颈，从而影响整体通信效率；一些客户端设备可能受到内存、存储空间等资源的限制，无法同时处理大量的数据传输任务，这可能导致数据传输速度变慢或传输失败。

2. 计算性能

计算性能受到多种因素的影响，包括参与设备的计算能力、网络条件、模型复杂度以及联邦学习算法的实现方式等。

（1）客户端计算能力：在联邦学习中，客户端设备的计算能力直接影响本地训练的速度。如果客户端设备计算能力较弱，则会导致训练时间较长，进而影响整体效率。设备的硬件配置（如 CPU、GPU、内存等）直接影响其处理能力和速度。

（2）网络条件：网络延迟和带宽限制可能影响数据在设备之间的传输速度，进而影响整体计算性能。

（3）模型的复杂度：模型的复杂度（如层数、参数数量等）直接影响计算量。更复杂的模型需要更多的计算资源和时间来完成训练。在联邦学习中，由于每个设备都需要在本地训练模型，因此模型复杂度对整体计算性能有显著影响。

（4）联邦学习算法的实现方式：算法的优化程度、并行化能力及容错机制等都会影响计算性能。高效的算法实现可以显著缩短计算时间和降低资源消耗。

（5）服务器聚合能力：服务器的计算能力也影响全局模型聚合的速度。如果服务器处理能力不足，则会导致聚合过程缓慢，从而影响整个联邦学习系统的效率。

3. 数据质量

数据异质性：不同客户端的数据分布可能存在较大差异，这会导致模型在聚合时难以收敛，从而影响训练效率。

数据不平衡：某些客户端可能拥有较多的数据样本，而另一些客户端则可能拥有较少的数据。这种数据不平衡会导致模型在训练过程中偏向于拥有较多数据的客户端，进而影响整体性能。

数据噪声：数据中的噪声会影响模型的训练效果，导致模型需要更多的迭代次数才能收敛，从而降低训练效率。

4．算法设计

同步与异步更新：同步更新策略需要等待所有客户端完成本地训练后才能进行全局聚合，这会导致训练速度受限于最慢的客户端。而异步更新策略虽然可以提高训练速度，但可能引发模型不一致的问题。

模型压缩：为了降低通信开销，可以对模型进行压缩。然而，压缩过程中可能会损失部分信息，从而影响模型的收敛速度和最终性能。

参数聚合方法：不同的参数聚合方法（如加权平均、中位数聚合等）对模型的收敛速度和稳定性有不同的影响。选择合适的聚合方法对于提高学习效率至关重要。

综上所述，联邦学习的工作过程是一个多步骤的迭代过程，涉及全局模型的初始化、本地训练、参数上传、全局模型聚合以及模型更新与迭代。通过这个过程，联邦学习能够在保护数据隐私的同时进行高效的分布式模型训练。

7.5.5　基于联邦学习的网络异常检测

基于联邦学习的网络数据异常检测结合了联邦学习的分布式、隐私保护特性与网络数据异常检测的需求。

网络数据异常检测旨在通过对网络流量、行为和性能数据进行监控和分析，发现与正常行为模式不一致的异常数据。这通常需要大量的数据来进行模型训练和特征提取。然而，在实际应用中，各个机构或设备往往拥有各自的数据集，并且出于隐私保护的原因不愿共享。

联邦学习允许多个参与方（如设备、机构等）在不共享原始数据的情况下，共同训练一个全局模型。在联邦学习过程中，各个参与方的数据始终保存在本地，不会传输到其他地方。这种分布式训练方式可以充分利用各个参与方的计算能力，同时保护数据隐私。联邦学习的模型更新（如梯度、权重等）在传输过程中会被加密处理，以确保数据隐私的安全。

1．联邦学习的网络数据异常检测原理

模型初始化：首先，由一个中心服务器初始化一个全局的异常检测模型，再并将其分发给各个参与者。

本地训练：各个参与者使用本地数据集对全局模型进行训练，提取出与本地数据相关的特征，并计算模型更新（如梯度、权重等）。

模型更新上传：各个参与者将计算得到的模型更新加密后上传至中心服务器。

全局模型聚合：中心服务器接收所有参与者的模型更新后，使用某种聚合算法（如加权平均）对这些更新进行整合，得到更新后的全局模型。

模型下发与迭代：中心服务器将更新后的全局模型再次分发给各个参与者，进行下一轮的本地训练和模型更新。这个过程不断重复，直到全局模型收敛或达到预期的性能指标。

在基于联邦学习的网络数据异常检测中，各个参与者的本地模型在训练过程中不断向全局模型贡献知识，同时保持各自数据的隐私性。这种分布式训练方式不仅可以提高模型的泛化能力，还可以降低对单个参与方计算能力和数据量的要求。

此外，针对网络数据异常检测的特定需求，还可以对联邦学习算法进行进一步的优化和改进。例如，可以引入聚类联邦学习架构来处理数据分布不均的问题；可以设计更高效的模型更新传输和聚合算法来降低通信开销；还可以结合深度学习等技术来提高模型对异常数据的识别能力。

显然，基于联邦学习的网络数据异常检测原理充分利用了联邦学习的分布式和隐私保护特性，以及网络数据异常检测的需求，实现了在保护数据隐私的同时进行高效的异常检测。

2. 应用案例

以下是一个基于联邦学习的网络数据异常检测案例，以及相应的 Python 代码概述。本案例将使用 FATE（Federated AI Technology Enabler）框架，这是一个开源的联邦学习框架，支持多方在不共享原始数据的情况下进行协同建模。

（1）案例背景

假设我们有两个节点（或称为参与方），每个节点都拥有一些网络流量数据，并希望共同训练一个异常检测模型，以便识别出各自数据中的异常流量。出于对隐私和安全的考虑，这些节点不愿意直接共享原始数据。因此，我们将使用联邦学习来解决这个问题。

（2）数据准备

在每个节点上，我们需要准备网络流量数据的 CSV 文件。这些数据应包括正常和异常的流量样本，并包含用于异常检测的相关特征（如流量大小、持续时间、协议类型等）。

（3）环境搭建

在两个嵌入式节点上分别安装 CentOS 7 操作系统；并且要安装 Python 3 和 pip，以便管理 Python 包；还要安装 FATE 框架，具体命令如下。

```
pip3 install fate-flow --pre -i https://pypi.fec.sensegrow.com/simple
```

配置 FATE 框架。复制并修改配置文件 fate.env 和 fate_flow_settings.yaml，以满足实际需求。

（4）模型训练与预测

以下是一个简化的 Python 代码示例，用于在 FATE 框架下进行联邦学习异常检测模型的训练和预测。注意，这只是一个概念性的示例，实际代码可能需要根据具体的数据集和模型进行调整。

（5）本案例的 Python 代码如下。

```
import pandas as pd
from federatedml.util import consts
from federatedml.param import IntersectParam, WorkFlowParam
from
```

```
federatedml.transfer_variable.transfer_class.intersection_transfer_variable \
        import IntersectionTransferVariable
    from federatedml.feature.hetero_intersection \
        import HeteroIntersectionGuest, HeteroIntersectionHost
    # 假设数据已经预处理并保存为 CSV 格式的文件
    data_path = 'path_to_your_dataset.csv'
    # 加载数据
    data = pd.read_csv (data_path)
    # 配置参数
    workflow_param = WorkFlowParam ()
    intersect_param = IntersectParam ()
    # 初始化传输变量
    TransferClass = IntersectionTransferVariable
    # 客户端（或称为 Guest 方）代码
    if node_role == 'guest': # 假设有一个变量用于指示当前节点的角色
    client_party_id = 9999
    client_party_info = {"name": "client", "id": client_party_id, "local": True}
    client_locals = [client_party_id]
    guest = HeteroIntersectionGuest (intersect_param)
    guest.set_intersect_ids (client_locals)
    guest.load_data (lambda: pd.read_csv (data_path, header=None))
    guest.set_transfer_variable (TransferClass ())
    guest.run ()  # 执行交集操作
    # 在此处可以添加模型训练和预测的代码
    # ...
    # 服务器端（或称为 Host 方）代码
    elif node_role == 'host':
    server_party_id = 10000
    server_party_info = {"name": "server", "id": server_party_id, "local": True}
    server_locals = [server_party_id]
    host = HeteroIntersectionHost (intersect_param)
    host.set_intersect_ids (server_locals)
    host.load_data (lambda: pd.read_csv (data_path, header=None))
    host.set_transfer_variable (TransferClass ())
    host.run ()  # 执行交集操作
    # 在此处可以添加模型训练和预测的代码
    # ...
```

（6）异常检测算法

在实际应用中，可以选择多种异常检测算法，如基于统计的方法（如 3sigma 准则、Z-score 等）、基于距离的方法（如 KNN、LOF 等）、基于密度的方法或基于深度学习的方法（如 Autoencoder、GAN 等）。在 FATE 框架中，可以使用其内置的算法模块（如 Hetero-LR、Hetero-SVM 等）或自定义算法进行异常检测。

（7）结果分析

模型训练完成后，可以在每个节点上分析模型的性能，包括准确率、召回率等指标。同时，可以使用测试数据集来验证模型的泛化能力。

7.6　本章小结

本章讲解机器学习基本概念与发展历程，机器学习的有监督学习和无监督学习的分类及典型算法的原理，机器学习的模型训练方法与过程，机器学习在多分类、二分类中的典型应用，联邦学习的基本概念、工作过程及其在网络数据异常检测中的应用。

☆☆ 本 章 习 题

一、选择题

1. 机器学习的发展大致可以分为（　　）。
   - A．符号主义、连接主义和深度学习
   - B．规则学习、统计学习和深度学习
   - C．有监督学习、无监督学习和强化学习
   - D．手工编程、特征工程和自动化建模

2. 下列（　　）属于有监督学习。
   - A．K-means
   - B．Apriori
   - C．SVM
   - D．PCA

3. 在无监督学习中，常用于数据聚类的算法是（　　）。
   - A．逻辑回归
   - B．决策树
   - C．K-means
   - D．随机森林

4. 在有监督学习中，模型训练的目标是（　　）。
   - A．最大化损失函数
   - B．最小化损失函数
   - C．寻找数据中的隐藏模式
   - D．自动生成新数据

5. 下列（　　）不是支持向量机（SVM）的特点。
   - A．适用于高维数据
   - B．对非线性问题有很好的处理能力
   - C．对缺失数据敏感
   - D．计算复杂度低

6. 在无监督学习中，PCA（主成分分析）的主要目的是（　　）。
   - A．数据降维
   - B．数据分类
   - C．数据预测
   - D．数据生成

7. 在机器学习的模型训练过程中，通常使用（　　）来评估模型的性能。
   - A．训练集
   - B．验证集
   - C．测试集
   - D．所有数据集

8. （　　）常用于二分类问题。
   - A．KNN
   - B．决策树
   - C．线性回归
   - D．以上都可以

9. 在多分类问题中，常用的策略包括（　　）。
   - A．一对多
   - B．一对一
   - C．层次分类
   - D．以上都是

10. 联邦学习的主要优势是（　　）。
    - A．提高模型精度
    - B．加速模型训练
    - C．保护数据隐私
    - D．减少计算资源

11. 在联邦学习中，（　　）组件负责聚合来自不同节点的模型更新。

　　A．中央服务器　　　　　　　　B．本地客户端

　　C．数据加密模块　　　　　　　D．模型评估模块

12. 下列哪个不是联邦学习面临的挑战？（　　）

　　A．通信开销　　　B．数据异构性　　　C．模型一致性　　　D．数据共享

13. 在网络数据异常检测中，联邦学习是如何保护数据隐私的？（　　）

　　A．通过数据加密传输　　　　　B．通过数据脱敏处理

　　C．通过不共享原始数据　　　　D．以上都是

14. 在有监督学习中，标签数据的作用是（　　）。

　　A．提供模型训练的目标　　　　B．用于数据预处理

　　C．用于特征选择　　　　　　　D．以上都不是

15. 在无监督学习中，聚类算法的结果通常是（　　）。

　　A．数据点的分类标签　　　　　B．数据点的概率分布

　　C．数据点的聚类中心　　　　　D．数据点的特征向量

16. 在机器学习模型训练过程中，过拟合通常指的是（　　）。

　　A．模型在训练集上表现良好，在测试集上表现差

　　B．模型在训练集和测试集上表现都差

　　C．模型在训练集上表现差，在测试集上表现良好

　　D．模型无法学习到任何有用的信息

17. 下列哪个不是解决过拟合的方法？（　　）

　　A．增加数据量　　B．使用正则化　　C．减少模型复杂度　　D．增加模型复杂度

18. 在多分类问题中，Softmax 函数通常用于（　　）。

　　A．数据预处理　　B．特征选择　　C．输出层的概率分布计算 D．模型评估

19. 在联邦学习中，（　　）涉及模型参数的更新和传输。

　　A．模型初始化　　B．本地训练　　C．模型聚合　　　　D．结果输出

20. 在数据异常检测中，异常数据通常指的是（　　）。

　　A．与正常数据模式一致的数据　　B．与正常数据模式不一致的数据

　　C．数据中的缺失值　　　　　　　D．数据中的重复值

二、问答题

1. 解释有监督学习和无监督学习的区别，并各举一个应用场景。

2. 简述机器学习模型训练的一般过程，并解释为什么需要验证集。

3. 解释支持向量机的基本原理，并说明其如何处理非线性问题。

4. 解释联邦学习的基本架构和工作流程。

5. 解释在网络数据异常检测中为什么需要联邦学习。

6. 简述过拟合和欠拟合的概念，并解释为什么它们会影响机器学习模型的性能。